战略性新兴领域"十四五"高等教育系列教材

流程型制造智能工厂

主　编　轩　亮
副主编　郑小涛　王小雨
参　编　刘红娇　喻　聪　林　纬

机械工业出版社

本书从流程型制造关注的核心内容出发，针对核心内容和指标，总结了流程型制造智能工厂的重点内容与建设目标，共分为5章。第1章是流程型制造智能工厂的基本概念，介绍了流程型制造智能工厂的定义、特点和发展历程。第2章概述了流程型制造智能工厂的系统架构，包括建设思路、智能化制造功能架构、建设步骤，以及智能工厂建设的关键技术。第3章介绍了流程型制造智能工厂的实现方法，分别讲述了工艺流程优化、自动化控制、智能化检测在流程型制造智能工厂中的应用。第4章介绍了流程型制造智能工厂的应用案例。第5章介绍了流程型制造智能工厂的发展趋势，包括重点方向、挑战和前景。

本书可作为高等学校机械类、近机械类各专业的流程型制造智能工厂课程教材，也可作为相关领域工程技术人员的参考书。

图书在版编目（CIP）数据

流程型制造智能工厂／轩亮主编. -- 北京 ： 机械工业出版社，2024. 12. --（战略性新兴领域"十四五"高等教育系列教材）. -- ISBN 978-7-111-76909-5

Ⅰ. TH166

中国国家版本馆 CIP 数据核字第 2024VB7067 号

机械工业出版社（北京市百万庄大街 22 号　邮政编码 100037）

策划编辑：余　皞　　　　　　责任编辑：余　皞　王　芳
责任校对：贾海霞　陈　越　　封面设计：严娅萍
责任印制：张　博

北京建宏印刷有限公司印刷

2024 年 12 月第 1 版第 1 次印刷

184mm×260mm · 13.25 印张 · 323 千字

标准书号：ISBN 978-7-111-76909-5

定价：49.80 元

电话服务　　　　　　　　　　网络服务

客服电话：010-88361066　　机 工 官 网：www.cmpbook.com
　　　　　010-88379833　　机 工 官 博：weibo.com/cmp1952
　　　　　010-68326294　　金 书 网：www.golden-book.com
封底无防伪标均为盗版　　机工教育服务网：www.cmpedu.com

    制造业是立国之本、兴国之器、强国之基。现在新一代人工智能与先进制造深度融合形成的智能制造技术,是我国制造业创新发展、转型升级的主要技术路线以及加快建设制造强国的主攻方向。

    目前我国已成为世界上门类最齐全、规模最庞大的流程型制造业大国。流程型制造业是制造业的重要组成部分,是经济社会发展的支柱产业,占全国规模以上工业总产值的47%左右,是我国实体经济的基石。我国流程型制造业经过数十年的发展,历经20世纪70年代的技术与装备引进、20世纪80年代初的消化吸收、20世纪90年代的自主创新等阶段,实现了与国际先进流程型制造业并跑。流程型制造业作为国民经济的重要基础和支柱产业,为国民经济的快速发展做出了重要贡献,同时,流程型智能制造作为智能制造五大新模式之一,需结合自身特色探索智能制造之路。现阶段,我国流程型制造业的生产工艺、装备和生产过程自动化水平都得到了大幅度提升,整体发展速度快,产业规模连续跨越,整体实力增长迅速,国际影响力显著提高。

    我国流程型制造业产能高度集中,钢铁、有色金属、电力、水泥、造纸等行业的产能均居世界前列。我国多种有色金属总产量、石油加工能力、乙烯产量位居世界前列。当前,我国流程型制造业面临第四次工业革命的历史契机、制造业转型升级和供给侧结构性改革的关键时期,必须抓住机遇,迎接挑战。近十年来,我国制造业持续快速发展,总体规模大幅提升,综合实力不断增强,不仅对国内经济和社会发展做出了重要贡献,还成为支撑世界经济的关键力量。

    考虑到流程型智能制造技术的特点、学科专业特色以及不同类别高校的培养需求,本书的基本思想是为智能制造专业以及与制造相关的专业提供有关流程型智能制造的教材,当然本书也可以作为企业相关工程师和管理人员学习和培训用书。本书对流程型智能制造的技术知识、发展过程、实现方式等都有详细的讲解,可以满足读者对流程型智能制造的学习需求。

    本书从流程型制造关注的核心内容出发,针对核心内容和指标,总结了流程型制造智能工厂的重点内容与建设目标,共分为5章。第1章是流程型制造智能工厂的基本概念,介绍了流程型制造智能工厂的定义、特点和发展历程。第2章概述了流程型制造智能工厂的系统架构,包括建设思路、智能化制造功能架构、建设步骤,以及智能工厂建设的关键技术。第3章介绍了流程型制造智能工厂的实现方法,分别讲述了工艺流程优化、自动化控制、智能化检测在流程型制造智能工厂中的应用。第4章介绍了流程型制造智能工厂的应用案例。第5章介绍了流程型制造智能工厂的发展趋势,包括重点方向、挑战和前景。

    本书由江汉大学轩亮教授任主编。武汉工程大学郑小涛教授、江汉大学王小雨老师任副主编,江汉大学刘红娇副教授、喻聪老师,武汉工程大学林纬老师参加了编写。

    由于智能制造技术发展很快,编写较为仓促,书中难免会有不妥之处,请各位读者批评指正。

编 者

目 录

知识图谱

教学大纲

第 1 章

流程型制造智能工厂的基本概念

PPT 课件　　课程视频

1.1 流程型制造智能工厂的定义

1.1.1 流程型制造业的定义

1. 流程型生产

流程型生产通过混合、分离、粉碎、加热等物理方法或者化学方法对原材料进行加工，可使原材料得以增值。常见的流程型生产行业包括化工、冶金、炼油、电力、造纸等，其生产过程具有设备大型化、自动化程度较高、生产周期较长、过程连续或批处理等特征。

与离散型生产相比，由于生产原料状态、生产配方和工艺条件等复杂多变，因此生产线中设备的运行状态难以控制、产品质量难以稳定是流程型生产中的主要问题，需要采用合理的调控策略使设备运行状态和产品质量保持稳定。例如，在水泥生产过程中，由于矿石大小、硬度等不同，如何实时调整研磨压力、研磨速度和入磨量等工艺参数，将立磨设备的振动值、产品质量等控制在一个合理范围内是水泥企业面临的巨大挑战。

目前，虽然大多数流程型生产过程都已经具备比较完善的自动化生产系统，但是在生产过程中，成组设备调控策略的制定、实际工艺运行参数的设定等仍然主要依赖于中控人员的经验。如图 1-1 所示，中控人员根据中控系统监控模块所呈现的生产状态数据，在上位机的调控模块中调节相关控制参数后，由上位机发出命令给下位机，下位机将此命令解释成时序信号，直接控制相应设备。

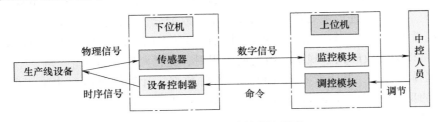

图 1-1　流程型生产控制流程图

基于人工经验的调控过程主要存在以下不足：

1）生产系统运行状态直接取决于中控人员的经验。

2）人工操作对生产状态的变化难以做到实时响应。

3）由于参数之间的耦合性，基于人工方式调控很难使得生产系统快速稳定。

为了避免人工操控的不足，越来越多的工厂引入了智能化管控思想。借助该思想，工厂希望计算机完全代替或部分代替中控人员来制定实时控制策略，能够实现诸如工艺控制参数的自动选择、生产计划的自动调度、生产故障预警的自动响应等目标。如图 1-2 所示，通过对历史生产状态数据的采集、存储、处理、分析和挖掘，可以建立历史数据模型，发现数据中蕴含的故障预警、调控规则等知识。因此，基于实时生产数据，计算机可以对系统工况做出预测，自动调节相关工艺参数，实现预警等。

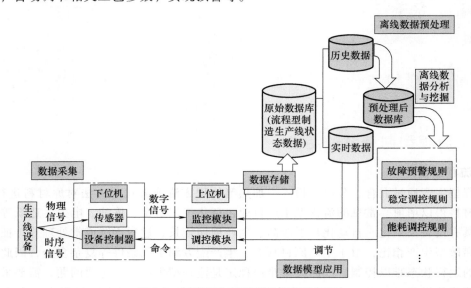

图 1-2　流程型生产新型智能管控流程

流程型制造生产数据的应用大致可以分为以下几个层次：

1）数据采集：在流程型制造生产现场，可以通过集散式控制系统（Distributed Control System，DCS）、可编程逻辑控制器（Programmable Logic Controller，PLC）、传感器、智能检测仪表等采集数据。

2）数据存储：采集的数据通过 HTTP（超文本传送协议）进行传输，并存储到服务器的数据库中。

3）离线数据预处理：在采集、传输及存储过程中，会有一些数据存在不规范或缺失的情况。通过离线对数据进行预处理，可以提高后续数据分析和挖掘的准确性和处理效率。

4）离线数据分析与挖掘：根据一些统计或机器学习的算法，对预处理后的数据进行分析与挖掘，可以构建故障预警规则、稳定调控规则、能耗调控规则等。

5）数据模型应用：基于专家系统和生产实时数据，计算机可以对未来工况进行预测，并做出适当的反应，例如对异常进行预警、调整生产工艺参数等。

2. 流程型制造概述

流程型制造也称过程工业（Process Industry），是将物质的物理变化和化学变化应用于大型原料型工业产品的生产、加工、供应、服务的一种工业。其原料和产品多为均一（液或气）的物料，而非零部件和组装成的产品。其产品质量多由纯度和各种物理、化学性质表征。流程型制造主要包括石化、冶金、电力、轻工、食品、制药、造纸等在国民经济中占重要地位的行业，是形成人类物质文明的基础工业，其发展状况将直接影响国家的经济基础。

3. 流程型制造业的组成

流程型制造业是制造业的重要组成部分，它是以各类自然资源为原料，通过包含物理、化学反应的气、液、固多相共存的连续化生产过程，为下游制造业提供原材料和能源的基础工业。

流程型制造业是国民经济和社会发展的重要支柱产业，主要包括化学工业、钢铁工业、有色工业、建材工业、电力工业等重工业，以及造纸、印染和日化等轻工业。

（1）化学工业　化学工业（见图 1-3）包括石油化工（简称石化）、农业化工、化学医药、化工材料等。石化一般指以石油和天然气为原料的化学工业，用于生产汽油、柴油、煤油等燃料油，以及乙烯、丙烯、丁烯等基础原材料；农业化工包括氨和尿素等化肥的生产，氮、磷、钾复合肥料的开发，塑料薄膜的生产；化学医药包括各类化学合成药、人工合成维生素以及各种临床化学试剂的生产；化工材料包括无机非金属材料和聚合物材料的生产。

图 1-3　化学工业

（2）钢铁工业　钢铁工业（见图 1-4）是指铁、锰、铬黑色金属矿物采选和黑色金属冶炼加工的行业。黑色金属矿物采选包括铁矿、锰矿、铬矿、钒矿等钢铁工业黑色金属的采矿、选矿活动；黑色金属冶炼加工包括炼铁业、炼钢业、钢加工业、铁合金冶炼业等细分行业。钢铁工业是全球工业化的支柱产业之一。

（3）有色工业　有色工业（见图 1-5）是指除铁、锰、铬黑色金属以外的有色金属的采选和冶炼加工的行业。与黑色金属相

图 1-4　钢铁工业

比，有色金属具有更好的耐蚀性、耐磨性、导电性、导热性、韧性，以及高强度性、放射性、易延性、可塑性、易压性和易轧性等性能，是现代工业不可或缺的战略物资。

（4）建材工业　建材工业（见图 1-6）是包括建筑材料及制品、非金属矿及制品、无机非金属新材料三大门类产品的行业。建材产品主要有水泥、玻璃、陶瓷、石材和墙体材料

等，广泛应用于建筑、军工、环保、生活等领域。建材产品是国民经济的基础原材料，特别是水泥，长期以来都是人类社会的主要建筑材料。

图 1-5　有色工业　　　　　　　　　　　图 1-6　建材工业

（5）电力工业　电力工业（见图 1-7）是将煤炭、石油、天然气、核燃料、水能、海洋能、风能、太阳能、生物质能等一次能源经发电设施转换成电能，再通过输电、变电与配电系统供给用户作为能源的行业。电力生产包括发电、输电、变电、配电等环节；就发电环节而言，包括火力发电、水力发电、核能发电、风力发电、太阳能发电等诸多方式。

图 1-7　电力工业

（6）轻工业　轻工业（见图 1-8）是直接或间接以农产品或工业品为原料，其产品为生活消费资料的工业。造纸、印染、日化是典型的流程型轻工业。造纸工业是制造各种纸张及纸板的行业，包括：用木材、芦苇、棉秸等制造纸浆的纸浆制造业；制造纸和纸板，以及生

图 1-8　轻工业

产涂层、上光、上胶、层压等加工纸制造业。印染行业是纺织品深加工的关键环节,工艺流程包括染色、印花、溢流等,印染产品为下游服装生产制造企业提供面料。日化行业是指生产日常生活中需要的化工产品的行业,产品涵盖洗涤剂、肥皂、香料、化妆品等。

4. 流程型制造业生产过程结构

流程型制造业生产过程结构如图 1-9 所示。将原料加工为成品材料的流程型制造过程的本质是物质转化的过程,它是包含物理化学反应的气、液、固多相共存的连续化生产过程。原料进入生产线的不同装备,在

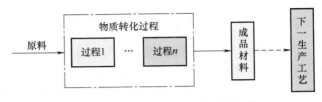

图 1-9　流程型制造业生产过程结构

信息流与能源流作用下,经过物质流变化形成成品材料。

1.1.2　智能工厂的系统架构、组成、特征与任务

1. 智能工厂的系统架构

智能制造是以先进制造技术与新一代信息技术深度融合为基础,贯穿于设计、生产、管理、服务等产品全生命周期,具有自感知、自决策、自执行、自适应、自学习等特征,旨在提高制造业质量、效率效益和柔性的先进生产方式。智能制造的系统架构从生命周期、系统层级和智能特征等 3 个维度对智能制造所涉及的要素、装备、活动等内容进行描述,主要用于明确智能制造的标准化对象和范围。智能制造的系统架构如图 1-10 所示。

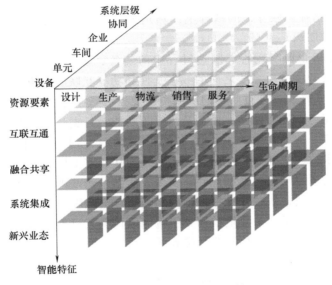

图 1-10　智能制造的系统架构

(1)生命周期　生命周期涵盖从产品原型研发到产品回收再制造的各个阶段,包括设计、生产、物流、销售、服务等一系列相互联系的价值创造活动。生命周期的各项活动可迭代优化,具有可持续性发展等特点。不同行业的生命周期构成和时间顺序不尽相同。

1)设计是指根据企业的所有约束条件以及所选择的技术,来对需求进行实现和优化的

过程。

2）生产是指对物料进行加工、运送、装配、检验等活动，创造产品的过程。

3）物流是指物品从供应地向接收地的实体流动的过程。

4）销售是指产品或商品等从企业转移到客户手中的经营活动。

5）服务是指产品提供者与客户接触过程中一系列活动的过程及其结果。

（2）系统层级　系统层级是指与企业生产活动相关的组织结构的层级划分，包括设备层、单元层、车间层、企业层和协同层。

1）设备层是指企业利用传感器、仪器仪表、机器、装置等，实现实际物理流程并感知和操控物理流程的层级。

2）单元层是指用于企业内处理信息、实现监测和控制物理流程的层级。

3）车间层是指实现面向工厂或车间的生产管理的层级。

4）企业层是指实现面向企业经营管理的层级。

5）协同层是指企业实现其内部和外部信息互联和共享，实现跨企业间业务协同的层级。

（3）智能特征　智能特征是指制造活动具有的自感知、自决策、自执行、自学习、自适应之类功能的表征，包括资源要素、互联互通、融合共享、系统集成和新兴业态等5层智能化要求。

1）资源要素是指企业从事生产时需要使用的资源或工具及其数字化模型所在的层级。

2）互联互通是指通过有线或无线网络、通信协议与接口，实现资源要素之间的数据传递与参数语义交换的层级。

3）融合共享是指在互联互通的基础上，利用云计算、大数据等新一代信息通信技术，实现信息协同共享的层级。

4）系统集成是指企业实现智能制造过程中的装备、生产单元、生产线、数字化车间、智能工厂之间，以及智能制造系统之间的数据交换和功能互联的层级。

5）新兴业态是指基于物理空间不同层级资源要素和数字空间集成与融合的数据、模型及系统，建立的涵盖了认知、诊断、预测及决策等功能，且支持虚实迭代优化的层级。

（4）智能制造工厂范式　数字化、网络化、智能化技术是实现制造业创新发展、转型升级的3项关键技术。对应到制造工厂层面，体现为从数字工厂、数字互联工厂到智能工厂的演变。数字化是实现自动化制造和互联，实现智能制造的基础。网络化是使原来的数字化孤岛连为一体，并提供制造系统在工厂范围内乃至全社会范围内实施智能化和全局优化的支撑环境。智能化则充分利用这一环境，用人工智能取代了人对生产制造的干预，加快了响应速度，提高了准确性和科学性，使制造系统高效、稳定、安全地运行。

2. 智能工厂的组成

（1）数字工厂　数字工厂是工业化与信息化融合的应用体现。它借助信息化和数字化技术，通过集成、仿真、分析、控制等手段，为制造工厂的生产全过程提供全面管控的整体解决方案。它不限于虚拟工厂，更重要的是实际工厂的集成，如图1-11所示。其内涵包括产品工程、工厂设计与优化、车间装备建设及生产运作控制等。

（2）数字互联工厂　数字互联工厂是指将物联网技术全面应用于工厂运作的各个环节，实现工厂内部人、机、料、法、环、测的泛在感知和万物互联，互联的范围甚至可以延伸到

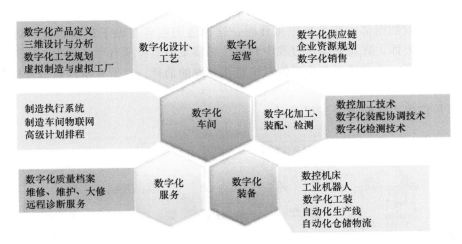

图 1-11　数字工厂

供应链和客户环节。通过工厂互联化，一方面可以缩短时空距离，为制造过程中"人-人""人-机""机-机"之间的信息共享和协同工作奠定基础；另一方面还可以获得制造过程更为全面的状态数据，使得数据驱动的决策支持与优化成为可能。

工业物联网是通过各种信息传感设备，实时采集任何需要监控、连接、互动的物体或过程等的各种信息，其目的是实现物与物、物与人、所有物品与网络的连接，方便识别、管理和控制。传统的工业生产采用机器对机器（Machine to Machine，M2M）的通信模式，实现了设备与设备间的通信；物联网通过物对物（Things to Things）的通信方式实现人、设备和系统三者之间的智能化、交互式无缝连接。

智能工厂层面的"两化"深度融合，是数字工厂、数字互联工厂和自动化工厂的延伸和发展，通过将人工智能技术应用于产品设计、工艺、生产等过程，使得制造工厂在其关键环节或过程中能够体现出一定的智能化特征，即具有自主性的感知、学习、分析、预测、决策、通信与协调控制能力，能动态地适应制造环境的变化，从而实现提质增效、节能降本的目标。

通过建设智能工厂，促进制造工艺的仿真优化、数字化控制、状态信息实时监测和自适应控制，进而实现对整个过程的智能管控。在机械、汽车、电子信息等离散型制造行业，企业发展智能制造的核心目的是拓展产品价值空间，侧重从单台设备自动化和产品智能化入手，基于生产效率和产品效能的提升实现价值增长。因此，其智能工厂建设模式为推进生产设备（生产线）智能化，通过引进各类生产所需的智能装备，建立基于制造执行系统（MES）的车间级智能生产单元，提高精准制造、敏捷制造、透明制造的能力。

MES 在实现生产过程的自动化、智能化、数字化等方面发挥着巨大作用。首先，MES借助信息传递，对从订单下达到产品完成的整个生产过程进行优化管理，减少企业内部无附加值活动，有效地指导工厂生产运作过程，提高企业及时交货能力。其次，MES 在企业和供应链间以双向交互的形式提供生产活动的基础信息，使计划、生产、资源三者密切配合，从而确保决策者和各级管理者可以在最短的时间内掌握生产现场的变化，做出准确的判断并制定快速的应对措施，保证生产计划得到合理而快速的修正，生产流程畅通，资源得到充分有效利用，进而最大限度地提高生产效率。

利用大数据技术，MES 还可以对产品的生产过程建立虚拟模型，仿真并优化生产流程，当所有流程和绩效数据都能在系统中重建时，这种透明度将有助于制造企业改进其生产流程。在能耗分析方面，在设备生产过程中利用传感器集中监控所有生产流程，能够发现能耗的异常或峰值情形，由此便可在生产流程中优化能源的消耗，对所有流程进行分析和优化将会大大降低能耗。

智能工厂的生产流程如图 1-12 所示。

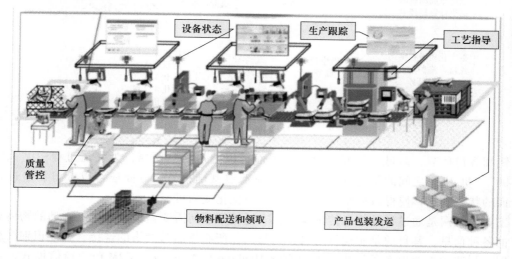

图 1-12　智能工厂的生产流程

参照 IEC/ISO 62264 系列国际标准，智能工厂的信息系统架构如图 1-13 所示，从下到上依次为装备层、车间层和工厂层。然后，可继续划分为制造设施层、信息采集与控制层、制

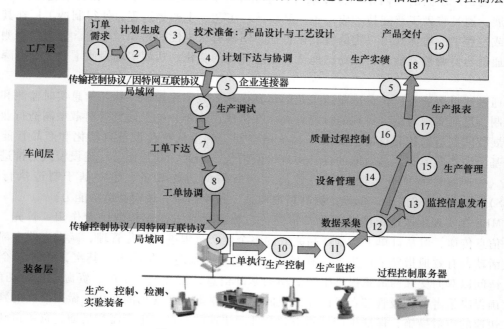

图 1-13　智能工厂的信息系统架构

造运营层、工厂运营层、决策分析层。决策分析层依靠互联网及工业互联网决策生产模式、制造任务的厂内外分配；制造设施层和信息采集与控制层之间通过工业网络总线建立连接；其余各层之间则通过局域网连接。按照所执行功能不同，可给出符合该层次模型的一个智能工厂或数字化车间互联网络的典型结构。

3. 智能工厂的特征

智能工厂的特征如图 1-14 所示，可以从 3 个角度来描述。从建设目标和愿景角度来看，智能工厂具备的五大特征是敏捷、高生产率、高质量产出、舒适人性化和可持续。从技术角度来看，智能工厂具备的五大特征是全面数字化、工厂互联化、制造柔性化、过程智能化（实现智能管控）和高度人机协同。从集成角度来看，智能工厂具备的三大特征是产品生命周期端到端集成、供应链横向集成和工厂结构纵向集成，这与德国"工业 4.0"的三大集成理念是一致的。

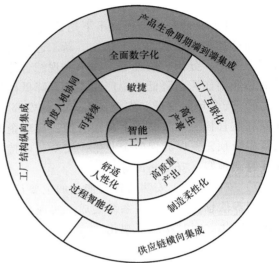

图 1-14 智能工厂的特征

4. 智能工厂的任务

（1）网络、安全等基础建设 在智能工厂的建设中，会应用大数据技术来采集和存储大量数据。这些数据要从全厂各角落通过网络传输到机房，因此需要搭建合理的网络架构；全厂高清数字化视频的应用建设，也对网络提出了更高的带宽要求；为保障各信息系统的应用安全性和可靠性，还必须采取相应的保障措施。为支撑企业智能工厂应用运行，必须完善基础信息平台建设。基础信息平台建设包括标准体系建设、数据中心建设、私有云建设、网络优化升级和信息安全。

（2）生产全流程数字化管控 针对行业的特点建设生产全流程数字化、智能化管控系统。

1）智能物流管理。智能制造环境下满足企业厂内、厂外物流关键技术应用的要求，实现原料进厂前运输过程的动态追踪和风险预警，并提供可视化运输监管；优化企业场内物料运输方式和路径规划从而提高运输效率，降低企业物流成本；建立车辆进出厂物流智能调度平台，对进出厂车辆进行智能调度管理，实现运输精益化管控。

2）智能物质流管理。针对行业的特点，管理当前各工序有价元素的分布情况，包括原料库、各工序存量物料，以及槽存（仓）、临时堆场、成品库等物料有价元素的分布情况。

3）生产过程管理。生产过程管理是对企业生产的各个环节进行有效管控，以企业生产计划和作业计划为主线建立全工序生产过程管控，有效整合过程控制系统（PCS）、企业资源计划（ERP），将生产与业务流程统一协调起来，包括订单、排产、生产单元分配、资源分配、生产过程管控、质量控制、能源管理、人力资源管理等。

4）设备管理。设备管理智能化是以设备周期费用和设备效能最高为目标，充分利用虚拟现实、大数据等新兴信息技术，完成设备与工业网络的互联互通，实时采集生产工艺相关的各关键设备的状态数据，全面提升设备健康状态感知、预测、协同和分析优化能力。同时，在数字化的基础上设备管理充分显示设备基本参数，在信息化过程中充分展示设备运行状况和性能，并结合设备运行揭示设备管理基本规律，制定行之有效的设备管理策略，实现设备管理的智能化，其内容包含设备档案资料、设备维修记录、设备备件库存和工单等情况。

5）能源管理。能耗居高不下是长期困扰企业发展的难题。企业要在保证工况条件下，利用高科技信息技术如人工智能、新工艺和管理措施等，对标企业、行业视角，对能源进行管理、平衡、分析、监控等，力求实现综合能耗最低的目标。企业在扩大生产的同时，合理计划和利用能源，降低单位产品能耗，降低碳排放，有助于提高企业经济效益。

6）安全环保管理。安全环保（简称安环）系统应用自动控制技术和数据采集技术对企业安环监管核心对象实施全覆盖管控，实现企业生产安环监管的数字化、可视化和生产安全风险多级预警，以此保障企业生产安全、可持续运行。主要功能包括生产安全与风险管控、安环监测预警、安全测试等。

7）安防管理。安防管理智能化的主要目标是应用物联网、5G、视频分析定位、人员身份识别等信息技术，通过系统集成，实现企业厂区安全保卫、消防设备等安防管理数字化、工作协同化、实时状态可视化。

1.2　流程型制造智能工厂的特点

1.2.1　流程型制造智能工厂的生产特点

流程型制造企业的原材料和产品通常是液体、气体、粉状的，因此通常采用罐、箱、柜、桶等进行存储。流程型制造主要包括食品、造纸、化工、原油、橡胶、陶瓷、塑料、玻璃、冶金、能源、制药等行业。

流程型制造行业主要有以下生产特点。

1）资源密集，技术密集，生产规模大，流程连续且生产过程复杂，对生产过程控制要求较高。流程型制造企业的产品结构中，上级物料和下级物料之间的数量关系可能随温度、压力、湿度、季节、人员技术水平、工艺条件不同而不同。例如，发酵液与微生物的代谢物——青霉素的关系就不是一个完全确定的关系。在流程 ERP 中，采用配方的概念来描述这种关系，配方除了用于物料计划之外，还可用作企业进行考核的技术指标。

对于流程型工业生产，保证连续供料和确保每一生产环节在工作期间正常运行是管理的重点，任何一个生产环节出现故障，都会引起整个生产过程的瘫痪。由于这类产品和生产工艺相对稳定，因此有条件采用各种自动化装置，以实现对生产过程的实时监控。

2）大批量生产，品种固定，订单通常与生产无直接关系。流程型制造企业只有满负荷生产，才能将成本降下来，从而在市场上具有竞争力。因此，在流程型制造企业的生产计划中，年度计划更加重要。年度生产计划和销售计划，决定了企业的物料平衡，即物料采购计划。一般情况下，企业按月份签订供货合同以及结算货款。每日、每周生产计划的物料平衡依靠原材料库存来保证和调节。

3）生产的工艺过程连续进行且不能中断。流程型制造的产品比较固定，而且其生产十几年甚至几十年不变，而机械制造等行业的产品寿命相对要短得多。因此，在生产设备方面，流程型制造企业的设备是一条固定的生产线，设备投资比较大，工艺流程固定。生产能力有一定的限制，生产线上的设备维护特别重要，不能发生故障。一旦发生故障，就损失严重。

4）生产过程通常需要严格的过程控制和大量的投入。流程型制造生产的工艺过程，是连续进行不能中断的：工艺过程的加工顺序是固定不变的，生产设施按照工艺流程布置；物料按照固定的工艺流程，连续不断地通过一系列设备和装置被加工处理成为成品。这类生产一般是经过混合、分离、成型或化学反应使材料增值。生产过程通常需要严格的过程控制和大量的资本投入。

5）设备大型化，自动化程度较高，生产周期较长，过程连续或批处理，生产设施按工艺流程固定使用。流程型制造企业采用大规模生产方式，生产工艺技术成熟，控制生产的工艺条件的自动化设备比较成熟，例如 DCS、PLC，因此生产过程大多是自动化的，生产车间的人员主要负责管理、监视和设备检修。

流程型制造（如化工、冶金、炼油、电力、造纸等）具有设备大型化、自动化程度较高、生产周期较长、过程连续或批处理等特征，因此中期生产计划十分关键。但是，中期生产计划的时间跨度大，难以直接在作业计划层得到落实和执行，故需要进一步分解成主生产计划（Master Production Schedule，MPS），从而安排详细的作业进度计划。主生产计划是描述相对短期的时段内（如年、周、日等）、具体产品品种和批量的计划，它将生产计划与作业计划衔接起来，起到了承上启下的作用。离散型工业中，由于产品品种的多变性和生产工艺过程及工艺路线的多变性，计划的重点是相对短期的主生产计划和车间作业计划与作业排序。

6）产品种类繁多且结构复杂，生产环境要求苛刻，需要克服纯滞后、非线性、多变量等因素影响。具体地说，流程型制造生产过程的物理化学反应时间，会随着物料质量、外界温度、湿度、压力等的变化而变化，实际主生产计划的时段长度是不确定的。生产连续或批处理的特性，会使物料滞留于一定的设备容器或装置之中，在制品盘存十分困难，实际完成的产品批量也是不确定的。生产过程中的设备、质量等随机事故，都会导致非计划过程暂停，最终会对实际主生产计划的时段长度及产品批量产生较大影响。

7）建立原材料跟踪追溯体系（特别是食品和医药行业），并提高产品质量的可靠性。流程型制造的生产工艺过程中产生了各种协产品、副产品、废品、回流物等，因此应对物资的管理施行严格的批号制度。例如，制药业中的药品生产过程要求有十分严格的批号记录，从原材料、供应商、中间品以及销售给用户的产品，都需要记录。当出现问题时，可以通过批号反查出是哪家供应商的原料，哪个部门、何时生产的，直到查出问题所在。流程型制造企业的特点，决定了其对 ERP 的特殊要求。流程型制造企业在下达生产计划时，也要下达质量检测计划和设备维修计划。

8）物流流向复杂性。由于流程型制造拥有复杂的生产流程，其内部产品的流向非常复杂，物流顺序不只是单一前向顺序，还有可能出现后向顺序。例如，一套低压合成甲醇装置中的各种产品，除了某些产品直接作为最终产品之外，其余产品均作为其他生产装置的进料。其他装置的产品中，有些产品作为成品直接存储，有些产品则作为另外一些装置的进料。又如催化装置的某产品是焦化装置的原料，而焦化装置中的某产品又作为催化装置的原料。

9）成本构成的关联性。在流程型制造过程中包含较多过程变量，而且过程变量之间相互关联、相互耦合，上下工序、交叉工序存在质量和消耗的关系，一道工序发生变化，一个生产环节不协调，都可能会引起其他过程变量发生变化，从而使流程型制造产品成本来源错综复杂，增加成本核算的困难。生产过程中存在关联产品，也就是说对于流程型制造企业来说，往往一个生产装置不止生产一种产品，而是生产多种关联产品，这使得动态成本核算过程需要考虑在不同产品中的生产成本分配。另外，在不同的生产方案下，各装置的产品也会有所不同，即使是同一种产品，其生产动态信息如收率等也往往不相同，导致生产成本发生变化。这些都增加了动态成本核算系统的实现难度。

10）物耗变化的随机性。众所周知，流程型制造生产过程并不十分稳定，生产原料成分、蒸汽压力、环境条件、生产负荷随时都会变化，它们的变化都会影响到物耗，从而影响生产成本。

11）不确定性因素较多。工业过程存在多种多样的干扰，许多干扰不仅严重而且机理复杂。大多数干扰无法测量，也无法消除。流程型制造成本核算系统所建立的数学模型是整个工艺的简单近似，忽略了许多复杂的产品成本干扰因素。

12）人工因素的能动性。化工过程的物料和公用工程消耗是通过操作者调节非价值性参数（温度、压力、流量、液位等）来实现的，因此操作者的水平与物耗、成本存在一定关系。

由于流程型制造生产过程的特点［8）至12）］，动态成本核算过程比较复杂，动态成本核算系统开发、实施难度较大。目前我国流程型制造的现实状况是"三高两低"，即能耗高、成本高、污染高和劳动生产率低、资源利用率低。造成这种状况的原因主要有以下方面：一方面我国流程型制造企业在产品、工艺和技术等方面的创新能力仍需提高；另一方面针对生产运行技术，我国流程型制造企业需要提高生产控制、计划、调度、优化、供应链管理等方面的能力，以改变相对落后的现状。

1.2.2　流程型制造智能工厂的管理特点

流程管理关注流程：一方面确保流程的合理性和完整性，而且确保流程被正确执行；另一方面要确保流程能够朝着正确的方向持续优化。通过优化流程来提升企业的总体管理水平、生产率以及经济效益。

1. 流程管理的价值

有效地管理和优化业务流程，可以大大提高企业的竞争力和市场生存能力，从而帮助企业在激烈的市场竞争中更快速地为客户提供产品和服务，并灵活地应对市场变化。流程管理对装备制造项目管理方面的提升主要有以下几个方面：

1）流程管理能够提高项目的效率。装备制造项目相关方除了企业自身外，还有客户和供应商，而且企业内部也涉及很多业务部门。如果项目各相关方都能按照标准规范的流程来执行项目工作内容，就将大大减少项目内外部的无效沟通，增强项目的协同性，进而提高项目整体效率。

2）流程管理有利于对项目的监控。由于装备制造的产品一般结构复杂、流转环节多、生产周期长，制造过程中充满了变化。严格执行项目全过程的流程，提升流程各环节运行的透明度，有助于有效地监控项目的动态变化以及提高项目风险预警能力。

3）流程管理将加强项目管控能力。流程管理是实现项目规范化管理的重要工具，是项目执行力形成的基础。离开了流程管理，项目的执行将会是"一盘散沙"。

2. 流程管理的特点

1）多工厂、多项目、多层级信息化管理。流程型智能工厂生产管理系统支持多工厂、多项目、企业级信息化管理，集成业务数据、管理流程、决策分析等，实现不同层级的高效协同和可视化管理，提高企业多层级信息化管理能力，具备基于工厂层面和公司层面（多工厂）的决策支持和分析预警。基于生产过程进行流程管理，实现库存管控、物料管控、进度管控、质量管控和成本管控，促进工厂精细化管理，规范化管理装配式项目的合同、设计、生产、堆场、施工、进度、质量、安全、成本和风险，实现流程优化和标准化，优化项目管理和业务管理。

2）实现基于 BOM（物料清单）的深化设计、生产管理集成。流程型智能工厂生产管理系统直接接收 BOM 设计数据，如构件类型和数量，以及构件的基础信息和各种详图，包括构件的钢筋、预埋件等组成信息，自动汇总生成构件 BOM，快速统计物资需求计划。

3）具有集成性、扩展性、兼容性。基于 SOA（面向服务的体系结构）框架，流程型智能工厂生产管理系统实现业务构件、接口组件和其他异构系统的集成，具有较强的扩展性和兼容性。车间智能化设备统一集成联网接入流程型智能工厂生产管理系统，实现车间智能化设备的单机智能控制、多机协调联动控制。同时，该系统支持二次研发，满足企业在不同阶段对精细化管理的需求，支持和其他系统如财务系统等的集成，实现公司层面的信息化集成应用，便于公司内部的信息化管理。

1.3　流程型制造智能工厂的发展历程

1.3.1　传统工厂

传统工厂（HPS，人-物理系统）经历了从人手工操作到人操作机械的阶段。制造业起始于手工制造，由众多劳动者完全靠手工进行。在这个阶段，流程型制造过程中的原料输送、物理化学反应过程等均要人力完成，通常是作坊式的，难以大规模生产，需要众多小作坊的。该种生产方式的人工劳动强度大，产品稳定性差，质量难以保证。随着社会的进一步发展和人口的增长，农民在农村开始集体生产，并逐渐形成农业合作社。农业合作社形式的工厂生产，虽然规模较大，但仍然局限于农业领域。

传统工厂的特点包括：①手工操作：传统工厂通常依赖人力进行生产操作，包括物料搬运、加工组装等工序；②生产线标准化：生产线通常以固定的顺序和流程进行生产，产品规格相对单一，生产过程较为标准化；③低自动化程度：传统工厂的自动化程度相对较低，生产设备多为普通机械设备，缺乏自动化控制系统；④批量生产：传统工厂通常以大批量生产为主，利用标准化生产流程提高效率；⑤专业化分工：生产过程中存在明确的专业化分工，不同岗位负责不同的生产环节；⑥较低的灵活性：传统工厂在应对市场需求变化时的调整能力相对较弱，转换生产线需要较长时间。

传统工厂（HPS）如图 1-15 所示。

图 1-15　传统工厂

　　随着第一次工业革命的发展，工业装备技术也不断发展，人工操作逐渐被机械设备（如电动机、风机、加热炉）替代。就钢铁生产而言，逐渐使用机械如空气锤等代替人工锻打，工厂通常配备多个空气锤，人工操作空气锤实现中等规模的生产。传统的流程型制造过程是人工操作的运行控制系统，即一种 HPS（见图 1-16）。例如，轧制任务通过烘炉、风箱、空气锤完成，击打位置、击打次数等决策和击打力量等控制均由具有一定技艺的操作者凭经验完成，并通过经验积累传承轧制知识。

　　轧制任务的流程型制造如图 1-17 所示。

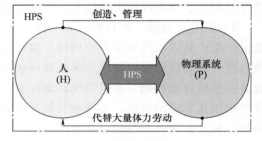

图 1-16　HPS

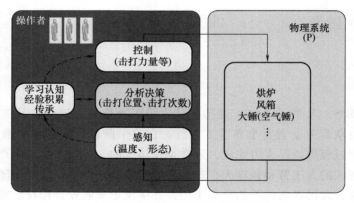

图 1-17　轧制任务的流程型制造

　　传统工厂自动化的发展给工业生产带来了巨大的变革，使得生产过程更加高效、精密和可控，为工业企业的发展奠定了坚实基础。

1.3.2　数字化工厂

　　20 世纪中叶以后，随着制造业对于技术进步的强烈需求，以及计算机、通信和数字控制等信息化技术的发明和广泛应用，制造系统进入了数字化制造（Digital Manufacturing）时代，以数字化为标志的信息革命引领和推动了第三次工业革命。

与传统制造相比，数字化制造最本质的变化是在人和物理系统之间增加了一个信息系统（Cyber System，也称网络系统），从原来的"人-物理"二元系统发展成为"人-信息-物理"三元系统（HPS 进化成了 HCPS），如图 1-18 所示。信息系统是由软件和硬件组成的系统，其主要作用是对输入信息进行各种计算分析，并代替操作者去控制物理系统，从而完成工作任务。例如，与传统手工操作机床加工系统对应的是数控机床加工系统，它在人和机床之间增加了计算机数控系统这个信息系统。操作者只需根据加工要求，将加工过程中需要的刀具与工件的相对运动轨迹、主轴速度、进给速度等按规定的格式编成加工程序，计算机数控系统即可根据该程序控制机床自动完成加工任务。

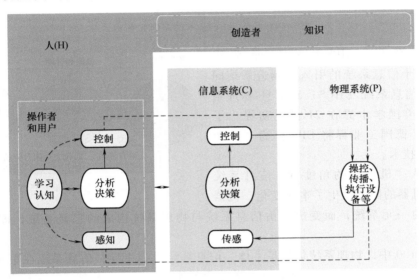

图 1-18　数字化制造变化

流程型制造业大规模生产的工艺需求、计算机和通信技术的发展催生了一种专门的控制系统——PLC。1969 年，美国 Modicon 公司推出了 084PLC，以此为基础 PLC 逐渐发展为现代的控制系统。该控制系统可以将多个回路的传感器和执行机构通过设备网与自身连接起来，可以方便地进行多个回路的控制、设备的顺序控制和监控。控制系统的广泛应用使得传统工厂向数字化工厂迈进。

数字化工厂以产品全生命周期的相关数据为基础，在计算机虚拟环境中，对整个生产过程进行仿真、评估和优化，并进一步扩展到整个产品全生命周期的新型生产组织方式。数字化工厂是现代数字制造技术与计算机仿真技术相结合的产物，同时具有其鲜明的特征。它的出现给基础制造业注入了新的活力，主要作为沟通产品设计和产品制造之间的桥梁。

数字化制造可定义为第一代智能制造，故而面向数字化制造的 HCPS 可定义为 HCPS1.0（见图 1-19）。

与 HPS 相比，HCPS1.0 通过集成人、信息系统和物理系统的各自优势，其能力尤其是计算分析、精确控制以及感知等能力都得到极大提高。一方面，制造系统的自动化程度、工作效率、质量与稳定性以及解决复杂问题的能力等各方面均得以显著提升；另一方面，不仅操作者的体力劳动强度进一步降低，而且操作者的部分脑力劳动也可由信息系统完成，知识的传播利用以及传承效率都得以有效提高。HCPS1.0 的原理简图如图 1-20 所示。

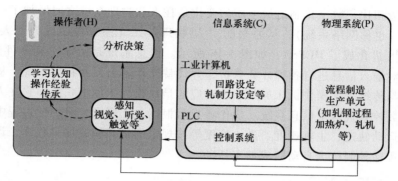

图 1-19 基于 HCPS1.0 的数字化制造

从二元系统（HPS）到三元系统
（HCPS），由于信息系统的引入，制造系统同
时增加了人-信息系统（HCS）和信息-物理系
统（CPS）。美国学术界在 21 世纪初提出了
CPS 的理论，德国工业界将 CPS 作为"工业
4.0"的核心技术。

此外，从"机器"的角度看，信息系统
的引入也使机器的内涵发生了本质变化，机器

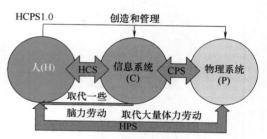

图 1-20 HCPS1.0 的原理简图

不再是传统的一元系统，而变成了由信息系统与物理系统构成的二元系统，即信息-物理
系统。

在 HCPS1.0 中，物理系统仍然是主体，信息系统成为主导，信息系统在很大程度上取
代了人的分析计算与控制工作。人依然起着主宰的作用：首先，物理系统和信息系统都是由
人设计制造出来的，其分析计算与控制的模型、方法和准则等都是在系统研发过程中由研发
人员通过综合利用相关理论知识、经验、实验数据等来确定并通过编程等方式固化到信息系
统中的。其次，HCPS1.0 的使用效果在很大程度上依然取决于使用者的知识与经验。例如，
对于上述数控机床加工系统，操作者不仅需要预先将加工工艺知识与经验编入加工程序中，
而且需要对加工过程进行监控和必要的调整优化。

1.3.3　数字化网络化工厂

在流程型制造工厂的数字化网络化发展中，随着计算机网络、现场总线技术、集散式控
制系统（DCS）、可编程逻辑控制器（PLC）的发展，由原来仅能实现单变量控制的自动控
制系统，演变成了由设备网、控制网和管理网 3 层结构组成的自动化系统网络。其代表是
1975 年 Honeywell（霍尼韦尔）公司和 Yokogawa（日本横河电机株式会社）研制的用于大
型工业过程的 DCS，随着网络通信技术的发展，它从初期不开放的独立网络，逐渐发展为通
过工业以太网形成局域网连接各个生产单元。这是网络化的早期阶段。以组态软件为基础的
控制软件、过程监控软件的广泛应用使得生产线的自动化程度更高。

随着流程型制造业逐步向综合自动化系统方向发展，由过程控制系统（PCS）、制造执
行系统（MES）和企业资源计划（ERP）3 层结构组成的数字化网络化系统（见图 1-21）
应运而生。近年来，流程型制造业的综合自动化系统得到了长足发展，积累了大量工业数

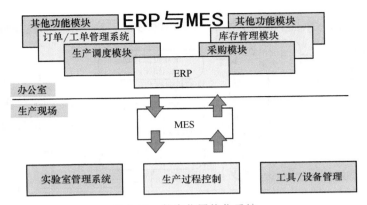

图 1-21　数字化网络化系统

据，为流程型制造业向智能化发展奠定了坚实的基础。

　　大多数先进的流程型制造企业走向数字化网络化，实现了部分操作工作的自动化、部分管理与决策工作的信息化。数字化网络化制造（HCPS1.5）仍是有人参与的信息-物理系统。相比较于数字化制造（HCPS1.0），数字化网络化制造是在数字化的基础上，通过企业内局域网实现多单元协同生产，通过企业内局域网和企业网的互联实现生产管理的信息化。

　　1）在生产过程自动化方面，在多个生产单元的执行机构指令和传感器信号数字化的基础上，随着 DCS、PLC 的出现，数字化网络化制造通过工业以太网实现生产线全流程的分布式控制，实现了多个生产单元之间逻辑控制和多单元协同优化。流程型制造走向数字化和网络化，显著提高了制造的效率和产品质量的一致性水平。

　　2）在 ERP 和 MES 方面，将通过数字化网络化系统获得的生产信息、市场信息及需求信息，提供给根据利润和环保等企业目标进行经营决策的人，再将决策结果通过信息系统来执行。

　　流程型制造工厂的目标是最终产品质量和运行性能的优化，不仅要求回路控制层的输出很好地跟踪和控制回路设定值，更应使反映该加工过程的运行指标在目标值范围内，使产品质量和生产率尽量高，使资源消耗和加工成本尽量低，而且要使生产全流程与各工序实现协同优化，从而实现全流程的优化控制。目前，流程型制造中尽管可以实现对生产单元自动控制，但是多数企业仍通过人工决策回路设定值，且各个工序间尚未实现协同生产。因此，在当前人工智能、大数据和 5G 等新兴技术快速发展的条件下，以实现流程型制造生产全流程优化为主要特征的数字化网络化智能化是流程型制造业转型升级的主攻方向。

　　HCPS1.5 的流程型制造如图 1-22 所示。

1.3.4　数字化网络化智能化工厂

　　从工业革命发展历程可以看出，数字化网络化智能化制造（HCPS2.0）既是流程型制造工厂的未来发展之路，也是新一轮工业革命的重要突破点。

　　通过工业互联网、大数据和工业人工智能技术的融合，部分由人工完成的操作和决策功能未来将通过智能系统实现，智能系统将使生产流程运行决策与控制模式发生颠覆性改变，将传统人工感知和开环决策、事后校正转变为实时智能感知，以及在此基础上的智能分析、优化决策与控制。这是流程型制造迈向智能制造和工业 4.0 的重要途径。

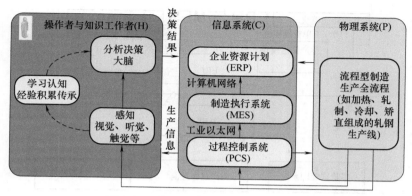

图 1-22　基于 HCPS1.5 的流程型制造

HCPS2.0 的流程型智能制造如图 1-23 所示。

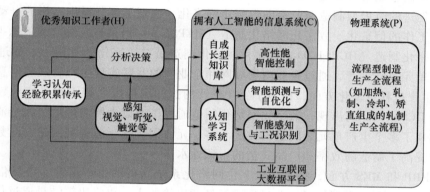

图 1-23　HCPS2.0 的流程型智能制造

1. 面向新一代智能制造 HCPS2.0 的内涵

面向新一代智能制造的 HCPS2.0 既是一种新的制造范式，也是一种新的技术体系。它是有效解决制造业转型升级各种问题的一种新的普适性方案，其内涵可以从系统和技术等视角进行描述。

（1）系统视角　从系统构成看，面向新一代智能制造的 HCPS2.0 是为了实现一个或多个制造价值目标，由相关的人、信息系统以及物理系统组成的综合智能系统。其中，物理系统是主体，是制造活动能量流与物质流的执行者，和制造活动的完成者。拥有人工智能的信息系统是主导，是制造活动信息流的核心，帮助人对物理系统进行必要的感知、认知、分析决策与控制，使物理系统以尽可能最优的方式运行。人是主宰：一方面，人是物理系统和信息系统的创造者，即使信息系统拥有强大的"智能"，这种"智能"也是人赋予的；另一方面，人是物理系统和信息系统的使用者和管理者，系统的最高决策和操控都必须由人牢牢把握。从根本上说，无论是物理系统还是信息系统，它们都是为人类服务的。总而言之，在新一代智能制造中，制造是主体，智能是主导，人是主宰。

面向新一代智能制造的 HCPS2.0 需要解决各行各业、各种各类产品全生命周期中的研发、生产、销售、服务、管理等所有环节及其系统集成的问题，能够大大提高质量、效率与竞争力。也可以说，新一代智能制造的实质就是构建与应用各种不同用途、不同层次的

HCPS2.0，并最终将它们集成为一个面向整个制造业的 HCPS2.0 网络系统，使社会生产力得到革命性提升。因此，面向新一代智能制造的 HCPS2.0 从总体上呈现出智能性、大系统和大集成等三大主要特征。

1）智能性是面向新一代智能制造的 HCPS2.0 的最基本特征，即系统能不断自主学习与调整以使自身行为始终趋于最优。

2）面向新一代智能制造的 HCPS2.0 是一个大系统，由智能产品、智能生产及智能服务三大功能系统以及智能制造云和工业互联网两大支撑系统集成。其中，智能产品是主体，智能生产是主线，以智能服务为中心的产业模式变革是主题，工业互联网和智能制造云是支撑智能制造的基础。

3）面向新一代智能制造的 HCPS2.0 呈现出前所未有的大集成特征：企业内部研发、生产、销售、服务、管理等实现动态智能集成，即纵向集成；企业与企业之间基于工业互联网与智能制造云平台，实现集成、共享、协作和优化，即横向集成；制造业与金融业、上下游产业的深度融合形成服务型制造业和生产型服务业共同发展的新业态；智能制造与智能城市、智能交通、智能医疗、智能农业等交融集成，共同形成智能生态大系统——智能社会。

（2）技术视角 从技术本质看，面向新一代智能制造的 HCPS2.0 主要是通过新一代人工智能技术赋予信息系统强大的"智能"，从而带来三个重大技术进步的。

1）信息系统具有解决不确定、复杂问题的能力，解决复杂问题的方法从"强调因果关系"的传统模式向"强调关联关系"的创新模式转变，进而向"关联关系"和"因果关系"深度融合的先进模式发展，从根本上提高制造系统建模的能力，有效实现制造系统的优化。

2）信息系统拥有学习认知能力，具备生成知识并更好地运用知识的能力，使制造知识的产生、利用、传承和积累效率均发生革命性变化，显著提升知识作为核心要素的边际生产力。

3）形成人机混合增强智能，使人的智慧与机器智能的优势都得到充分发挥并相互启发式增长，极大释放人类智慧的创新潜能，极大提升制造业的创新能力。

总体而言，HCPS2.0 目前还处于"弱"人工智能技术应用阶段，新一代人工智能还在极速发展过程中。面向新一代智能制造的 HCPS2.0 将不断发展，从"弱"人工智能迈向"强"人工智能。

2. HCPS2.0 两大要点

HCPS2.0 是有效解决制造业转型升级各种问题的一种新的普适性方案，可广泛应用于离散型制造和流程型制造的产品创新、生产创新、服务创新等制造价值链全过程创新。它主要包含以下两大要点：

1）应用新一代人工智能技术给制造系统"赋能"。制造工程创新发展有许多途径，主要有两种方法：一是制造技术原始性创新，这种创新是根本性的，极为重要；二是应用共性赋能技术给制造技术"赋能"。前三次工业革命的共性赋能技术分别是蒸汽机技术、电机技术和数字化技术，第四次工业革命的共性赋能技术是人工智能技术，这些共性赋能技术与制造技术的深度融合，引领和推动了制造业革命性转型升级。正因为如此，基于 HCPS2.0 的智能制造既是制造业创新发展的主攻方向，也是制造业转型升级的主要路径，成为新的工业革命的核心驱动力。

2）新一代人工智能技术需要与制造技术深度融合，产生与升华制造领域知识，成为新一代智能制造技术。因为制造是主体，共性赋能技术是为制造升级服务的，所以共性赋能技术只有与制造技术深度融合，才能真正发挥作用。制造技术是本体技术，为主体；人工智能技术是共性赋能技术，为主导；两者辩证统一、融合发展。因而新一代智能制造工程，对于人工智能技术而言，是先进信息技术的推广应用工程；对于各行各业、各种各类制造系统而言，是应用共性赋能技术对制造系统进行的革命性集成式创新工程。

这种面向新一代智能制造的HCPS2.0不仅可以使制造知识的产生、利用、传承和积累效率都发生革命性变化，而且可以大大提高处理制造系统不确定、复杂问题的能力，极大改善制造系统的建模与决策效果。例如，智能机床加工系统能在感知与机床、加工、工况、环境有关信息的基础上，通过学习认知建立整个加工系统的模型，并将该模型应用于决策与控制，实现加工过程的优质、高效和低耗运行。

新一代智能制造进一步突出了人的中心地位，智能制造将更好地为人类服务。同时，人作为制造系统的创造者和操作者，人的能力和水平将得到极大提高，人类智慧的潜能将得到极大释放，社会生产力将得到极大解放。知识工程将使人类从大量脑力劳动和更多体力劳动中解放出来，人类可以从事更有价值的创造性工作。

总之，面向智能制造的HCPS随着相关技术的不断进步而不断发展，呈现出发展的层次性或阶段性，从最早的HPS到HCPS1.0，再到HCPS1.5和HCPS2.0，这种从低级到高级、从局部到整体的发展趋势将永无止境。

1.4 本章小结

本章对流程型制造智能工厂的基本概念进行了介绍，对流程型制造智能工厂的定义、特点以及发展历程进行了详述。流程型制造也称过程工业，是将物质的物理变化和化学变化应用于大型原料型工业产品的生产、加工、供应、服务的一种工业。流程型制造主要包括石化、冶金、电力、轻工、食品、制药、造纸等在国民经济中占重要地位的行业。与离散型制造生产过程相比，流程型制造的产品结构与离散型制造有较大不同。在流程型制造中，上级物料和下级物料之间的数量关系可能随温度、压力、湿度、季节、人员技术水平、工艺条件不同而不同。流程型制造的产品品种、工艺流程相对固定，批量往往较大，生产设备成本较高。流程型制造企业一般采用较大规模的生产方式，生产工艺较成熟，控制生产工艺条件的自动化设备相对完善。智能工厂是制造工厂层面的"两化"深度融合，是数字工厂、数字互联工厂和自动化工厂的延伸和发展，通过将人工智能技术应用于产品设计、工艺、生产等过程，使得制造工厂在其关键环节或过程中能够体现出一定的智能化特征，即具有自主性的感知、学习、分析、预测、决策、通信与协调控制能力，能动态地适应制造环境的变化，从而实现提质增效、节能降本的目标。从建设目标和愿景角度来看，智能工厂具备的五大特征是敏捷、高生产率、高质量产出、舒适人性化和可持续。从技术角度来看，智能工厂具备的五大特征是全面数字化、工厂互联化、制造柔性化、过程智能化（实现智能管控）和高度人机协同。从集成角度来看，智能工厂具备的三大特征是产品生命周期端到端集成、供应链横向集成和工厂结构纵向集成，这与"工业4.0"的三大集成理念是一致的。

流程型制造行业主要有以下生产特点：①资源密集，技术密集，生产规模大，流程连续且生产过程复杂，对生产过程控制要求较高。②大批量生产，品种固定，订单通常与生产无直接关系。③生产的工艺过程连续进行且不能中断。④生产过程通常需要严格的过程控制和大量的投入。⑤设备大型化，自动化程度较高，生产周期较长，过程连续或批处理，生产设施按工艺流程固定使用。⑥产品种类繁多且结构复杂，生产环境要求苛刻，需要克服纯滞后、非线性、多变量等影响。⑦建立原材料跟踪追溯体系（特别是食品和医药行业），并提高产品质量的可靠性。⑧物流流向复杂性。⑨成本构成的关联性。⑩物耗变化的随机性。⑪不确定性因素较多。⑫人工因素的能动性。

流程型制造智能工厂的发展有 4 个历程，即传统工厂、数字化工厂、数字化网络化工厂、数字化网络化智能化工厂。

1.5　章节习题

1. 流程型制造业的定义是什么？
2. 智能工厂可由哪几种工厂组成？
3. 流程型制造智能工厂的生产特点有哪些？
4. 流程型制造智能工厂的管理特点有哪些？
5. 流程型制造智能工厂的发展历程可分为哪四个阶段？

科学家科学史
"两弹一星"功勋科学家：最长的一天

第 2 章

流程型制造智能工厂的系统架构

PPT 课件　课程视频

2.1 智能工厂建设思路

流程型制造智能工厂是一个复杂的系统，需要从生产控制和生产组织两个维度切入，将智能工厂建设分为智能机构、智能检测、智能控制、智能操作、智能运营、智能决策 6 个层面，分别寻找、匹配先进的装备、技术与系统，进行智能化建设。

智能工厂建设的总体目标是：采用成熟的数字化、网络化、智能化、自动化、信息化技术，围绕生产管控、设备运行、质量控制、能源供给、安全应急这 5 项核心业务，采取关键装置优化控制、计划调度操作一体化管控、能源优化减排、安全风险分级管控及生产绩效动态评估等关键措施，着力提升企业生产管控的感知能力、预测能力、协同能力、分析优化能力及 IT 支撑能力，为企业经营管理综合效益和竞争力提升提供坚实的保障，并能够最终帮助企业实现高效、绿色、安全、最优的管理目标。

智能工厂建设系统如图 2-1 所示。

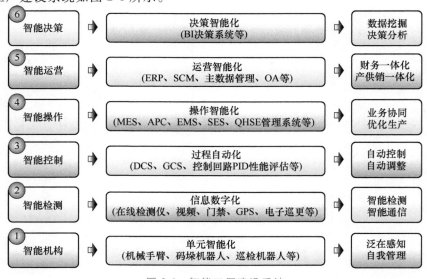

图 2-1　智能工厂建设系统

1）智能机构层。在适合的生产单元、工序中进行智能化操作改造，最大限度地利用机械手臂、码垛机器人、巡检机器人、自动导引车（AVG）、自动化仓储等装备，替代人的体力劳动，提高生产运行的工作效率和质量。

2）智能检测层。对生产资源、运行状态的检测进行系统化设计和建设，包括在线检测仪、视频、门禁、全球定位系统（GPS）、电子巡更、一卡通、泄漏检测、火灾预警、消防报警等内容，并实现相关系统的互联互通、智能联动，为安全的生产环境提供保障和服务。

3）智能控制层。为生产工艺的控制提供系统的解决方案，包括集散式控制系统（DCS）、综合布线系统（GCS）、控制回路比例-积分-微分（PID）性能评估、监控与数据采集（SCADA）系统等内容，实现生产工艺控制的高度自动化。

4）智能操作层。为生产、质量、设备、能源、安全等业务管理提供智能操作系统与平台，包括制造执行系统（MES）、先进过程控制（APC）、能源管理系统（EMS）、安全评价系统（SES）、质量健康安全环境（QHSE）管理系统、企业资产管理（EAM）系统、仿真培训系统（OTS）等内容，优化生产管控的业务流程，丰富操作优化指导工具，提升生产操作的业务协同水平。

5）智能运营层。为供应商关系管理、客户关系管理、企业资源计划、工程项目管理、科研管理等业务提供智能化服务平台，包括企业资源计划（ERP）、供应链管理（SCM）系统、主数据管理、办公自动化（OA）、客户关系管理（CRM）系统等内容。

6）智能决策层。构建企业级专家知识库，搭建面向主题的工业大数据分析决策平台，通过建立和拟合不同模型来研究不同关系，发现有用信息，用于分析原因并解决问题；发现潜在价值，预见可能发生的某种"坏的未来"并且给出相关建议，即预测并提供解决方案。智能决策包括商业智能（BI）决策系统等。

智能工厂运用数字化、网络化、智能化、自动化、信息化技术，最大限度地提高生产效率，建立起一个安全、低碳、环保、可参与全球市场竞争、智能的工厂。在全球化时代的背景下，产品与服务参与全球比价，方能体现企业的核心竞争力。唯有抓住现阶段的历史机遇，通过持续推进信息智能化快速发展，来不断加强企业的风险管控、成本管控等市场核心竞争力，才能实现行业转型升级的质的飞跃。

2.1.1 流程型制造工厂的数字化网络化

流程型制造工厂的数字化网络化的主要任务是实现生产过程的自动化和生产管理的信息化。流程型制造业的数字化网络化具体表现在：计算机控制技术和 DCS 广泛应用，实现多工序的自动化生产；利用大量生产过程数据，与机理分析相结合，建立反映生产过程主要特征的动态数学模型，进行过程控制与优化；采用 ERP、MES、PCS 的生产管理与控制软件，实现企业管理与控制的集成。

数字化网络化的流程型制造工厂由物理实体系统（即物理系统）和信息系统构成。其中，物理实体系统部署集成化的流程制造生产线、机械手臂、检测装置、执行机构等，以及必要的原材料和能源，为制造流程提供硬件基础设施与资源；信息系统则是在这些基础设施与资源基础之上，通过通信网关、传感器、I/O 转换器、局域网和工业以太网等数字化网络化手段，将执行机构、传感器、生产设备以及各类信息系统集成，横向打通各个生产单元和生产线，纵向打通管理与控制各个层次，通过所建立的各类信息系统，获取客户需求、供应商信息以及生产过程信息，并下达和执行各类生产指令。

数字化网络化流程型制造工厂（HCPS1.5）结构与组成简图如图2-2所示。该制造工厂主要由制造流程（物理系统）以及生产管理信息化系统与生产过程自动化系统（信息系统，也称网络系统）组成。

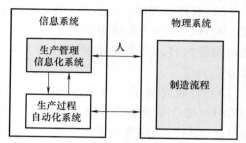

图2-2 数字化网络化流程型制造工厂（HCPS1.5）结构与组成简图

2.1.2 流程型制造的生产管理信息化系统

流程型制造生产管理的数字化网络化也就是生产管理的信息化。大规模的流程型制造业生产需要生产管理高效化，要借助数字化网络化的信息系统来实现。流程型制造的生产管理是根据市场需求、原料供给、生产加工能力和生产环境的状态，来确定企业生产经营目标，制订企业生产计划，实现企业内各部门协调的生产过程。通过生产管理：提高设备利用率，减少废气、废水等对环境有害的废物的产生和排放；保证产品的性能、规格等质量要求得以满足，快速响应客户需求；保持并不断提高产品的生产速率，同时要减少生产过程中的质量损失以及原料和公用工程的消耗；节省人力资源，减少原料和产品的库存量等。例如，厚板厂生产管理的核心是轧制计划编制和执行，即根据生产条件、订单需求、轧制规程及工具的使用情况，合理地对钢坯进行组批与排序；在计划实施过程中，再根据工厂内部、外部的反馈信息不断地对轧制计划进行调整。

生产管理信息系统面向的使用者是厂长、经理、总工程师等行政管理或者运行管理人员，其主要任务是完成生产计划的制订、调整和发布，收集和处理生产数据，对原料库和成品库等进行管理，以及对产品进行质量控制等。生产管理只有在生产过程自动化系统正常投入运行后才能实现，生产过程自动化系统的工业控制网络设计要考虑预留生产管理的网络接口。

2.1.3 流程型制造工厂的智能化

流程型制造业智能化的本质是智能优化制造，是以生产经营全过程的高效化与绿色化为目标，以生产工艺智能优化和生产全流程整体智能优化为特征的制造模式。在已有的流程型制造业数字化网络化制造系统的基础上，融合工业人工智能、大数据等赋能技术，实现企业"产、供、销、管、控"的智能决策和集成优化，达到管理决策和生产制造的高效化和绿色化。高效化体现在紧凑和柔性的工艺流程结构，高性能、高附加值产品的生产能力，原料消耗低；绿色化体现在工艺流程和生产过程的安全、低故障，多介质能源结构合理、资源能源循环利用、能耗低，污染物近零排放。

流程型制造智能化的目标是实现全流程系统级的优化，将产品质量从中低端走向中高端。与数字化网络化工厂相比，流程型制造智能工厂与工业互联网和工业人工智能技术融合，将目前部分由人工完成的感知、操作和决策通过智能系统实现，也就是流程型智能制造的HCPS2.0。

工业互联网的内涵是通过开放的、全球化的工业级网络平台把设备、生产线、工厂、供应商、产品和客户紧密地连接和融合，高效共享工业经济中的各种要素资源，从而通过自动化、智能化的生产方式降低成本、提高效率。工业互联网是数字化网络化的深化与发展。利用工业互联网最新的信息技术和通信技术（包括智能手机、无线通信、"无处不在"的传感网络、射频识别、智能图像处理、全球定位系统、地理信息系统、机器对机器通信），将ERP、MES、PCS信息无缝集成，将分散式生产要素信息（包括设备、产品质量、生产指标、安全、能耗）进行汇聚，并将制造环节的操作人员、产品和生产设备通过工业互联网连接，实现人、机、物的全面泛在互联，打通产品生命周期、资产运营、业务履约3条价值链，实现全要素、全产业链、全价值链的全面连接，包含网络、平台、安全3个部分。其中，网络是基础，平台是核心，安全是保障。

工业人工智能的界定并不明确且随时间的推移不断变化，目前工业人工智能的核心目标是：在生产过程控制与管理等工业生产活动中，实现目前仍然依靠人的感知、认知、分析与决策能力以及经验与知识来完成的知识工作的自动化与智能化，显著提高经济社会效益。工业人工智能将工业机理与人工智能技术深度融合，使生产过程控制与管理发生颠覆性改变，由以人为主的开环决策和事后校正转变为大数据驱动的闭环反馈决策、实时预测自优化校正，控制模式由开环设定、反馈控制转变为自适应闭环优化、全流程协同优化控制、底层单元自主高性能控制。流程型数字化网络化智能化制造工厂由此形成。

2.2　智能工厂智能化制造功能架构

流程型制造智能工厂智能化制造的功能架构旨在实现五大系统，即生产单元的智能自主运行优化控制系统、生产全流程智能协同运行优化控制系统、智能管理与优化决策系统、智能安全运行监控系统和制造流程数字孪生系统。

1）智能自主运行优化控制系统：可以智能自主感知生产条件变化，自适应决策控制回路设定值，实现自主运行优化控制。

2）生产全流程智能协同运行优化控制系统：可以自主学习和主动响应，自适应优化决策。

3）智能管理与优化决策系统：以实现企业全局指标（企业最终产品的质量、效率、成本、消耗等相关生产指标）的优化为目标，来决策企业的综合生产指标，将其作为生产全流程智能协同运行优化控制系统的目标值。

4）智能安全运行监控系统：利用相关信息监控生产过程、控制与决策是否符合预期或标准，将监控结果反馈给实施监控的对象，根据评价结果对生产过程、控制与决策进行调节，保证流程型制造智能管理与优化决策系统的安全性。

5）制造流程数字孪生系统：服务于工艺优化，实现底层控制、智能协同运行优化控制、智能管理与优化决策三个子系统策略的评估、测试，以及半实物仿真、生产过程动态仿真、智能化的安全性评估、操作员训练功能。

1. 智能工厂架构

智能工厂架构如图2-3所示。

第1层（基础设施层）：包括工业生产各类设备、传感器、PLC、传输网络以及物联网网关等，是工厂的最底层加工单元。

该层主要完成数据的采集、转换、收集、处理和计算，以及必要的控制。通过统一的接口，如OPC/UA（开放性生产控制/统一架构），按照传输协议（比如工业以太网传输协议）连接到工业监测、控制、执行系统中。

第2层（智能装备层）：包括设备监测控制系统，比如HMI（人机接口）、DNC（分布式数控）、SCADA等。HMI也叫作人机界面，是系统和用户之间交互和信息交换的媒介，实现信息的内部形式与人类可以接受的形式之间的转换。

图 2-3　智能工厂架构

SCADA是监控与数据采集系统，是以计算机为基础的DCS与电力自动化监控系统。它可以对现场的运行设备组网进行监测和控制，以实现数据采集、设备控制、测量、参数调节以及各类信号报警等功能。

第3层（智能产线层）：由MES、MOM（制造运营管理）等满足不同工业需求的生产执行系统构成，负责接受任务并进行任务的分配与过程执行。

在这个过程中，需要通过网络和各类接口，向智能装备层系统或基础设施层设备请求所需要的各种参数、变量、状态和数据；反向控制指令的原理相同。其技术基础是与现场设备进行通信，实现数据的自动化采集甚至智能采集以及反向控制。

第4层（智能车间层）：包括PLM（产品生命周期管理）、ERP、SCM、CRM等上层系统。其中，PLM负责产品从研发到报废的"全生命周期管理"，ERP负责企业内部资源的配置和协调，SCM负责企业资源和外部的对接，CRM负责促进企业和消费者的沟通。

第5层（工厂管控层）：层层数据采集、处理、存储、分析、利用，最终为商业决策（BI）提供精益的数据基础。商业决策将企业现有的数据进行有效整合，快速准确地提出决策依据，帮助企业做出明智的业务经营决策。

通过打通以上5层架构，打破数据孤岛，使得智能工厂从设计、制造、安装、运维到服务的所有环节都被打通。

PLM的设计数据直接进入ERP，ERP立即调配工厂资源，如需外界供货则由SCM自动调配。借助CRM，整个生产过程可以和客户保持实时沟通。MES在其中起到了信息化和工业自动化的桥梁作用。

这一切的基础都是实现软硬件的结合，用智能信息系统结合智能产品、智能生产设备、智能测试设备，最终实现整个制造工厂到服务现场的智能化。

2. 流程型制造智能工厂的建设步骤

流程型制造智能工厂的建设步骤须遵守系统层级的建设。系统层级是指与企业生产活动相关的组织结构的层级划分，包括设备层、控制层、车间层、企业层和协同层。

2.2.1　设备层

设备层是智能制造体系的基础，它包括各种智能化的生产设备、机器人、传感器和工具。这些设备能够自动化地执行任务，具备数据采集和通信能力，可以实现生产过程的自动化和信息化。通过设备层，企业可以实现生产效率的提升和产品质量的改进。

各种智能制造设备包括数控加工中心、数控车床、工业机器人、AGV、物料台、动平衡机、输送机、检测仪、上下料库以及智能传感器等。

智能制造产线的控制流程是通过输送机到达物料台，由各工位的工业机器人进行抓取并放置进立式数控车床、立式加工中心等智能制造加工单元。在工业机器人抓取毛坯前，系统总控模块需要判断此时各个加工单位是否满足空闲待加工状态，如果不满足，例如刀具正在换刀或上一次工件正在加工等，则系统总控模块需要准备对应条件，在立式加工中心完成加工动作后，再由工业机器人从立式加工中心中完成下料等后续功能。

智能制造产线的控制流程如图 2-4 所示。

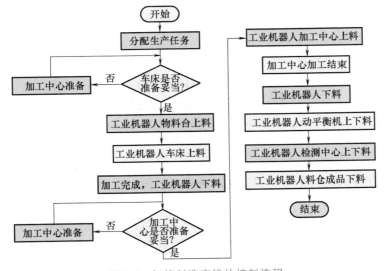

图 2-4　智能制造产线的控制流程

智能制造产线中，在边缘侧部署边缘服务器。采用工控机（工业用计算机），通过传感网络通信（互联网、串口、网口等）与实际智能制造设备的控制系统相连接。采用 OPC/UA、Profibus、Modbus、HTTP/IP（超文本传送协议/互联网协议）等总线协议进行通信，主要是为了获取立式车床、立式加工中心、工业机器人等制造设备的状态信息及运维数据。多源传感器将实时采集到的数据传输给边缘侧部署的实时数据库，将实时读取到的运维数据作为控制孪生域设备模型动作的 API 函数的实际参数，紧接着通过参数传递实现实际制造现场与数字孪生域的虚实同步。实时的仿真结果有助于业务交互中进行生产预测及在线监控。

2.2.2　控制层

控制层是指用于企业内处理信息、实现监测和控制物理流程的层级。

1. 智能控制层结构

智能控制层由四部分组成：①用于人机交互的智能控制程序；②用于存储信息的数据文件；③服务于智能控制层界面的神经网络计算程序；④用于工作人员定位辅助的蓝牙定位计算程序。智能控制层结构如图 2-5 所示。

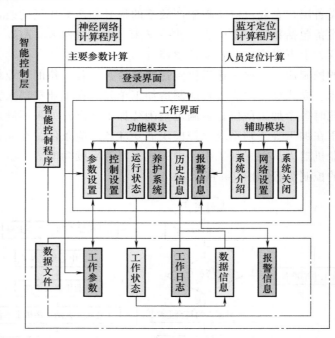

图 2-5   智能控制层结构

智能控制程序界面由两部分组成：①系统登录界面，主要用于确认访问者等级；②主要工作界面，为系统运行的主要界面。

在工作界面中包含九个模块，并按作用划分为两类：①功能模块有六个，其中包括参数设置、控制设置、运行状态、养护系统、历史信息和报警信息；②辅助模块有三个，即系统介绍、网络设置和系统关闭。在设计与开发过程中应预留其他功能模块的空间，方便二次开发。

每个模块分别对应一个操作界面，工作界面左侧是对应功能界面开启开关，右侧是该功能界面操作区域，单击功能键切换功能界面，同时只显示一个功能界面，其他界面自动隐藏。

参数设置模块和控制设置模块，主要有设备运行参数计算、调整加工程序、自动控制与手动控制切换等功能。在运行状态模块可以查看当前设备中的各类数据，确认各设备的运行情况，在设备运行期间系统会根据计算机系统时间定时保存刷新数据。养护系统模块主要包括服务于业务的实时监控，其数据单独整理成文件存放，数据显示有文字和图形两类显示方式。历史信息模块可以调阅系统运行的历史记录，也包括各类生产信息。报警信息模块可针对不同类型信息给出不同的反馈形式，进而派遣不同的工作人员处理对应问题。

辅助模块主要为使用者提供便利和使用帮助。系统介绍模块内有系统的使用说明和相关注意事项。网络设置模块主要负责网络连接机制，根据不同的网络地址连接不同的生产设备和视频监控系统。系统关闭模块可以辅助操作人员关闭系统，同时可避免由于操作错误而产生的数据丢失等问题。

数据文件主要用于保存智能控制程序中的数据信息，数据存储采用可扩展标记语言（Extensible Markup Language，XML）进行文件存储。XML 是标准通用标记语言的子集，可结构化地标记数据对象，同时也部分地标记数据对象的计算机程序行为。XML 描述一些跨平台的结构化数据，方便这些数据在不同的平台间相互传递，很多网络设备都提供了对 XML 的支持。

神经网络计算程序主要服务于参数设置模块，智能控制程序调取其计算结果，同时结合其他数据信息，由控制设置模块完成加工程序编译。

在蓝牙定位计算程序中包含实现定位功能的程序，可以完成工作人员位置信息的计算，辅助报警信息模块人员派遣和问题排除。

2. 智能控制系统总体结构

如图 2-6 所示，智能控制系统总体分为三部分：①包括操作界面和数据文件在内的智能控制层；②作为信息传输桥梁和末端设备控制基础的物联网层；③包括工作设备及传感器等的设备层。

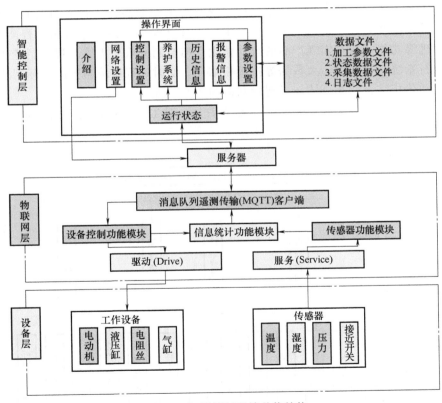

图 2-6　智能控制系统总体结构

在整个系统中，工作设备与传感器作为整个系统的基础而存在，接收来自物联网层的命令并执行加工过程，传感器的数据将会被采集到智能控制层中。

物联网层作为中间桥梁而存在，对下发送指令并采集数据，对上将收集到的数据上传并接收来自智能控制层的指令，同时在组态软件中设置一些互锁，以确保设备在运行过程中的安全。

智能控制层作为控制中枢而存在，调取各方数据并分类筛选存储，同时向外发布命令。在操作界面中包含数个不同的功能组件。信息存储方面考虑到安全问题，将数据文件存储在智能控制层所在计算机上，以避免文件在网络上丢失等问题，同时对数据进行一定的加密计算，要求计算机使用者设置开机密码。

传统的组态软件在编辑界面方面功能相对单一。将不同的功能融合为一个整体，需要开发软件具有良好的兼容性，能够兼容各方汇聚的数据或信息，同时也要便于后续开发与维护。因此需要构建一个具有良好兼容性的平台，通过互联网从组态软件中获取数据，并在本地建立数据库实现存储，同时支持多方访问，并兼容其他信息来源。在界面开发中，基于功能模块对界面进行划分，兼顾安全性与实用性，设置登录界面以区分访问者权限，界面以深色调为主。

2.2.3 车间层

车间层是实现面向工厂或车间的生产管理的层级。

智能制造的智能化、实时化以及网络化等特点，需要配合应用先进的生产管理系统，才能更好地体现其价值。因此，智能制造执行系统的产生与发展将是智能制造的一大推动力。智能制造执行系统在传统制造执行系统基础上，扩展开发了智能生产管理、智能设备管理、智能质量管理等功能。它是实现产品的智能化生产与控制的重要支撑。智能制造执行系统将传统制造执行系统与物联网、大数据等技术相结合，实时远程跟踪与控制实际制造过程，将信息化与自动化相结合，充分体现了智能制造的生产管理理念。

智能车间生产过程跟踪与管理系统（见图 2-7），对生产过程自动数据采集、分析处理、存储与可视化展示等进行了集成开发，建立了系统管理、资源管理、计划管理、调度管理及生产过程管理等主要功能模块。

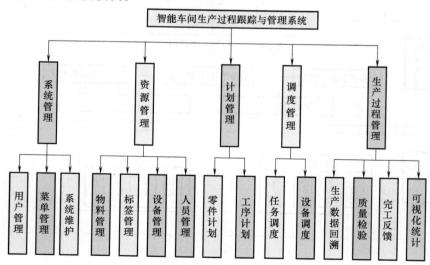

图 2-7 智能车间生产过程跟踪与管理系统功能模块

（1）系统管理 系统管理主要负责对不同的车间人员配置相应的角色和权限，系统根据不同的角色和权限加载不同的菜单和 Web 页面。角色只能在其相应的权限范围内进行相应的操作，低权限用户不能访问高权限用户的功能和页面，从而增强了系统的安全性和保密性。

（2）资源管理 资源管理包括物料、标签、人员、读写器以及工装基本信息等的定义和维护，是保证整个系统正常运作的基础。系统利用资源管理中的数据，将各功能模块有效地联系在一起，保证了系统中各模块间的信息共享。

物料管理主要负责管理和维护物料名称、型号、规格等相关物料属性，并采用固定的格式将物料信息分类存储到数据库中。每个工件都有唯一的物料编号，便于对其进行标识。

标签管理负责对标签按一定的格式进行初始化设置，设置读写器的读写权限和密钥等，对标签中存储的信息进行处理。读写器的管理主要是对读写器 IP 地址的维护，将读写器与加工设备绑定，以便通过读写器自动从服务器获取加工设备相关信息。

设备管理包括了加工设备、工艺信息、工装夹具等各种加工所需资源的维护，比如设备的编号、设备名称、设备管理者、刀具量具夹具信息等。

人员管理主要对员工的一些基本属性进行维护，比如员工编号、员工姓名、员工住址等。

（3）计划管理 计划管理主要包括零件计划和工序计划的编制。根据生产订单，计划员首先进行生产能力的分析，并以此为依据初步编制详细的零件计划以及工序计划，编制完成后将生产任务下发到车间。另外，在保证工艺约束的情况下，计划员可以手工调整各个加工设备的加工任务的顺序。

（4）调度管理 调度管理有设备调度、任务调度等。系统设计的固定 RFID（射频识别）阅读器的模式自动采集生产过程的相关数据，实时采集零件的实际开工、完工时间等信息，并主动将这些信息上传到数据库服务器。

上层调度员可以直接查看实时生产数据，并以此为依据采用改进的双层编码的调度遗传算法进行实时的生产调度，根据调度结果，可以实时有效地安排生产任务和加工设备，保证生产顺利进行，提高生产效率和设备利用率。

（5）生产过程管理 生产开始前，各车间加工单元会先接收上层下发的任务，并做开工检查。当满足开工条件时，各个加工单元根据生产任务从服务器自动获取生产工艺卡片相关信息。在零件开始加工阶段，由于加工单元出入口缓冲区的固定 RFID 阅读器事先已与加工设备及加工人员绑定，当零件进入阅读器读取范围，实际生产加工数据将会被阅读器自动获取，并主动上传到数据库中。通过实际完工数量和计划数量的对比，可以得到零件完成率。加工设备和加工人员等信息也都被存储到数据库中，为生产历史数据的回溯提供基础。当生产完成后，生产过程管理会主动向计划反馈完工信息，实时更新数据库相关生产数据，实现整个生产过程的闭环控制。

对零件进行质量跟踪是生产的一个重要环节，为了预防不合格品被运送到下一工序，需要对零件进行质量检验。质量检验部门需要先采集零件电子标签的信息，并对采集到的信息进行处理，然后从数据库查询该零件的工艺卡片，最后需要实时地记录质检信息，如检验人员、检验房间、检验结果等。这些实时的数据被上传到数据库中，若零件出现质量问题，系统可以根据这些数据准确地追溯到产生质量问题的源头，从而可以分析问题产生的原因。对于质检不合格的零件，质检员需要给出处理意见，比如返工、返修、报废等，并将零件转给相应的部门。通过可视化的 Web 页面，可以展示实时的零件生产进度、工序生产进度、零件合格率等信息，更直观地反映出实时的加工现场状况，管理者可以根据这些信息合理地安排生产。

2.2.4　企业层

企业层是实现面向企业经营管理的层级。

1. 智能制造企业的概念与特点

作为制造业转型升级、推动制造业高质量发展的重要抓手，智能制造在学界的热度不断升高。但由于智能制造的视角广、学科多，因此当前的研究内容繁杂，未形成较完整的体系。"智能制造"概念最早在赖特（Wright）和伯恩（Bourne）1988 的著作 *Manufacturing Intelligence* 中出现。智能制造被定义为通过各类先进技术和系统集成建立工人技能和专家知识的模型，实现小批量的无人干预生产。杰里米·里夫金（Jeremy Rifkin）于 2012 提出，工业互联网是智能制造的实质特征。德国"工业 4.0"的热潮席卷全球，我国的制造强国计划也正逐步落实，智能制造的概念被不断地完善和丰富。我国对智能制造的内涵进行了进一步明确和补充，工业和信息化部发布《智能制造发展规划（2016—2020 年）》将智能制造定义为一种新型生产方式：智能制造是基于新一代信息通信技术与先进制造技术深度融合，贯穿于设计、生产、管理和服务等制造活动的各个环节，具备自感知、自学习、自决策、自执行、自适应等功能的新型生产方式。可以说智能制造实质上是基于大数据、物联网、云计算等，实现机器与物料的对话、工厂和消费者的连接以及柔性化生产，其具备智能感知、精准执行、精益管控和智能决策四大特征。

智能制造企业是指使用智能科学的理论、方法和技术，通过大数据、云计算、物联网和移动互联等技术途径，融合新一代信息技术、智能技术、先进制造技术三种技术，实现产品研发、设计、生产与装备、经营管理、服务和决策等全生命周期的网络化、智能化和环保化，优化整合信息资源与工业资源，形成资金流、业务工作流、信息流、物流的融合与集成的制造企业。对于智能制造企业而言，智能制造具有具体的形态，如大数据系统、工业云系统及云物流公共服务平台等；智能制造还有主要技术增值技术，如工业物联网、大数据技术、边缘计算和增材制造等技术的活动。智能制造企业通过使用科学技术，使其生产决策更加智能化，通过资源利用、成本运营、产品研发等一系列优化措施，实现生产方式智能化、生产装备智能化以及产品管理智能化，从而赢得良好的成长前景。在实际的课题研究中，通常会包括已成功实现智能化转型的制造企业和正在转型探索过程中的制造企业。

智能制造企业的特点集中在"智能"上，智能是主体适应、改变、选择环境的各种行为能力。无论是生物智能主体还是非生物智能主体，其适应、改变、选择环境的过程都是建立在充分感知、交互、分析、处理自身和外部环境信息的基础之上的。换言之，没有信息就没有智能，没有信息的组织与交互也就失去了智能行为的基础，信息的及时性、准确性、完备性决定了主体的智能化水平。智能具体表现在制造企业实现智能化转型后会具备的智能生产装备、智能生产方式和智能产品管理三大方面。智能生产装备是指将多种先进的高新技术融入制造企业的生产装备中，以数字技术、智能技术的集成，形成具备推理和决策等多功能的智能化协同生产模式。它能够减少企业资源消耗以及决策失误，帮助企业纵深化发展。智能生产方式主要是以精准的消费需求为主导的精细化、定制化生产，通过改变顾客与企业的关系来改变传统的企业运作模式，以灵活的生产模式降低生产成本，增强企业的生命力。智能产品管理是指在产品管理过程中融入数字系统，实现通信、记录、追溯和转化等一系列功能，如产品的数字标签可以实现原料可溯源和查看全生命周期信息。

2. 企业智能化的发展基础

智能化发展阶段实际上是企业达到一定数字化程度之后的阶段。在这个阶段，企业已经具备了一定数字化基础，向网络化、智能化升级。智能制造的技术范式按照发展阶段的不同可以分为 3 类：数字化制造、数字化网络化制造，数字化网络化智能化制造。

1）数字化制造：智能制造的第一种基本范式，属于智能制造的初级阶段。

2）数字化网络化制造：智能制造的第二种基本范式，可被视为"互联网+制造"。

3）数字化网络化智能化制造：智能制造的第三种基本范式。

为了深入分析智能制造企业的发展模式，有必要从智能制造的发展阶段着手分析。智能制造的发展大体可以分为数字化、网络化、智能化 3 个阶段。企业在实现一定的数字化基础后，比如高端数控机床的引入、识别与传感技术的运用、初级控制系统的运用等，进行网络化和智能化改造，具体表现在智能装备、智能工厂、智能服务、智能赋能技术、工业网络 5 个方面。在智能装备方面，网络化和智能化改造主要包括识别与传感、人际交互系统、控制系统、增材制造、工业机器人、数控机床、智能工艺装备等部分；在智能工厂方面，网络化和智能化改造主要包括工厂的设计和建造、智能设计、生产、管理、物流和集成优化等部分；在智能服务方面，网络化和智能化改造主要包括大规模个性化定制、运维服务和网络协同制造等部分；在智能赋能技术方面，网络化和智能化改造主要包括人工智能应用、工业大数据、工业软件、工业云、边缘计算等部分；在工业网络方面，网络化和智能化改造主要包括工业无线通信和工业有线通信两部分。

新一代信息技术蓬勃发展以及与传统工业技术的融合创新，既是新一代产业革命也是智能制造发展的技术基础。根据我国目前的发展情况和不同企业技术能力的不同，智能制造发展方向可以分为并行模式和递进模式。其中，并行模式是指随着企业技术基础能力与创新能力的同步提高，企业同时进行网络化和智能化升级改造，以实现新一代智能制造。递进模式是指随着企业技术在基础能力或创新能力方向上的提升，企业有选择地进行网络化或者智能化的升级改造，从而渐进式升级到新一代智能制造。递进模式根据企业优先进行网络化或智能化，将可分为网络递进模式和智能递进模式。

综上所述，企业可以选择网络化与智能化升级改造同时开展的并行模式，也可以选择先进行智能化或网络化升级改造，以此来进行智能化转型的递进模式。企业智能化发展与技术能力关系如图 2-8 所示。

在模型设定上，对于企业 3 种发展模式选择的分析，可以参考 Sung Hee 在分析质量成本以及解季非在分析制造业服务化问题上的做法，将制造企业的智能化看作一种由企业自营的、为自身提供服务的模式。假设制造企业在价格和质量均衡条件下追求利润最大化。需求函数是价格和质量的线性函数，且需求价格弹性。同时，假设智能化和网络化两个阶段提供的价格、质量相同，

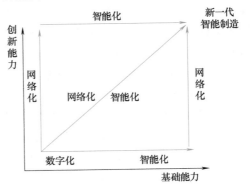

图 2-8　企业智能化发展与技术能力关系示意图

那么制造企业自营提供升级改造的服务成本是质量的二次函数。

2.2.5 协同层

协同层是企业实现其内部和外部信息互联和共享，实现跨企业业务协同的层级。

智能制造协同是指利用先进的信息技术，如物联网、大数据分析、人工智能等，实现生产过程中各个环节之间的高效协同和互动。这有助于提高生产率、降低成本，并实现自动化和智能化生产。智能制造协同包括生产计划、物料采购、生产过程控制、设备维护等多个环节，通过信息技术手段实现这些环节之间的高效协同。这种协同可以帮助企业更好地应对市场需求变化，提高生产率和质量，降低生产成本，并且有助于实现工厂的数字化转型和智能化升级。在智能制造协同中，数据共享和实时通信是非常重要的，它们可以确保各个环节之间的协同配合。

1. 智能制造协同三大瓶颈

工业制造产业链路长、生产流程复杂、影响因素多，随着制造业向数字化、智能化转型，支持智能制造的供应链网络跨场景、跨领域融合成为常态，工业企业传统的单线路运营管理方式正逐步转变为贯穿研发设计、原料采供、生产、市场、服务等全链路的供应链上下游协同模式。当前，工业企业在智能制造协同方面主要存在三大瓶颈。

1）数据孤岛导致内外部协同效率低、成本高。随着信息技术快速发展和普及应用，企业生产经营各个环节都拥有海量数据，但这些数据分散在众多业务系统中，形成一座座数据孤岛，导致企业内部协同流程不通畅，协同效率低。在企业外部，由于供应链上下游企业间缺乏有效的协同合作机制，信息壁垒导致供应链协同成本高，造成大量数据资源浪费。

2）大规模数据计算难，数据处理质量低。企业从规划、计划到执行的运营管理中每个环节都涉及大量数据计算。在规划层面，企业需要对整体产能、收益和物料供应等情况进行宏观掌控；在计划层面，企业要考虑所有订单约束（收益、交期、物料、人员等）条件因素，为每个订单合理调度生产周期和资源，同时要协调供应、销售、物流等部门按计划提供相关支持；在执行层面，企业要针对具体订单合理使用物料、设备、人员、能源等生产资源。传统的数据处理方式难以承担多目标、多约束条件的大规模数据计算任务，数据处理质量低。

3）市场变化快，实时协同调整难。在复杂多变的市场环境中，订单、物料、人员、设备等生产要素随时都可能发生变化，而大部分企业的数字化系统受技术、规模、人员素质水平等条件所限，不具备数据高效计算和灵活调整的能力，很难为响应市场变化而进行实时协同调整，从而影响企业经营决策的科学性和协同执行力。

2. 为智能制造装上"决策大脑"

针对上述智能制造痛点问题，基于运筹优化、机器学习、深度学习等人工智能前沿技术，通过智能算法建模和求解器高效求解，将生产运营问题抽象并转化为数学问题进行求解优化，赋能不同类型制造企业全业务场景数智化转型升级。

智能决策优化系统（见图2-9）由基础技术层、平台（模型、算法）应用层和业务场景层3部分构成，基于"引擎+决策中台+场景"的端到端决策优化技术平台，统筹工业制造全业务要素，高效求解，全局优化，构建智能制造"决策大脑"，打破企业数智化转型壁垒。

图 2-9　智能决策优化系统

　　基础技术层：运用计算机，为智能制造过程的大规模数据计算、数据处理、决策分析提供基础技术支持。具备大规模混合整数规划、线性规划（单纯形法和内点法）、半定规划、混合整数二阶锥规划、混合整数凸二次规划和混合整数凸二次约束规划问题求解能力的综合性能数学规划求解器，可支持亿量级数据问题的高效求解，且应用灵活，扩展性好，能够根据不同的制造业务场景进行定制化调优。

　　平台（模型、算法）应用层：将智能决策优化技术与工业制造丰富的应用场景相结合，构建不同类型的算法模型和组件，帮助企业快速梳理业务数据和逻辑。这些算法模型和组件通过抽取同类型业务的共同点构建而成，可以根据企业实际需求灵活调整。

　　业务场景层：针对运营、订单、生产、物料四大场景，构建 4 个核心应用功能模块，以满足企业多元业务运营需求。智能运营管理模块通过偏差分析与方案模拟，帮助企业实现需求与供应匹配、生产与市场协同及产销平衡；智能订单管理模块可以对订单全生命周期进行可视化和量化管理，快速计算订单的可交付日期，提高客户满意度；智能生产管理模块帮助企业制订中长期多层级联动计划，智能辅助决策，跟踪监控计划执行数据，优化业务流程，提升运营效率；智能物料管理模块通过端到端的精细化协同管理，优化物料供应和分配方案，保障物料齐备。

3. 落地应用方法和路径

　　我国工业体系拥有 41 个大类、207 个中类、666 个小类，不同的行业和领域、不同的企业有不同的具体问题，智能决策优化技术在解决具体问题时的执行方案也会有所不同，但整体思路和实施路径都是借助技术实现从数据处理到决策的跃迁。经过多年技术创新和服务经验积累，已经形成了一套成熟的应用方法和路径，可以帮助企业步步为营，推进智能决策落地应用。

　　第 1 步，夯实数据基础。其核心是打破数据孤岛，帮助企业梳理产供销全链路的多元数据，实现需求、采购、生产、交付等环节的信息透明传输，将各种生产管理规则统一化、标准化。在进行数据处理时，可以和多种系统对接，也可以借助智能算法帮助企业梳理业务逻辑和规则，规范数据治理，优化业务流程。

第2步，算法建模和求解。这一步需要对企业的业务模式和逻辑有清晰的认知，根据企业的业务目标和对应的各种约束条件，对具体业务问题进行抽象化建模，通过求解器高效求解，从多种目标方案中得出最优方案。例如在生产计划应用场景中，不同的订单排序、产线和人员安排都会影响产品交付时效，通过运筹优化技术快速建模求解，可以在满足交付时效要求的情况下得出成本最低、效益最大化的生产计划。

第3步，业务仿真模拟对比决策。企业在做各种决策时，常常需要对比不同条件下的方案。基于模拟仿真技术，对不同条件下可能发生的不确定性情况（如有急单、插单等）进行分析预测，可以对比不同调度方案的成本和效率，进行最优化决策，帮助企业灵活应对市场变化，避免不必要的经营风险。

在上述应用方法和路径中，打通全链路业务数据是基础，智能决策如同给数据链注入了灵魂，通过快速而高质量的数据采集和计算，让相互联通的业务链协同优化决策，反应更加灵活敏捷，反馈到业务价值上就是统一目标下各个制造环节效率和质量的协同提升。

4. "标准化+定制化"服务模式

在具体应用中，各应用模块可以对接多种数字化系统，不同应用模块也可以自由组合和串联，形成局部或全链路智能决策优化方案，满足多元化智能制造决策优化需求。

基于不同企业的业务模式和需求差异，智能决策应用并非简单地安装一套系统，而是需要结合具体业务场景进行有针对性的适配。基于此，通过对多类制造业务问题进行抽象化提炼，将底层计算引擎与行业沉淀的模型和组件进行标准化匹配，赋予其扩展性和灵活性，由此衍生出针对不同行业、不同场景的解决方案，企业可以根据自身需求在标准化组件的基础上进行定制化调整升级。

2.3　智能工厂建设步骤

流程型制造智能工厂包括：①制造流程（物理系统）。流程型制造工厂的加工过程通常在物理系统中由生产装备完成物质转化。②自动流程（信息系统）。生产过程自动化系统实现单元-工序-生产线的回路控制和多单元协同。③管理流程（信息系统）。生产管理信息化系统主要包括制造执行系统（MES）和企业资源计划（ERP）。

2.3.1　流程型制造工厂的物理系统

1. 物理系统的组成

流程型制造通常由从原料到产品的生产线构成，其物理系统即制造流程的基本组成分为生产单元、工序、生产线、工厂四个层面。

1）生产单元。生产单元是工厂的基本组成单元，由一台设备或多台设备组成。生产设备包括主体设备、辅助设备，以及物料运输、工序连接装置等。

2）工序。工序由多个生产单元组成，既是完成物料物理化学反应的不同工艺环节的载体，也是生产管理组织中的基本环节。

3）生产线。流程型制造工厂的各个生产单元、工序和生产线密不可分，生产单元和工序是原料加工过程中的物理化学反应环节，并不直接生产出中间产品，通过多个工序密切合作组成的生产线得到目标产品。

4）工厂。流程型制造工厂是由生产单元、工序、生产线等组成的整体。

2. 流程型制造工厂案例

以轧钢工厂的厚板厂为例进行说明。轧钢工厂生产流程如图 2-10 所示。

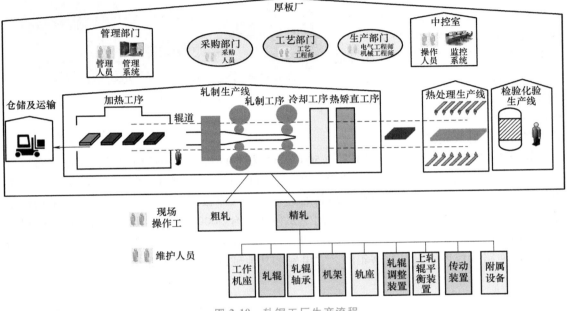

图 2-10　轧钢工厂生产流程

厚板厂由仓储、轧钢生产线、精整生产线、必要的工序连接和辅助设备组成，见表 2-1。仓储包括板坯库、成品库以及中间制品和其他必要物品的存放处。各类辅助设备用于产品质量检测、包装与物流运输管理等。

表 2-1　厚板厂的组成

组件	设备及生产目标	生产管理任务
轧钢生产线	加热炉、轧机、层流水冷却机、热矫直机等，用于将板坯压至预设定厚度范围，得到满足性能和尺寸要求的钢板	轧制计划编制
精整生产线	冷床、热处理工序、冷矫直机，用于厚板自然冷却、产品质量检查、性能试验、打捆、标签	质量检查、冷矫直、热处理与涂装的计划编制
工序连接	用于运输材料、备件备品、设备检修及仓库场地的通路等	工序内道路使用安排，以及安全维护措施安排
仓储	用于板坯库、成品库以及中间制品的存放场地，还有其他必要物品的存放处	原料及产品的库存管理
辅助设备	各种运输辊道、钢板检查修磨台、自动超声波探伤装置（UST）、钢板喷印机、特厚板火焰切割机、热处理前抛丸机等	辅助进行产品质量检测、包装与物流运输管理等

板坯库是厚板轧机的原料仓储中心，上承连铸出坯，下接厚板加热炉，如图 2-11 所示。

为了协同完成工厂各生产线的生产任务，需要将轧钢生产线、精整生产线及板坯库进行合理布置，提高其生产管理的执行效率。工厂布置主要是指设备和设施按选定的生产工艺流程确定平面位置，平面位置是否合理直接影响设备生产能力的发挥、工人操作安全、生产周期的长短及生产率的高低。在工厂布置时应当从综合生产率以及调度成本等实际出发求得最合理的布置。在有效布置的基础上，通过起重运输设备，如吊车、冷床、运输车、辊道和移送机等物料运输工具实现各工序有效连接。

图 2-11　厚板厂板坯库

如图 2-12 所示，宝钢股份厚板厂（5000mm）根据厚板工艺和运输路径较短原则布置生产线。它采用"直线形"布置，厂房总长度接近 1100m。板坯库和主生产线厂房采用丁字跨结构。板坯库毗邻上游连铸车间，坯料通过辊道送入厚板工厂板坯库，成品全部采用汽车运输。从火焰切割机到最终的成品库之间主要包括一台 5000mm 精轧机、一台 5000mm 粗轧机，和前后配套的加热、矫直、冷却、剪切、精整、冷床和热处理生产线。上述主要工序与工厂内的通路、板坯库，以及磨辊间、主电室和其他辅助设备共同组成厚板厂。

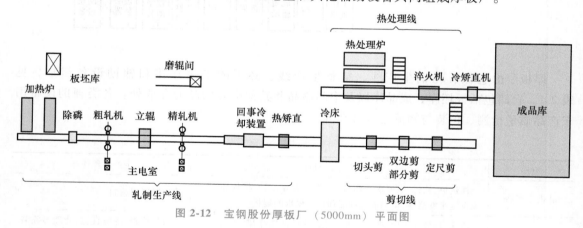

图 2-12　宝钢股份厚板厂（5000mm）平面图

2.3.2　生产过程自动化

1. 生产过程自动化系统概述

流程型制造业生产过程自动化系统使用计算机参与控制，根据上层生产管理下达的生产任务进行各工序的控制，按照一定的控制策略计算各设备所需执行的动作和工艺参数，并送到现场的执行机构来执行，从而使得全流程生产线按照预期运行。

流程型制造业生产过程自动化系统通常采用三级设计，其中第一级为面向设备的生产单元自动化系统，第二级为面向工艺的工序自动化系统，第三级为面向全流程协同的生产线自动化系统。生产单元自动化系统通过传感器采集生产过程状态信息，并将生产指令和控制量送给执行机构；工序自动化系统采集生产单元自动化执行结果信息，输出逻辑控制指令和回路设定值来实现工序内各生产单元的协同；生产线自动化系统采集生产全流程各工序和生产单元的生产信息，下达整条生产线的逻辑控制指令和各个工序的工艺指标（运行指标）来实现各工序的协同。

生产过程自动化系统主要由硬件和软件两大部分组成。硬件部分主要由设备主体、输入输出设备、人机交互设备和通信设备等组成。软件是各种程序的统称，通常分为系统软件和应用软件两大类。生产过程自动化系统普遍采用工业网络实现各单元间和各层级间的通信。工业网络是指安装在工业生产环境中的一种全数字化、双向、多站的通信系统，由核心交换机、路由器、各种 I/O 设备和网络通信设备组成。主要的数据通信有基础自动化系统之间的通信、人机界面（HMI）间的通信、人机界面与基础自动化系统之间的通信、人机界面与过程控制系统的通信以及基础自动化系统与过程控制系统的通信。

2. 生产过程自动化系统的硬件结构

生产过程自动化系统的硬件结构，如图 2-13 所示。其采用工业网络将设备、执行机构、传感器、PLC/工控机、DCS 以及监控计算机等连接组成系统。主要的控制和优化系统除了DCS、PLC 外，还包括紧急停车系统和先进控制系统等。

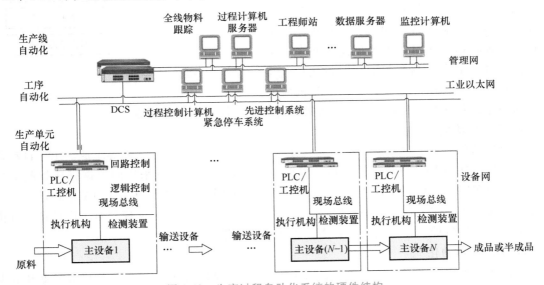

图 2-13 生产过程自动化系统的硬件结构

生产单元自动化由生产过程、传感器、执行机构、控制器以及 I/O 设备组成，主要完成压力、温度等参数的回路控制、时序逻辑控制以及可视化监控。生产单元自动化将传感器所采集的生产过程的温度、压力、流量等作为输入，由控制器实现控制算法，将操作指令输出给执行机构，直接作用于生产过程，实现生产单元自动化的功能。

1）传感器：包括检测温度、压力、流量的检测仪表等，用于感知和监控物质反应过程中原料、设备或产品的状态。

2）执行机构：包括各类阀门、电动机、液压装置等，用于执行控制器输出的操作指令，以调整温度、压力流量。

3）控制器：包括 PLC 和各类工控机，根据实时反馈信号和设定值，利用控制模型计算出控制量和控制逻辑等操作指令，传送到执行机构执行。控制器用于实现生产单元的各类控制策略，完成回路控制、时序逻辑控制功能。

生产单元自动化系统接收人机界面、操作台、操作箱、过程控制计算机等系统的设定指令，控制设备按设定要求稳定运行，在运行过程中不断采集现场传感器信号，自动判断设备运行状态以保护设备，对系统故障和报警做出声光指示或人机界面显示，与其他相关基础自动化系统、人机界面及过程控制计算机的通信等。

3. 生产过程自动化系统的软件结构

为实现生产过程自动化系统功能，需要各类自动化软件，如图 2-14 所示，可分成平台软件和应用软件两大类。其中，平台软件为应用软件提供组态开发环境；应用软件是实现特定功能的应用程序，分为逻辑控制软件、实时监控软件、回路控制软件、运行优化控制软件、网络通信软件、数据采集软件等。各类软件可完成其特定的功能，如：逻辑控制软件可实现过程控制系统所涉及设备的逻辑启停操作、联锁保护、顺序控制等特定功能；运行优化控制软件可实现根据工艺过程的实时运行控制，通过工艺计算，给出控制参数的实时设定值；实时监控软件则可实现对全流程工艺过程的实时监视和操作，并具有历史数据记录、报警信息记录、操作记录等功能。

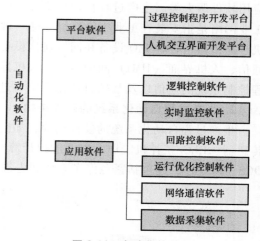

图 2-14   自动化软件

4. 工序自动化

工序自动化由生产单元自动化系统、过程控制计算机和工业以太网等组成。工序自动化基于工业以太网与 PLC 进行数据通信，根据生产单元自动化系统采集的数据完成控制参数设定、物料跟踪及数据存储等任务，同时将过程控制计算机经过模型计算的结果传送给生产单元自动化系统。主要任务是物料跟踪，并根据生产工艺和相关数学模型对工序设备进行优化设定，以使设备处于良好的工作状态，进而获得质量合格的产品。

5. 生产线自动化

生产线自动化由工序自动化系统、操作员站、工程师站、过程控制计算机服务器和数据服务器组成，可完成生产线全线物料跟踪、状态实时监控、数据通信、数据管理以及全流程协同优化控制的模型计算等功能。其中，操作员站主要用于实现对生产过程运行情况的实时监控，根据每个过程变量的数值和状态判断生产过程的运行情况，以此来改变现场设备的运行状态，实现对生产过程的干预；工程师站主要用于帮助控制工程师对生产线自动化系统进行设置、组态、调试和维护；过程计算机服务器和数据服务器负责全流程协同优化控制、生产线运行监控和生产过程数据的实时记录。

尽管工序自动化包含控制参数设定功能，但由于模型本身误差、测量误差以及现场生产条件复杂等原因，设定的计算值与实测值不可避免地存在误差。为此，需要根据各工序的实测数据，对数学模型进行自学习，以修正模型参数，减小计算值与实测值之间的偏差，保证控制参数的精度。

数据通信需要保证基础自动化系统和过程控制系统的网络安全，现场工业以太网采用物理隔离的连接方式来避免与外界网络的连接。通过工业以太网可实现与生产管理计算机之间的通信。生产管理计算机向各个生产单元传递所有原料数据、生产计划数据、生产要求数据，并将产品生产实际数据、生产进度完成数据等回馈给生产管理计算机。数据管理模块对生产原料数据、生产过程数据以及生产规程数据等一系列数据进行管理。数据管理模块与数据通信模块之间进行数据交换，对生产现场传回的数据以及人机界面系统中的信号进行过滤和处理，获取上级管理信息系统下达的指令，以驱动各模块协同工作。

2.3.3　生产管理信息化

1. 生产管理信息化系统概述

流程型制造工厂生产管理的数字化网络化也就是生产管理的信息化。大规模的流程型制造业生产需要生产管理高效化，要借助数字化网络化的信息系统来实现。

流程型制造业生产管理是根据市场需求、原料供给、生产加工能力和生产环境的状态，来确定企业生产经营目标，制订企业生产计划，实现企业内各部门协调的生产过程。通过生产管理，提高设备利用率，减少废气、废水等对环境有害的废物的产生和排放；保证产品的性能、规格等质量要求得以满足，快速响应客户需求；保持并不断提高产品的生产速率，同时要减少生产过程中的质量损失以及原料和公用工程的消耗；节省人力资源，减少原料和产品的库存量等。例如，厚板厂生产管理的核心是轧制计划编制和执行，即根据生产条件、订单需求、轧制规程及工具的使用情况，合理地对钢坯进行组批与排序；在计划实施过程中，再根据工厂内部、外部的反馈信息不断地对轧制计划进行调整。

生产管理信息系统面向的使用者是厂长、经理、总工程师等行政管理或者运行管理人员，其主要任务是完成生产计划的制订、调整和发布。收集和处理生产数据，对原料库和成品库等进行管理，以及对产品进行质量控制等。生产管理只有在生产过程自动化系统正常投入运行后才能实现，生产过程自动化系统的工业控制网络设计要考虑预留生产管理的网络接口。

流程型制造业的生产管理大多包括企业资源计划（ERP）和制造执行系统（MES）。

1）ERP：负责生产计划制订、库存控制和财务管理，侧重于企业生产组织、生产管理、经营决策等方面的优化。

2）MES：介于计划层和控制层之间的执行层，主要负责生产管理和调度执行。通过协调包括物料、设备、人员、流程指令和设施在内的工厂资源来提高竞争力，系统地集成质量控制、生产调度等功能。MES着眼于整个生产过程管理，考虑生产过程的整体平衡，注重生产过程的运行管理，注重产品和批次，以分钟、小时为单位跟踪产品的制造过程。计划层的经营计划系统以产品的生产和销售为处理对象，聚焦于订货、交货期、成本与顾客的关系等，以月、周、日为单位。

在流程型制造业生产管理信息化系统的硬件结构方面，由于流程型制造业对于计划调度执行有实时性要求，其组成一般包括实时数据库服务器、关系数据库服务器、应用服务器以及数据采集相关设备或者系统，以此来建立可实现ERP与MES功能的系统。

生产管理信息化系统多采用B/S架构，主要包括数据采集及数据库层、核心业务层、数据展现层,可实现数据统一管理。以厚板厂为例,生产管理信息化系统的功能包括板坯库的管理、冷热装炉管理、二次板坯切割计划管理、轧制计划管理、轧制作业管理、磨辊管理、精整计划管理、精整作业管理、发货计划管理、发货作业管理、中间库管理、成品库管理、质量管理、通信管理和吊车管理等。

2. 制造执行系统

制造执行系统(MES)从在工厂级应用的专业化制造管理系统演变而来,主要在工厂级执行。MES 是全面整合制造资源,全方位管理生产进度、质量、设备和人员绩效的生产管理工具。通过信息化管理监控生产流程,当工厂发生实时事件时,MES 会立刻做出反应并进行报告,同时利用所采集的数据进行指导和处理,可优化企业运行,提高效率和回报率。MES 的作用是将从生产过程控制中产生的信息、从生产过程管理中产生的信息和从经营管理活动中产生的信息进行转换、加工、传递,是生产过程控制与生产管理信息集成的桥梁和纽带。

流程型制造业 MES 区别于离散型制造业 MES 的特点主要体现在以下 6 个方面:

1)动态响应要求高。流程型制造是连续过程,不能中断。各种原材料和中间产品往往需要十分苛刻的生产环境或条件,生产过程包含复杂的物理、化学过程及各种突变和不确定因素。流程型制造 MES 对应急处理和例外处理的动态响应要求苛刻。

2)决策目标应综合考虑效率、成本和能源污染。流程型制造过程生产能耗、物耗高,不仅包括信息流和物料流,还包括能源供应流。因此,流程型制造业 MES 的调度决策功能需要能够针对物料和能源提供最佳控制策略,其决策不仅应以提高生产率和降低生产成本为目标,还应将节省能源、减少污染等目标考虑在内。

3)决策变量混杂。流程型制造 MES 的决策变量具有混杂性,不仅包括连续过程变量,还包括离散变量。为了对生产过程及产品质量进行控制,必须建立能够反映连续过程中主要物理、化学变化的过程模拟模型,并将过程模拟模型与优化模型结合起来。

4)产品属性动态配置。原料在制品、产品之间的标识不具有一一对应关系,在生产过程中其化学性能和物理性能会发生变化,因此要求流程型制造 MES 具备能够对产品属性进行动态配置的功能。

5)生产波动大。生产单元少,但生产单元本身可变因素多,如原料成分、温度波动会导致制造流程中各生产单元的输出随机变化。

6)生产工艺路径约束强。一般没有替换路径,而且由于生产过程的中间产品或在制品呈高温状态,因此前后的生产工序会相互影响。

典型的 MES 硬件通常包括工业以太网络和企业内局域网,实时数据库服务器和历史数据库服务器、各类应用服务器,客户端 PC 和各类手持终端。通过工业以太网和企业内局域网实现 MES 级与生产过程和 ERP 的通信,包括生产过程数据上传,以及 ERP 级指令的下达:各类基础平台和应用平台由多个计算机系统实现。MES 硬件结构应满足系统可用性和可扩展性两个方面的要求,具体包括可靠性、可恢复性、错误检测能力、持续工作能力,以及数据存储能力和计算能力。

不同特点的流程型制造过程、不同的商业运作模式,对应流程型制造 MES 的主要功能和侧重点也不同。目前,形成了炼油工业、化学工业、冶金工业、医药工业、食品工业、化纤纺织工业、半导体制造工业等不同行业和领域的流程型制造 MES。

下面以厚板厂为例说明流程型制造 MES 一般应具备的功能模块：生产计划与调度、物流管理、质量管理、生产成本控制、能源管理、设备健康管理、资源配置管理等。

1）生产计划与调度。生产计划与调度是对生产过程的规划和控制。通常，计划排产是基于对产品成本和需求的预测，在较长时期的生产任务安排；生产调度则主要考虑较短时间内的生产执行路线、任务执行的起止时间及对各种资源的调配等。

生产计划与调度模块将生产计划分解为多个作业任务，分配给每个工作中心，并可生成各生产计划的调度报表。系统可以对流程运行状态进行监视，分析生产瓶颈，解决生产过程中的问题，尤其在若干环节出现故障的情况下，有进行重组调度的能力。具体功能可细分为：

① 生产计划制订：根据 ERP 给出的生产计划有效地编制、管理、分发工序作业计划；根据现场要求和专家知识，快速调整作业计划；根据各工序参数、生产顺序计划及各工序的生产时间和等待时间，进行作业计划的优化。

② 生产任务调度：根据相应作业计划进行各工序的生产组织调度；采用先进的多准则调度，在存在多种工艺路线的情况下，通过人机交互，可动态地完成生产调度；在某个生产环节发生故障的情况下，可提供作业计划的重组。

③ 生产状况跟踪：对作业计划的完成情况进行跟踪，管理者可以随时察看处于各种状态的作业计划。

对于生产线，根据不同产品的优先权、客户需求的品质和特征，从成本和满足客户需求的角度，结合库存情况进行生产计划的执行和调度。

2）物流管理。物流管理包括料场管理、物流跟踪。物流管理模块提供基于窗口的、可扩展和即时的方式来监视、管理、跟踪和改善生产运营，允许管理者建模及跟踪工厂的关键资源，包括原材料、中间产品、产品规格、设备和过程的数据，管理成品库以及中间产品库。具体功能可细分为：

① 物料信息配置：配置车间所需物料类型；可根据用户需求配置物料的自定义属性。

② 物料跟踪：实时跟踪物料信息，如位置、消耗状况、是否转化为新的物料及分组情况。

③ 物料状况查询：实时查询物料信息（位置、数量、状态等），查询物料去向（查询某一最终产品消耗了哪些原料和中间产品以及这些产品的数量，或者反向查询）。

3）质量管理。质量管理包括生产数据自动采集、产品质量标准管理、工艺规范管理、质量分析、质量预报等。质量管理使得产品工程师能够根据用户需求，在整个生产工序中对产品的质量进行统一管理、分析和控制。具体功能可细分为：

① 质量标准管理：自动生成产品所执行质量标准的各种检验表格；实时采集产品质量数据，并与标准定义值进行比较，对不合格项产生警报，根据产品类型、规格自动生成各工序所需的工艺。

② 质量数据统计分析：包括检验数据统计、工艺操作情况统计、质量统计报表生成、影响产品质量因素的相关分析、出现不合格品原因的统计分析、工艺参数和过程控制参数的优化。

③ 产品质量控制：提供多种统计过程控制方法，对生产过程实施统计控制，用事先控制代替事后检验，保证生产过程的稳定。

④ 产品质量预报：应用数据挖掘方法建立工艺参数和过程控制参数与产品各质量指标

之间关系的质量模型。通过质量模型，预报在特定生产条件下的产品质量指标。

⑤ 产品质量判断：利用专家知识和经验，建立专家系统，对各个质量指标进行分析以判断产品是否合格；当工艺流程或其他生产环境变化时，自定义触发条件，完成系统的升级。

4）生产成本控制：对生产全过程进行成本统计、预报、分析，对动态生产成本进行核算与跟踪，以降低生产成本为目的对生产资料和能源消耗进行优化配置，从而保证价值流的优化。具体功能可细分为：

① 生产资料消耗统计：跟踪生产资料的消耗情况并进行统计，建立工作中心生产资料消耗模型。

② 生产成本控制：采用各种成本控制方法，控制生产成本。

③ 生产成本优化：根据能源消耗模型和生产资料消耗模型，对生产物资和能源分配进行优化配置。

5）能源管理。能源管理主要用于电力、水力和动力（煤气、蒸汽、氧气等）介质的监控、计划调度与分析优化。一方面为生产提供安全可靠的能源保障，另一方面具有支持节能、环保的社会效益。

6）设备健康管理。以企业为中心的实时资产管理用于优化资产配置和提高制造生产能力。设备健康管理模块提供了多种设备管理方式，可以使维护人员或操作人员有效地管理维护活动，提高人力资源的利用率，同时延长设备使用寿命。该模块的功能都是预先定制的，从而能够提供很好的维护方法。此外，它与企业实时信息的无缝集成，使得维护人员可以对设备使用情况进行实时跟踪。具体功能可细分如下。

① 设备基础数据管理：包括对设备技术参数、使用时间、所处位置以及供应商等信息的记录和查询，设备领用记录管理，设备运行历史数据库管理。

② 设备检修管理：生成设备点检、年检项目计划；设备运行情况跟踪、分析，并根据结果生成检修计划。

③ 设备故障管理：统计设备故障时间和原因、零件更换情况、维修记录、费用；根据设备故障的历史数据和经验知识，完成设备故障诊断。

④ 固定资产管理：生成固定资产统计报表。

⑤ 备件管理：包括备件领用单记录、备件消耗记录、备件盘点记录、备件质量记录。

7）资源配置管理。实现计划和分配下列资源以符合生产调度的目标：生产设备、工具、原材料、其他辅助设备，相关文件资料，例如生产时需要的文件等。资源配置管理系统提供详细的资源情况，保证设备运行前的良好状况，提供实时运行信息。对轧机生产线而言，实现轧制计划所需的各类资源包括轧机等机器设备、板坯原料、天车等辅助设备。资源配置管理系统可提供加热、轧机和板坯原料信息，并保证轧机生产运行前和运行时状况良好。

3. 企业资源计划

企业资源计划（ERP）由物料需求计划发展而来，主要在工厂级执行，是一个集采购、库存、生产、销售、财务、工程技术等为一体，为员工及决策者提供生产管理与决策的系统。ERP 从客户需求和物料供应的角度优化企业的资源，负责客户需求和订单管理、物料供应链管理、生产计划制订、库存控制、财务管理、人力资源管理等，侧重于企业生产组织、生产管理、经营决策等方面的优化，实现合理调配资源。

　　生产计划是关于企业生产系统的总体计划，所反映的并不是某几个生产岗位或某条生产线的生产活动，也并不是产品生产的细节问题，或一些具体机器设备、人力和其他生产资源的使用安排问题，而是企业在计划期内应达到的产品品种、质量、产量和产值等生产方面的指标、生产进度及相应布置。它是指导企业计划期生产活动的纲领性方案。

　　生产计划工作是指生产计划的具体编制工作，通过一系列综合平衡工作，完成生产计划的确定，设计生产计划系统。通过不断提高生产计划工作水平，可以为企业生产系统的运行提供优化的生产计划。优化的生产计划应该具备以下特征：有利于充分利用销售机会满足市场需求；有利于充分利用盈利机会，并实现生产成本最低化；有利于充分利用生产资源，最大限度地减少生产资源的浪费和限制。

　　生产计划工作的主要内容包括：调查和预测社会对产品的需求，核定企业的生产能力，确定目标，制定策略，选择计划方法，正确制订生产计划、库存计划、生产进度计划，并完成计划的实施与控制工作。确定生产计划指标是企业生产计划的重要内容之一。企业生产计划的主要指标有产品品种指标、产品产量指标、产品质量指标和产品产值指标。企业生产计划的主要指标从不同的侧面反映了企业生产产品的要求。

　　ERP 是用于辅助完成生产计划工作的信息化系统。在硬件方面，ERP 主要由计算机系统和企业内局域网组成，从 MES 和其他信息系统获得生产的全面信息。在软件功能方面，除了客户需求和订单管理、物料需求计划管理、生产计划、库存管理、财务管理、人力资源管理等通用功能模块，流程型制造 ERP 还增加了体现流程型制造特点的配方管理、计量单位转换、关联产品、副产品流程作业管理和维护管理等功能。

　　流程型制造包括重复生产和连续生产两种类型。重复生产又称为大批量生产，与连续生产有很多相同之处，区别仅在于生产的产品是否可分离：重复生产的产品通常可一个个分开；连续生产的产品是连续不断地经过加工设备的，一批产品通常不可分开。流程型制造的生产计划常以日产量的方式下达，计划相对稳定，生产设备的能力固定。流程型制造 ERP 的功能主要体现在：以稳定满负荷生产为目标制订生产计划，与 MES 实时紧密衔接，副产品和废品的管理，能源安环管控。

2.4　智能工厂建设关键技术

　　智能工厂作为数字化时代的产物已经成为现代制造业发展的重要趋势。其利用自动化技术、智能传感技术、虚拟仿真技术、工业网络与物联网技术、数字孪生技术、人工智能技术、云计算与大数据分析技术、网络安全技术等技术手段，实现生产过程的智能化和自动化，提高生产效率和质量。

2.4.1　自动化技术

　　自动化技术是智能工厂的重要组成部分。通过自动化设备和控制系统的应用，可以实现生产过程的自动化和半自动化，提高生产率和产品质量。自动化技术可以应用于生产线的自动化组装、机器人的自动操作和物流系统的自动化管理等方面。

自动化是指采用能自动开停、调节、检测、加工和控制的机器、设备进行各种作业，以代替人力来直接操作的措施。它是机械化的高级阶段。近年来，由于电子技术、计算机技术和通信技术的迅速发展，自动化得到了长足的进步。自动化最初就是希望设计一种控制设备来取代人力操作机械的动作，以达到各种机械自动、半自动运行的目的。

自动化技术进展迅猛，主要依靠许多使能技术的进步和一些开发工具的扩展，将人们构思的自动操作付诸实现。如网络控制技术、可编程序控制器及工业控制机、组态软件、嵌入式芯片、数字信号处理器等，都属于自动化技术中的使能技术。

要为流程型智能工厂提供自动化服务，首先要对工厂进行协作式自动化环境评估，帮助客户审查工厂流程，针对某个特定生产领域制订计划，这是提供后续自动化服务的关键。前期工作主要包括过程间可行性研究、投资回报率计算、工程布局、合作方向与设备提案。只有做好前期工作，流程型智能工厂才能引入自动化技术。

1. 自动化生产线技术

自动化生产线技术即自动化流水线制造技术，自动化流水线是最早也是当前最主要的制造自动化技术。通过分割产品制造过程的工艺流程，并将其按照先后顺序布置在流水线过程中，不仅可以降低产品的废品率，还可以按照一定节拍进行生产，方便自动化设备的应用与生产率的提高。自动化流水线相比于传统的制造技术，具有批量大、自动化程度高、工序流程固定等特点。但其成本也相对较高，对流水线的设计、安装和管理都有更高的要求。同时，自动化流水线往往只能生产固定的一种或几种产品，要想转为生产其他产品，需要耗时耗资对流水线进行重新设计与改造。

2. 智能制造技术在流程型工业自动化生产线中的实际应用

（1）人机操控 在实际流程型工业自动化生产线中，人机操控具有十分重要的作用，可以显著提高工业产品生产率，为各工业产品生产环节提供相应的精度把控工作。尤其是在现阶段新时代背景下，我国各行业对工业产品质量要求和精度要求变得更加严格，对工业自动化生产线提出了新的发展要求。因此，流程型工业企业应当尽快改变以往传统工业生产理念，针对工业生产线与生产方式进行持续创新与完善，积极引进先进的智能制造技术，在满足新时代工业生产活动需求的基础上，保障我国工业生产水平得到进一步提升。比如，在金属工业产品制造生产过程中，传统制造生产在人工加工处理中很难有效解决存在的问题，然而在流程型智能制造技术应用中，可以大幅度提升产品生产率。在实际流程型工业自动化生产线中应用人机操控技术，应当及时明确实际产品生产制造任务要求，对产品加工生产设备进行合理配置，使相关操作人员能够准确掌握各类机械设备的具体运行参数信息，同时可以及时调整智能控制设备运行参数信息，保障人机操控效率得到进一步提升。这对于提高工业产品生产精度具有十分重要的意义与价值。

（2）自动监控 通过流程型工业自动化生产线的运行，在智能制造技术的运用当中，可以打破以往的时空限制，使工作人员能够及时了解整个生产线的实际运行状况，密切关注流程型工业自动化生产线中的设备运行状况，有利于生产各环节的控制管理质量得到进一步提升，便于及时了解和解决流程型工业自动化生产过程中存在的相关问题，在科学管控中最大限度地减少相关问题的影响。

通过应用自动监控技术，构建生产线监控管理系统，便于从技术层面集成相关设备，分析生产线在自动化生产中的实际利用程度，提高产业链的利用程度，这对改善、提高企业生产动能具有十分重要的作用。与此同时，在运行监控管理系统的过程中，还可以及时获取流程型工业生产的核心数据信息，对企业生产发展形成相应的支持动力，对优化流程型工业自动化生产线、改良生产性能具有十分重要的作用。此外，在运行监控管理系统的过程中，还可以发挥技术分析作用，针对实际生产线的相关运行信息开展定点式监测工作，以便明确其中存在的相关问题，减少产业链技术问题。

（3）自动检测　在以往流程型工业产品制造企业中常常存在自动化生产线的良品率问题，在自动化生产线良品率较低的情况下，实际自动化生产线可能产生较大的亏损，导致企业经营成本明显增多。促进自动化生产线良品率的进一步提升，可以保障自动化生产线的实际生产效益有效增长，有利于节省企业经营成本，保障企业经营利润进一步增长。因此，为了能够帮助企业了解自动化生产线中的良品率问题，可以通过运用智能制造技术形成完整的质量检测系统，以便及时开展产品质量检测工作。尤其是在流程型工业零部件生产、工业产品组装、加工制造以及实验等相关生产环节中，通过质量检测系统的应用，可以及时明确生产作业中存在的相关质量问题，再运用针对性技术手段对流程型自动化生产线进行合理调整，以便保障企业自动化生产线的良品率得到进一步提升，促进流程型工业产品生产质量有效增长，为流程型工业自动化生产线的生产制造水平提升形成相应支持保障条件。

（4）自动加工　在流程型工业自动化生产线当中，自动加工技术的应用通常是智能制造技术的典型技术应用，有利于结合实际产业链布局状况，针对产品加工体系进行合理调整。比如，可以借助人工智能生产加工模式促进产品加工质量提升，实现企业大批量产品生产目标，为实际流程型工业生产决策制定与实施提供相应技术支持。通过智能制造技术的有效运用，可以模拟现代工业体系，结合现阶段工业产品的多元化需求状况，制定多元化产品生产方案，促进流程型工业自动化生产真正实现多元化生产目标。尤其是在我国工业自动化生产技术快速发展过程中，生产内容单一已经难以满足实际市场发展需求，企业应当及时关注市场发展动态，针对流程型工业生产内容进行优化与完善。智能制造技术还具有十分重要的应用价值，可以完善流程型工业产品制造类型，改变以往流程型工业产品生产过程中存在的生产内容局限性问题，有利于促进企业核心加工技能水平得到进一步提升，在实现企业自动化产业技术创新发展当中发挥着重要作用。随着现阶段智能制造技术的快速发展，我国流程型工业产品的自动加工体系也迎来了相应的新发展局面。比如，在实际流程型工业自动化生产线当中，通过运用网络数据系统、物流操作系统、定位感应系统以及无线射频识别系统等，可以改善传统工业生产线在实际运行中存在的相关问题，保障工业产品生产率与生产质量得到有效提升，对于提高企业经济效益具有重要的技术应用价值。

3. 柔性自动化制造技术

随着生产与消费水平的提高，传统的固定式自动化流水线的生产模式已经不能满足消费者对商品多样化的要求，也限制了企业对产品的改进。为此，柔性制造技术逐渐体现出其优势。广义柔性制造的内涵是"定制"，其生产导向是消费者的实际需求，以便更加符合市场规律。但也正因为这样，柔性制造对制造自动化水平的要求也更高。

柔性制造系统可使企业对市场的应变更为灵活，按照市场需求来更新相关部件和制造种类，调整产品结构，在部分环节上可由人工介入，进一步提升作业效率。其实质是在制造过程中加入计算机、集成物料和柔性工作站等技术，主要包括柔性装配和加工系统两大类。柔性制造系统更加市场化，可同时兼顾产品的出售推广和人们生活的便利性。

4. 集成制造系统

当前，微电子技术、自动化及计算机技术均在机械制造中获得了广泛应用，若对这些技术分类，可获得不同的集成制造系统。集成制造系统的作业方式不同于传统单一技术作业方式，它通过组合使用多项技术来构成一个工作整体，如同一个企业，只有在一定纪律和制度下，才能以整体的方式发挥完整而有力的功能。在系统工程理论指导下，集成技术可借助信息技术、精简机构和重组制造过程达到集成自动化的目的。机械制造集成中，需要将多类生产线按照线性排序，整合整个生产过程，再利用计算机技术将其根据不同功能细分到不同的子系统中。集成技术下的机械制造，可使各个子系统间实现合理的分工合作，具有高度集成化特征，在各环节生产工作均被明确分配的前提下，提高生产的水平和质量。

2.4.2 智能传感器技术

智能传感器技术在流程型工业的智能工厂中起着重要作用。它通过采集和传输各种环境和物理信息，实现对生产设备和产品的实时监测和控制。智能传感器技术可以提高设备的可靠性和安全性，实现对生产过程的精确控制。

传感器是一种检测装置，能感受到被测量的信息，并能将感受到的信息按一定规律变换为电信号或其他所需形式的信息输出。传感技术自身发展经历了从机械传感到智能传感的过程。数字传感是在传统模拟传感技术基础上，应用数字化技术，实现被测量信号（模拟信号）的获取和转换，将输出信号转换为数字量（或数字编码）的一种技术。

传感器分类见表 2-2。

表 2-2 传感器分类

分类	型式	举例
按基本效应	物理型、化学型、生物型（分别以转换中的物理效应、化学效应等命名）	电涡流传感器、热电传感器、霍尔传感器、光电传感器、酶传感器等
按被测量	位移、压力、温度、流量、加速度等（以被测量命名）	压力传感器、速度传感器、流量传感器、位移传感器等
按工作原理	电阻应变式、电容式、电感式（以传感器对信号的转换原理命名）	电阻应变式传感器、电容传感器、电感传感器等

1. 关键技术

传感检测系统主要组成如图 2-15 所示。传感环节是指感受流程型工业生产或生活中的被测量信号，并按照一定规律转换成电信号。它的基本功能是信号的检出和转换，一般由敏感元件和转换元件构成。信号调理则是指对来自传感环节的信号进行加工，如信号放大、滤波、A-D（模数）转换等。微处理器负责测量数据的分析、计算和存储等。

（1）传感器信号获取技术　从传感检测系统的组成可以看出，敏感元件是传感器获取信号的核心器件。敏感元件准确的感知功能、快速的响应和恢复功能、良好的加工性能和经济性等，都是传感器获取有效信号的关键。

常见的敏感元件有热敏元件、光敏元件、气敏元件、力敏元件、磁敏元件、湿敏元件、声敏元件等类型。敏感元件材料和敏感元件制造工艺的发展是促进传感器更快发展的基石。

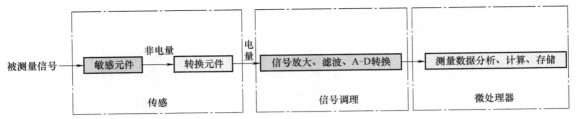

图 2-15 传感检测系统主要组成

随着传感器技术研究的不断深入，新技术、新材料层出不穷，出现了基于生物敏感膜的生物传感器、基于纳米薄膜的纳米传感器等新型敏感元器件。与传统的传感器相比，纳米传感器尺寸减小，精度、灵敏度等性能大大改善，有利于传感器向微型化发展。在制造工艺方面，一般采用各种半导体制造技术和微机电制造技术，如集成技术、薄膜技术、超微细加工技术、离子注入技术、静电封接技术等，能制作出质地均匀、性能稳定、可靠性高、体积小、质量小、成本低、易集成化的敏感元件。

（2）传感器信号处理技术 传感器获取的信号中常常夹杂着噪声及各种干扰信号，为了准确地获取被检测对象特征的定量信息，必须对传感器检测到的信号进行处理，信号滤波前后对比。传感器对信号的处理包括以下 4 种方式。

1）补偿方式：在补偿方式中，利用被测量和干扰变量共同作用的函数量和只有干扰变量作用的函数量之差或之比，来消除干扰变量对测量精度的影响。

2）差动方式：在差动方式中，采用两个传感器并使两个传感器以相反的方向感受被测量，一个在增大的方向上感受被测量，另一个在减少的方向上感受被测量，这两个传感器对干扰变量的感受方向却是相同的，输出信号取两种函数之差。

3）滤波方式：在滤波方式中，利用被测量信号与干扰信号在频率范围内的差别，即被测量信号与干扰信号的频率不同、范围不同，对信号进行选择。当被测量信号与干扰信号在同一频率范围内时，可先对被测量信号进行调制，将其移动到别的频率范围内，然后用滤波的方式对信号进行选择。

4）同步方式：在同步方式中，利用被测量信号与干扰信号在时间域上的区别来完成对信号的选择。当被测量信号与干扰信号出现的时间不同时，可在信号出现的时间段内读取信号；当被测量信号夹杂并淹没在干扰信号中时，如果已知被测量信号的频率或周期，则可采用同步检波法来选择信号。

2. 传感器分类

（1）温度传感器 温度是表征物体冷热程度的物理量。温度不能直接测量，需要借助某种物体的某种物理参数随温度冷热不同而明显变化的特性进行间接测量。

进行间接温度测量所使用的温度传感器通常是由感温元件部分和温度显示部分组成的，如图 2-16 所示。

图 2-16 温度传感器的工作流程

下面介绍几种常用的温度传感器。

1）热电偶。两种不同材料的导体组成一个闭合电路时，若两接点温度不同，则在该电路中会产生电动势，该电动势称为热电势，这种现象称为热电效应。其试验电路如图 2-17 所示。

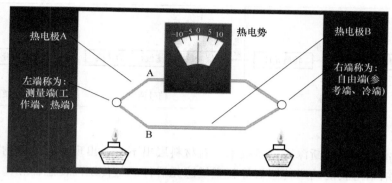

图 2-17 热电偶的试验电路

2）热电阻。热电阻主要是利用金属材料的阻值随温度升高而增大的特性来测量温度的。温度升高，金属内部原子活动的振动加剧，从而使金属内部的自由电子通过金属导体时的阻力增大，宏观上表现出电阻率变大、电阻值增大，即电阻值与温度的变化趋势相同。目前应用较为广泛的电热阻材料是铂和铜。

3）热敏电阻。热敏电阻是一种电阻值随温度变化而变化的半导体电阻。它的温度系数很大，适用于测量微小的温度变化。热敏电阻的体积小、热容量小、响应速度快，能在空隙和狭缝中测量。它的阻值高，测量结果受引线的影响小，可用于远距离测量。它的过载能力强，成本低廉。但热敏电阻的阻值与温度为非线性关系，所以它只能在较窄的范围内用于精确测量。热敏电阻在一些精度要求不高的测量和控制装置中得到了广泛应用。热敏电阻有负温度系数（NTC）和正温度系数（PTC）之分。

温度传感器的典型应用如下。

1）温度显示器与温度控制箱。温度显示器与温度控制箱的实物如图 2-18 所示。

2）热敏电阻体温计、电热水器温度控制和 CPU（中央处理器）温度测量，其实物如图 2-19 所示。

图 2-18 温度显示器与温度控制箱

图 2-19 热敏电阻体温计、电热水器温度控制和 CPU 温度测量

（2）力传感器及霍尔传感器 力是基本物理量之一，因此各种动态、静态力大小的测量十分重要，力的测量需要通过力传感器间接完成。力传感器将各种力学量转换为电信号。力传感器的组成如图 2-20 所示。力敏感元件把力或压力转换成应变或位移，然后再由传感

器将应变或位移转换成电信号。

图 2-20　力传感器的组成

下面介绍几种常用的力传感器。

1）电阻式传感器。导体或半导体材料在外界力的作用下，会产生机械变形，其电阻值也将随之发生变化，这种现象称为应变效应。电阻式传感器是指把位移力、压力、加速度和扭矩等非电物理量转换为电阻值变化的传感器。它主要包括电阻应变式传感器、电位器式传感器等，实物如图 2-21 所示。

电阻式传感器的典型应用如下。

① 汽车衡称重系统，如图 2-22 所示。

电阻电位器式传感器　　　　电阻应变式传感器

图 2-21　电阻式传感器

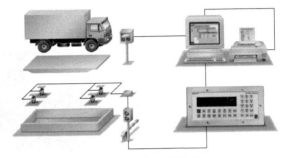

图 2-22　汽车衡称重系统

② 超市打印秤和吊钩秤，如图 2-23 所示。

2）电感式传感器。电感式传感器是利用电磁感应把被测的物理量（如位移、压力、流量和振动等）转换成线圈的自感系数和互感系数的变化，再由电路转换为电压或电流的变化量输出，实现非电量到电量的转换。电感式传感器的种类很多，测量原理如图 2-24 所示。

图 2-23　超市打印秤和吊钩秤

图 2-24　电感式传感器测量原理

常见的电感式传感器有自感式传感器、互感式传感器和涡流式传感器 3 种。电感式传感器具有以下特点：

① 结构简单，传感器无活动触点，因此工作可靠、寿命长。

② 灵敏度和分辨力高，能测出 $0.01\mu m$ 的位移变化。传感器的输出信号强，电压灵敏度一般每毫米的位移可达数百毫伏。

③ 线性度和重复性都比较好，在一定位移范围（几十微米至数毫米）内，传感器非线

性误差可达 0.05% ~ 0.1%。

电感式传感器的应用如图 2-25 所示。

a) 电感测微仪

b) 掌上电涡流探伤仪检测飞机裂纹

c) 大直径电涡流探雷器

图 2-25　电感式传感器的应用

3) 压电传感器。某些晶体受一定方向外力作用而发生机械变形时，相应地在一定的晶体表面产生符号相反的电荷，外力去掉后，电荷消失；力的方向改变时，电荷的符号也随之改变。这种现象称为压电效应或正压电效应。当晶体带电或处于电场中时，晶体的体积将产生伸长或缩短的变化。这种现象称为电致伸缩效应或逆压电效应。压电传感器中的压电元件材料一般有压电晶体（如石英晶体）、经过极化处理的压电陶瓷和高分子压电材料 3 类。

压电传感器的应用如图 2-26 所示。

a) 玻璃打碎报警装置

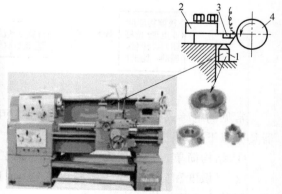

b) 车床中动态车削力的测量

图 2-26　压电传感器的应用

4）霍尔传感器。在置于磁场中的导体或半导体内通入电流，若电流与磁场垂直，则在与磁场和电流都垂直的方向上会出现一个电势差，这种现象称为霍尔效应。

霍尔传感器可分为两类。

① 霍尔开关集成传感器。霍尔开关集成传感器是利用霍尔元件与集成电路技术制成的一种磁敏传感器。它能感知几乎一切与磁信号有关的物理量，并以开关信号的形式输出。

② 霍尔线性集成传感器。霍尔线性集成传感器的输出电压与外加磁场强度呈线性比例关系。它一般由霍尔元件和放大器组成。当外加磁场时，霍尔元件产生与磁场呈线性比例关系的霍尔电压，经放大器放大后输出。

霍尔传感器的应用如图 2-27 所示。

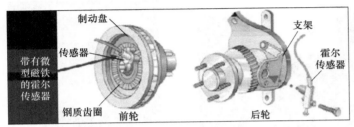

a) 霍尔转速传感器汽车防抱死装置(ABS)　　　　b) 霍尔式无触点汽车电子点火装置

c) 霍尔式无刷电动机

图 2-27　霍尔传感器的应用

（3）光电传感器　光照射于某一物体上，使电子从这些物体表面逸出的现象称为外光电效应，也称光电发射。逸出来的电子称为光电子。在光线作用下，物体产生一定方向电动势的现象称为光生伏特效应。具有该效应的材料有硅、硒、氧化亚铜、硫化镉和砷化镓等。常用的光电器件有光电管、光电倍增管、光敏电阻、光敏二极管、光敏晶体管、光电池及光耦合器件等。常用的光电传感器有以下两类。

1）红外线传感器。凡是存在于自然界的物体（如人体、火焰、冰等）都会发射出红外线，只是它们发射的红外线波长不同而已。红外线传感器可以检测到这些物体发射出的红外线，用于测量、成像或控制。红外线传感器一般由光学系统、红外探测器、信号调理电路及显示单元等组成。红外探测器是红外线传感器的核心。红外探测器是利用红外辐射与物质相互作用所呈现的物理效应来探测红外辐射的。红外探测器的种类很多，按探测机理不同，分为热探测器（基于热效应）和光子探测器（基于光电效应）两大类。

红外线传感器的应用如图 2-28 所示。

2）CCD 图像传感器。CCD 即电荷耦合器件，它具备光电转换、信息存储和传输等功能，具有集成度高、功耗小、分辨力高、动态范围大等优点。CCD 图像传感器被广泛应用

a) 红外线辐射温度计

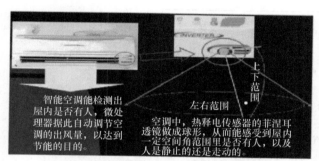

b) 热释电传感器在智能空调中的应用

c) 烟雾报警器

图 2-28   红外线传感器的应用

于生活、天文、医疗、电视、传真、通信以及工业检测和自动控制系统。

　　一个完整的 CCD 由光敏元件、转移栅、移位寄存器及一些辅助输入、输出电路组成。CCD 工作时，在设定的积分时间内，光敏元件对光信号进行取样，将光的强弱转换为各光敏元件的电荷量。取样结束后，各光敏元件的电荷在转移栅信号的驱动下，转移到 CCD 内部的移位寄存器相应单元中。移位寄存器在驱动时钟的作用下，将信号电荷顺次转移到输出端。输出信号可接到示波器、图像显示器或其他信号存储、处理设备中，可对信号再现或进行存储处理。

　　CCD 图像传感器的典型应用如图 2-29 所示。

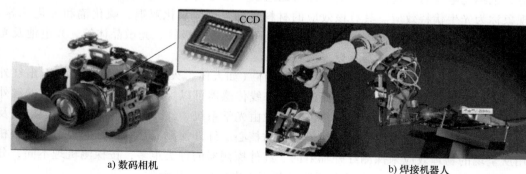

a) 数码相机

b) 焊接机器人

图 2-29   CCD 图像传感器的典型应用

（4）位置传感器

1）光栅传感器。计量光栅可分为透射式光栅和反射式光栅，均由光源、光栅副和光敏元件三部分组成。计量光栅按形状又可分为长光栅和圆光栅。光栅的外形及在数控机床中的应用如图 2-30 所示。

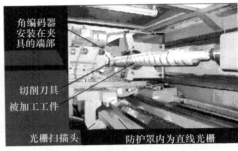

a) 光栅外形图　　　　　　　　　　　b) 光在数控机床中的应用

图 2-30　光栅的外形及在数控机床中的应用

光栅是用于数控机床的精密检测装置，是一种非接触式测量工具。光栅位置检测装置的主要作用是检测位移量（图 2-31），并将检测的反馈信号和数控装置发出的指令信号相比较，若有偏差，经放大后控制执行部件，使其向着消除偏差的方向运动，直到偏差为零。

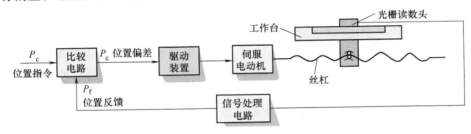

图 2-31　光栅位置检测装置

2）磁栅传感器。磁栅价格低于光栅，且录磁方便、易于安装，测量范围可超过十几米，抗干扰能力强。磁栅可分为长磁栅和圆磁栅。长磁栅主要用于直线位移测量，圆磁栅主要用于角位移测量。磁栅传感器主要由磁尺、磁头和去信号处理电路组成。磁栅的外形如图 2-32 所示。

磁栅传感器的应用如下：

1）可以作为高精度的测量长度和角度的测量仪器。由于磁栅可以采用激光定位录磁，不需要采用感光、腐蚀等工艺，因而可以得到较高的精度，目前系统精度可达 $\pm 0.01\text{mm/m}$，分辨力可达 $1 \sim 5 \mu\text{m}$。

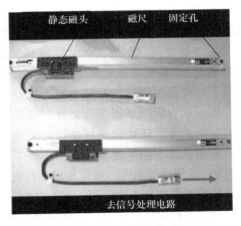

图 2-32　磁栅的外形

2）可以用于自动化控制系统中的检测元件（线位移），在三坐标测量仪、程控数控机床，以及高精度、中型机床控制系统的测量装置中均得到了应用。

（5）智能传感器　智能传感器已成为当今传感器技术的一个主要发展方向。高性能、高可靠性的多功能复杂自动测控系统，射频识别技术，以"物"的识别为基础的物联网的兴起与发展，凸显了具有感知、认知能力的智能传感器的重要性。智能传感器是具有信息处理功能的传感器。智能传感器带有微处理器，具有采集、处理和交换信息的能力，是传感器集成化与微处理器相结合的产物。通常，智能机器人的感知系统由多个传感器集合而成，采集的信息需要计算机进行处理。使用智能传感器，可实现信息分散处理，从而降低成本。与一般传感器相比，智能传感器具有以下三个优点：①通过软件技术可实现高精度的信息采集，而且成本低；②具有一定编程能力；③功能多样化。

1）智能传感器的功能。①自补偿功能。可以通过软件对传感器的非线性、温漂（即温度漂移）、响应时间等进行自动补偿。②自校准功能。操作者输入零值或某一标准量值后，自校准软件可以自动地对传感器进行在线校准。③自诊断功能。接通电源后，可以对传感器自检，检测各部分是否正常。在内部出现操作问题时，能够立即通知系统，通过输出信号表明传感器发生故障，并可诊断。④数值处理功能。根据内部程序自动处理数据，如统计处理、剔除异常数值等。⑤双向通信功能。智能传感器的微处理器与传感器之间构成闭环，微处理器不但可以接收、处理传感器的数据，还可以将信息反馈至传感器，对测量过程进行调节和控制。⑥信息存储和记忆功能。⑦数字量输出功能。智能传感器可以很方便地与计算机或接口总线相连，进行数字量输出。

2）智能传感器的种类。智能传感器按照其结构可以分为以下三种。

① 模块式智能传感器。这是一种初级的智能传感器，由许多互相独立的模块组成。将微型芯片、信号调理电路模块、输出电路模块、显示电路模块和传感器装配在同一壳体内，便组成了模块式智能传感器。虽然它的集成度低、体积大，但是它仍是一种比较实用的智能传感器。

② 混合式智能传感器。将传感器与微处理器、信号处理电路制作在不同的芯片上，便组成了混合式智能传感器。它是智能传感器的主要品种，应用广泛。

③ 集成式智能传感器。这种传感器将一个或多个敏感器件与微处理器、信号处理电路集成在同一硅片上。它一般都是三维器件，它的结构即立体结构。这种结构是在平面集成电路的基础上，一层层向立体方向制作多层电路。它的制作方法基本上就是采用集成电路的制作工艺（如光刻、生成二氧化硅薄膜、淀积多晶硅、激光退火、多晶硅转为单晶硅、PN 结的形成等），最终在硅衬底上形成具有多层集成电路的立体器件，即敏感器件。同时，制作微型芯片时还可以将太阳能电池电源制作在上面，形成集成式智能传感器。

集成式智能传感器的智能化程度是随着集成化密度的增加而不断提高的。随着传感器技术的发展，今后还将出现更高级的集成式智能传感器，它完全可以做到将检测、逻辑和记忆等功能集成在一块半导体芯片上。

3）应用发展趋势。智能传感器代表新一代的感知和认知能力，是未来智能系统的关键元件，其发展受到未来物联网、智慧城市、智能制造等强劲需求的拉动。智能传感器通过在元器件级别上的智能化系统设计，将对食品安全应用、生物危险探测、安全危险探测和报警、局域和全域环境检测、健康监视和医疗诊断、工业、军事、航空航天等领域产生深刻影响。

2.4.3　虚拟仿真技术

1. 虚拟仿真

虚拟仿真是通过 CAD（计算机辅助设计）、CAM（计算机辅助制造）、CAE（计算机辅助工程）等技术在可视化虚拟环境下实现产品的仿真、分析、优化的新型技术，其在流程型智能制造领域得到了充分的应用，特别是流程型制造智能工厂可以通过虚拟仿真技术实现生产线的节拍控制分析、机器人运动控制、动力学分析、轨迹和路径规划离线编程、机器人与工作环境的相互作用等，在获得最优智能生产线设计方案的同时，最大限度地降低设计成本，提高工作效率。

2. CAE 技术

近年来，在计算硬件、计算软件、计算机图形学和计算理论的快速发展下，CAE 在工程计算领域得到快速发展。CAE 是指用计算机对设备的功能、可靠性等进行模拟，及早发现缺陷，改进和优化设计方案。CAE 利用计算机软件来辅助计算工程分析，在未知领域探索、物理本质认识等方面展现出巨大优势，它包含有限元分析、计算流体动力学、多体动力学、耐久性分析及其优化等。目前越来越多的企业引进 CAE 软件并逐步开展以 CAE 软件为基础的研发工作。通常，CAE 分析分为前处理、求解计算和后处理 3 个阶段。其中，前处理阶段建立分析的几何模型，完成网格划分，确定初始条件和边界条件；求解计算阶段建立对应数值模型并求解该数值模型，计算部分对计算机软硬件性能要求最高，计算时间最长；在后处理阶段，以图表等图形化方式直观地展示分析结果，后处理对软件可视化的直观性、可靠性、准确性及多样性要求较高。

有限元法、有限体积法等工程计算领域的数值模拟方法，是利用数值近似的方法对真实物理系统进行流体力学和热力学等复杂工程问题求解、分析结构力学等力学性能及复杂工程结构的性能优化，是数值数学、计算科学、计算机技术综合发展的产物，具有完善的理论基础和广泛的应用，属于科学计算。随着计算机的普遍发展，数值模拟在产品分析、验证和改善产品方面的作用日益显现。

3. 流程型制造智能工厂建设全生命周期中的虚拟仿真技术

流程型制造智能工厂建设全生命周期可以分为以下阶段：方案阶段、设计阶段、施工阶段、运营阶段。虚拟工厂建模仿真技术及价值流分析过程可贯穿智能工厂全生命周期中，并发挥重要作用。

1）方案阶段，可利用虚拟仿真技术验证产品设计方案，反向修正产品设计参数；进行工艺流程分析，对工艺设计方案的选定进行反复推敲，选取最优方案；对加工设备进行初步选型，模拟加工方法，保证设备选型准确度。

2）设计阶段，利用物流仿真技术进行物流设计；预判设计结果并优化工艺设计；进行信息流设计，提出接口要求、采样点位要求、数据要求、空间要求、能源要求、人机交互要求、集成要求和其他要求；进行成套设备设计及选型，模拟设备运行结果；进行工业物联网设计、信息化系统设计、基础公共配套设计，并最终交付设计成品。

3）施工阶段，利用虚拟仿真技术进行进度辅助控制、疑难点安装模拟、施工质量控制、施工安全控制、合同管理，并进行竣工数字化移交。

4）运营阶段，虚拟仿真可为业主方提供数字化资产管理、生产可视化管理、设备可视化监控、设备能源管理，并进行生产安全管理和生产培训。

虚拟工厂建模仿真技术在智能工厂全生命周期中的应用如图 2-33 所示。

4. 虚拟仿真项目应用

例如，国内某大型冶金加工企业智能工厂建设应用虚拟仿真技术，在全生命周期各个阶段

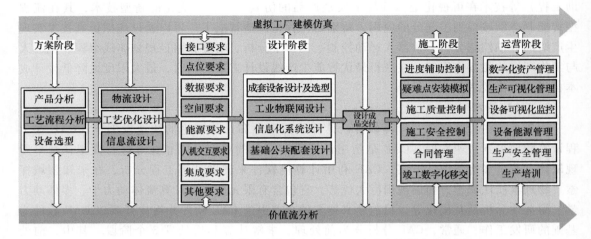

图 2-33   虚拟工厂建模仿真技术在智能工厂全生命周期中的应用

为项目增值服务。选取锻压分厂子项目为例，在设计阶段依据生产布局及设备选型方案，建立仿真逻辑模型，如图 2-34 所示。依据生产计划和设备参数，设置输入条件，根据不同条件下的计划组合，运行仿真逻辑模型，得到相应的输出结果，为方案优化和决策提供参考。

图 2-34   锻压生产线仿真逻辑模型

在施工、运营阶段，利用虚拟仿真技术模拟项目进度计划、施工方案，合理安排施工组织，并记录施工现场过程数据，提供可视化决策支持，跟踪现场进度、质量、安全文明生产。在项目运营阶段，利用虚拟工厂集成生产过程数据，进行生产可视化管理，提供数字化资产管理、设备可视化监控、能源管理，并进行生产安全管理和生产培训。

5. 换热器流体仿真设计

某生产过程设备排出的高温烟气在管壳式换热器中与水进行热交换，经过冷却后通过管道排向大气。为使换热更均匀，要求废气在管外流动、冷却水在管内流动。设计的换热器主要技术参数为：进口排气温度为 550℃，出口温度低于 180℃，废气在换热器中压损小于 6kPa，换热器主体尺寸长宽高分别不大于 1000m、400m、400m。系统设计总体思路为：在满足结构尺寸要求的条件下，排气温度尽可能低，换热器中压损尽可能小。

1）管壳式换热器设计。换热器整体设计如图 2-35 所示，剖面如图 2-36 所示。设备排出的高温烟气经过管壳式换热器，被冷却降温后排向大气。

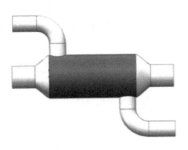

图 2-35　换热器整体设计

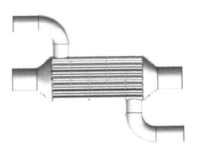

图 2-36　换热器剖面

2）仿真分析。

① 边界条件及初始化条件。模型材料采用 304 不锈钢，模拟计算时，管壳式换热器的边界条件主要为入口、出口、流固耦合面及壁面边界条件。入口边界条件为：分别设置在管侧和壳侧的两个入口处，方向与入口的法向方向平行；壳侧和管侧的边界条件都设置为质量流量和流体温度。出口边界条件为：壳侧设置为压力出口，管侧为环境压力出口。流固耦合面边界条件为：管侧和壳侧的流固耦合面上，管侧与壳侧的流体温度分别与自身一侧的壁温相等。壁面边界条件为：在管壁和折流板的流固结合面上，定义为无滑移、光滑和绝热壁面。具体边界条件参数见表 2-3。

表 2-3　具体边界条件参数

位置	流体属性	温度/℃	压强/kPa	质量流量/(kg·s⁻¹)
壳侧入口	废气	550		0.124
壳侧出口	废气		101.325	
管侧入口	液态水	25		0.358
管侧出口	液态水		101.325	

② 流体仿真计算结果分析。利用 SolidWorks 中的 Flow Simulation 模块迭代计算，仿真计算结果见表 2-4。换热器内部压力迹线如图 2-37 所示（单位为 Pa），内部温度迹线如图 2-38 所示（单位为 K）。

表 2-4　仿真计算结果

位置	流体属性	平均温度/℃	压强/kPa	质量流量/(kg·s⁻¹)
壳侧入口	废气	550.00	107.275	0.124
壳侧出口	废气	161.94	101.325	0.124
管侧入口	液态水	25.00	101.328	0.358
管侧出口	液态水	62.30	101.325	0.358

由表 2-4 可知：①壳侧出口平均温度为 161.94℃，壳侧出口、入口温差为 388.06℃；管侧出口平均温度为 62.30℃，管侧出口、入口温差为 37.30℃；②壳侧出口平均压强为 101.325kPa，壳侧出口、入口压差为 5.95kPa。低于设计要求的 6kPa。换热器的总体设计满足要求。

以上可知：换热器中冷却水的温度和压力变化较小，说明该设计中水的质量流量可以满足换热需求；废气温度和压力均沿着壳程流体流动方向不断降低，每经过一个折流板，就会产生明显的温降和压降；在折流板根部与壳体连接处无迹线经过的区域较小，说明流动死区较小。

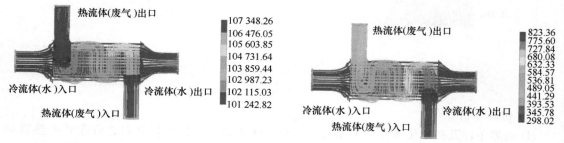

图 2-37　换热器内部压力迹线　　　　　　图 2-38　换热器内部温度迹线

③ 换热管布置方式对换热器性能的影响。不同换热管布置方式影响换热器的换热能力和整个系统沿程阻力，导致压损不同。为了得到压损更小的设计方案，进一步探究不同换热管布置方式对换热器性能的影响。常见换热管布置方式有正三角形、转角三角形、正方形和转角正方形 4 种，如图 2-39 所示。

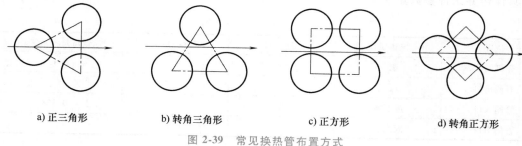

a) 正三角形　　　　　b) 转角三角形　　　　　c) 正方形　　　　　d) 转角正方形

图 2-39　常见换热管布置方式

不改变管径、管心距等参数，探究不同布置方式对换热管换热能力的影响。换热器外形确定时，不同布置方式下换热器的最大换热管数量不同，转角三角形和正三角形方式布置时换热管为 109 根，正方形方式布置时为 96 根，转角正方形方式布置时为 97 根。正方形布置方式中换热管的管缝之间更均匀，容易清洗换热管外表面，适用于冷流体易造成杂质黏附管壁的情况。边界条件等参数保持不变，对不同布置方式下的换热效果进行仿真计算，结果见表 2-5。

表 2-5　不同布置方式的换热效果仿真计算结果

换热管布置方式	换热管数	废气温降/℃	废气压降/kPa
正三角形	109	388.06	5.95
转角三角形	109	372.56	2.54
正方形	96	354.43	4.56
转角正方形	97	350.96	2.85

由表 2-5 可知：①当换热器外壳为圆柱形，布置方式为正三角形和转角三角形时，换热

管数量比正方形和转角正方形多；②不改变管径和管心距的条件下，正三角形和转角三角形的布置方式的换热器由于换热管数量较多，换热效果较好；③采用正三角形和转角三角形布置方式且换热管数量相同时，正三角形布置方式换热器的温降更大，同时压损也更大。这是由于气体流入时，与换热管接触更多，使得换热效果较好，压损也较大。所以当优先考虑压损时，可选择转角三角形布置方式；当优先考虑温降时，可选择正三角形布置方式。

6. 压力容器仿真设计

以欧洲 FLOMIX-R 基准实验中 9-O 的 ROCOM 实验装置为仿真对象，对稳态运行的压力容器的冷却剂交混现象进行研究。ROCOM 实验装置以 KONVOI 三代压水堆为原型，按 1∶5 的比例建造，反应堆压力容器（RPV）为其主体设备，包括 4 个冷却剂入口、出口、下降段及下腔室，下腔室内布置空心孔眼滚筒，堆芯入口布置支撑板。实验装置具有 4 个完整的回路，并配有泵、阀门及蒸发器等设备，通过对泵的流量控制可以实现不同工况的实验。在进行混合实验时，实验装置在室温和环境压力下运行，示踪剂（氯化钠溶液）在入口上游注入主冷却剂系统，并通过装置进行混合，确保示踪剂均匀分布在压力容器入口横截面处，压力容器上布置有 4 处测点（容器入口、下降段上部、下降段下部及堆芯入口）对示踪剂进行跟踪。压力容器及测点分布如图 2-40 所示。

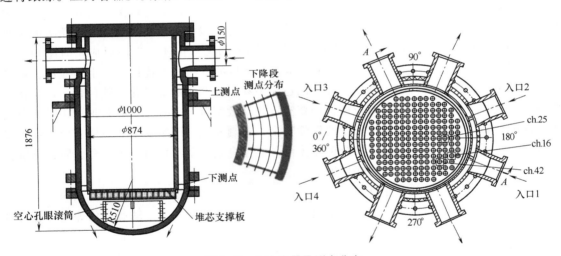

图 2-40　压力容器及测点分布

　　根据 Boumaza 等人的研究，环路对发生在 RPV 的交混现象的影响很小。因此，在不影响计算准确性的前提下减少计算所需网格，使用 300mm 的圆管代替环路作为 RPV 入口。堆芯采用高度为 800mm 的圆柱代替，圆柱以堆芯入口支撑板上直径 30mm 的冷却剂流量分配孔为基准进行延长。

　　所使用的网格模型如图 2-41 所示。采用多面体网格对压力容器模型入口环腔和下腔室进行网格划分，这是因为多面体网格与四面体网格相比，在达到相同精度的前提下具有更好的收敛性。多面体

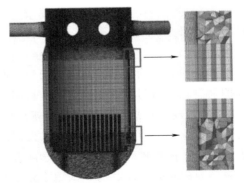

图 2-41　网格模型

网格的生成方式采用将四面体在 Fluent 软件中转化的方式生成。下降段则采用六面体网格。网格划分方案见表 2-6。

表 2-6 网格划分方案

方案	网格类型	边界层厚度/mm	Y^+	网格数量
1	Hexa 和 Tetra	<2.0	<300	5527346
2	Hexa 和 Tetra	<2.0	<300	7350547
3	Tetra	<0.5	<100	11722163

2.4.4 工业网络与物联网技术

1. 工业互联网

工业互联网是新一代信息通信技术与工业经济深度融合的全新流程型工业生态关键基础设施和新型应用模式，通过对人、机、物的全面连接，不断颠覆传统制造模式、生产组织方式和产业形态，构建起全要素、全产业链、全价值链、全连接的新型工业生产制造和服务体系，为实体经济数字化、网络化、智能化发展提供了实现途径。工业互联网以网络为基础，以平台为核心，以安全为保障。"网络"是实现各类工业生产要素泛在深度互联的基础，包括网络互联体系、标识解析体系和信息互通体系。通过建设低延时、高可靠、广覆盖的工业互联网网络基础设施，能够实现数据在工业各个环节的无缝传递，支撑形成实时感知、协同、智能反馈的生产模式。"平台"是工业全要素链接的枢纽，下连设备，上连应用，通过海量数据汇聚模型分析与应用开发，推动制造能力和工业知识的标准化、软件化、模块化与服务化，支撑工业生产方式、商业模式创新和资源高效配置。"安全"是工业互联网健康发展的保障，涉及建立工业互联网安全的保障安全、控制安全、网络安全、应用安全、数据安全等方面。通过建立工业互联网安全保障体系，能够有效识别和抵御各类安全威胁，化解多种安全风险，为工业智能化发展保驾护航。

工业互联网在流程型工业自动化、信息化基础上，构建数据驱动和工业知识深度结合的智能化模式，其形成的泛在感知、敏捷响应、自主学习、精准决策、动态优化等核心能力将带来工业互联网在实现设备、工厂和企业数字系统方面的变革。

1) 推动企业数字化转型和智能化升级。在改造的基础上，构建数字化车间和智能工厂，通过对工业数据的挖掘利用，形成数据与工业知识共同驱动的新型生产方式和管理模式，大幅提升企业满足敏捷响应需求、动态获取资源、智能精准决策的能力，进一步提高生产率和质量。

2) 推动实现全产业链、价值链协同优化的"互联网+制造"。工业互联网围绕行业、产业链和产业集群构建基于网络化组织的制造体系，推动制造业更大范围、更高层面、更深程度的信息化改造与智能化升级，实现服务增值和模式创新，打造"互联网+制造"。

3) 带动产业短板加快补齐和新兴长板突破发展。工业互联网推动 5G、人工智能等加速融入制造业，促使传统封闭的技术发展路径逐步实现开放解耦，传统依赖工业知识和经验积累的技术产品将进一步与数据科学融合迭代，开源算法、机理模型、数据资源等新要素成为未来产业的基础底座，为我国缩小差距乃至换道超车提供了可能。

以上内涵也说明了工业互联网与消费互联网有诸多本质不同。工业互联网连接对象的种类和数量更多，场景十分复杂，对技术要求更高，必须具有更低时延、更高可靠性、更高确定性和更高安全性，才能满足工业生产的需要。工业互联网必须通过精准化、专业化服务为企业带来看得见、摸得着的效益，才能实现盈利。发展工业互联网具备多元性、专业性、长期性、复杂性等特征，非一日之功、难一蹴而就。

2. 工业互联网体系架构

传统工业自动化"金字塔"架构限制了 OT 与 IT 之间的互通与协同，网络中数据无法跨层交互，数据无法高效流转。系统之间相互隔离、封闭网络标准林立，国际电工委员会（International Electrotechnical Commission，IEC）确立的工业现场标准有 20 多种，这些标准无法统一起来。可编程逻辑控制器/集散式控制系统（PLC/DCS）计算资源有限，智能化发展空间受限。为了实现数据的高效流转，必须打破传统封闭的金字塔架构，打通现场级到工厂级的无线连接，实现传感执行器与云端控制器直接交互、生产要素间智能互联与协同能力，使得数据能够纵向跨层、横向跨系统和设备进行交互。

这就要求有一个能够支撑数据高效流转的网络，此网络应具备综合承载工业自动化控制业务、安全生产、运行维护、物料调度和远程监控等多种业务的能力，并且能够实现与现存工业现场网络的互通，同时满足低时延、高可靠、确定性时延的要求。封闭体系的打破，端到端的网络只是为其提供了基础条件，其核心是金字塔内部体系要实现解耦。这种解耦分为两个层面：第一个层面是体系架构的解耦，即不再是五层架构，数据无须跨层交互，在数据高效流转基础上，基于数据的智能化处理和应用，实现上层 ERP、MES 及 SCADA 统一和融合，打破多层约束，架构简单化和扁平化；第二个层面是原金字塔内部控制系统的解耦，即分离 PLC/DCS 与被控设备，可以远程控制，同时也实现 PLC/DCS 的软硬分离，PLC 可以根据被控设备时延要求按需配置，从局部控制过渡到整体控制，实现从自动化向智能化的发展。

这种架构与工业互联网的云边协同架构的相同之处在于它们都是一种扁平化、平台化的结构，实现云边端协同，IT（信息技术）、CT（通信技术）、OT（运营技术）的融合，控制、算力及网络的融合，达到网络和信息标准的统一。本文所提架构的变革将为工业自动化系统智能化升级提供新机遇，也对相应支撑技术提出了挑战，新型工业互联网架构的实现需要解决控制虚拟化、网络融合协同、控制-网络一体化管控及数据智能处理等方面一系列技术难点。围绕这一新型架构，推出适用于工业互联网的第五代移动通信技术和时间敏感网络（5th Generation Mobile Communication Technology-Time Sensitive Network，5G-TSN）协同传输关键技术，同时基于确定性网络的云化 PLC 技术，以及应用这些先进技术构建自研的工业控制、算力与网络融合试验平台。通过该试验平台，可以将工业现场的复杂总线统一起来，满足人-机-物多要素灵活互联、柔性制造 IT/OT 多业务差异化 QoS（服务质量）统一保障要求，按需实时调度工业网络通信资源，按需动态分配工控虚拟计算资源，支持实时变化的复杂工控业务，满足智能制造柔性生产需求。

3. 物联网的体系结构

物联网的体系结构如图 2-42 所示。

在物联网的体系结构中，感知层相当于人体的皮肤和五官，网络层相当于人体的神经中枢和大脑，应用层相当于人的社会分工。

1）感知层是物联网的皮肤和五官，用来识别物体、采集信息。感知层包括二维码标签

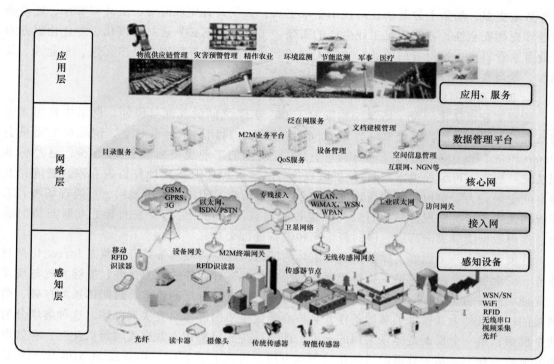

图 2-42　物联网的体系结构

和识读器、RFID 标签和读写器、摄像头、CPS 等。

2）网络层是物联网的神经中枢和大脑，对感知层获取的信息进行传递和处理。网络层包括通信与互联网的融合网络、网络管理中心和信息处理中心等。

3）应用层是物联网的"社会分工"。应用层是物联网与行业专业技术的深度融合，与行业需求结合，实现行业智能化，这类似于人的社会分工。

在各层之间，信息不是单向传递的，也有交互、控制等。所传递的信息多种多样，其中的关键是物品的信息，包括在特定应用系统范围内能唯一标识物品的识别码和物品的静态与动态信息。

4. 工业物联网中的关键技术

工业物联网通过各种信息传感设备，如传感器、RFID、全球定位系统、红外感应器、激光扫描器、气体感应器等各种装置与技术，实现在工业现场采集任何需要监控、连接、互动的物体或过程的声、光、热、电等信息。具有环境感知能力的各类终端，基于泛在技术的计算模式，移动通信等，不断融入工业生产的各个环节，从而大幅提高制造效率，改善产品质量，降低产品成本和资源消耗，将传统工业提升到智能工业的新阶段。

（1）传感器技术　信息的泛在化对工业的传感器和传感装置提出了更高的要求，具体如下：

①微型化是指元器件的微小型化，以节约资源与能源。②智能化是指自校准、自诊断、自学习、自决策、自适应和自组织等人工智能技术。③低功耗与能量获取技术，供电方式为电池、阳光、风、温度、振动等。

（2）通信技术　通信技术具体包括调制与编码技术、自适应跳频技术、信道调度技术、通信协议多样性、多标准有线及无线技术。

（3）网络技术　网络管理与基础服务技术包括低开销、高精度的时间同步技术，快速节点定位技术，实时网络性能监视与预警技术，工业数据的分布式管理技术。

（4）信息处理技术

1）海量信息处理：工业信息出现爆炸式增长，构建海量感知信息，集获取、高效融合、特征提取和内容理解为一体。

2）实时信息处理：包括工业流程监视与控制需求新型制造模式，实现了多源异构感知信息融合。

3）泛在信息处理服务与协同平台：具有设计、制造、管理过程中人人之间、人机之间和机机之间的行为感知、环境感知、状态感知的综合性感知能力。

（5）安全技术　安全技术具体包括工业设备控制、网络安全和数据安全技术，阻止非授权实体的识别跟踪和访问技术，非集中式的认证和信任模型技术，高效的加密和数据保护技术，以及异构设备间的隐私保护技术。

（6）组网技术　组网技术是指通过某种方式将多个设备或系统连接起来构成一个网络，以便进行数据传输和通信的技术。这些设备可以是计算机、服务器、路由器、交换机、传感器、智能设备等。组网技术为人们提供了便捷的信息交流和资源共享方式，并推动了互联网、物联网和智能化应用的发展。

1）组网技术的原理。组网技术的实现依赖以下关键原理。

① 网络拓扑结构。网络拓扑结构是指组成网络的设备之间的连接方式和布局。常见的网络拓扑结构包括星形、总线形、环形、树形和网状等。不同的拓扑结构影响网络的可靠性、传输效率和扩展性。

② 网络协议。网络协议是组网技术的重要组成部分，它规定了设备之间通信的规则和格式。常用的网络协议有 TCP/IP、Ethernet、WiFi、Bluetooth 等。这些协议定义了数据传输方式、错误处理、地址分配和网络服务的实现方法。

③ 网络设备。网络设备是组网技术的关键组成部分，包括路由器、交换机、网桥、集线器等。这些设备负责数据转发、路由选择、链路管理等功能，确保网络正常运行。

2）组网技术的分类。根据不同的应用需求和网络特点，组网技术可以进行多种分类。常见的分类方式如下。

① 局域网（LAN）和广域网（WAN）。根据覆盖范围的不同，可以将组网技术分为局域网和广域网。局域网一般覆盖较小的区域，例如家庭、办公室或校园内部。广域网则连接着较大的地理区域，通过公共网络连接不同的局域网。

② 有线网络和无线网络。根据连接方式的不同，可以将组网技术分为有线网络和无线网络。有线网络使用物理电缆连接设备，如以太网、光纤等。无线网络则通过无线信号通信。

③ 电路交换和分组交换。根据数据传输方式的不同，可以将组网技术分为电路交换和分组交换。电路交换在通信开始时建立一条独占的物理连接，在通信过程中保持连接状态。分组交换则将数据分割成小的数据包，通过共享网络资源进行传输。

（7）自动识别技术

1）概述。自动识别技术就是应用一定的识别装置，通过被识别物品和识别装置之间的接近活动，自动地获取被识别物品的相关信息，并提供给后台计算机处理系统来完成相关后续处理的一种技术。自动识别技术综合应用计算机、光、电、互联网、移动通信等技术，可以实现全球范围内物品的跟踪与信息的共享。

自动识别技术是物联网中非常重要的一种技术，自动识别技术融合了物理世界和信息世界，是物联网区别于其他网络（如电信网、互联网）的最独特的部分。自动识别技术可以对每个物品进行标记和识别，并可以实时更新数据，是构造全球物品信息实时共享系统的重要组成部分，是物联网的基石。应用自动识别技术可以实现数据的自动采集、信息的自动识别和向计算机的自动输入，使得人类能够对大量数据信息进行及时、准确的处理。

2）特点及分类。目前，自动识别技术有两种分类方法：一种分类方法是按照采集技术进行分类，其基本特征是被识别物体具有特定的识别特征载体（如标签等，仅光学字符识别例外），可以分为光存储器、磁存储器和电存储器 3 种；另一种分类方法是按照特征提取技术进行分类，其基本特征是根据被识别物体本身的行为特征来完成数据的自动采集，可以分为静态特征、动态特征和属性特征。

各种自动识别技术具有如下共同的特点：准确性，自动数据采集，彻底消除人为错误；高效性，信息交换实时进行；兼容性，自动识别技术以计算机技术为基础，可与信息管理系统无缝衔接。常见的自动识别技术包括条码识别技术、RFID 技术、生物识别技术（语音识别、指纹识别、人脸识别等）、图像识别技术、磁卡识别技术、集成电路（Integrated Circuit，IC）卡识别技术、光学字符识别（Optical Character Recognition，OCR）技术等。下面介绍在智能制造中最常用的两类技术。

① 一维条码是由平行排列的宽窄不同的线条和间隔组成的二进制编码。这些线条和间隔根据预定的模式进行排列并且表达相应记号系统的数据项，宽窄不同的线条和间隔的排列次序可以解释成数字或字母，可以通过光学扫描仪器对一维条码进行阅读，即根据黑色线条和白色间隔对激光的不同反射来识别。

② 二维条码技术是在一维条码无法满足实际应用需求的前提下产生的。由于受信息容量的限制，一维条码通常只是对物品进行标示，而不是对物品进行描述。二维条码能够在横向和纵向两个方向上同时表达信息，因此能在很小的面积内表达大量信息。

（8）RFID 技术　RFID 技术是一项利用射频信号通过空间耦合交变磁场或电磁场实现接触信息传递，并通过所传递的信息达到识别目的的技术。简单的 RFID 系统由以下 3 部分组成。

1）电子标签（Tag）。电子标签由耦合元件及芯片组成，每个电子标签都具有全球唯一的识别号，无法修改和仿造，保障了安全性。电子标签中一般保存了约定格式的电子数据，保存了待识别物体的属性。

2）天线（Antenna）。在电子标签和阅读器间传递射频信号，即标签的数据信息和阅读器发出的命令信息。

3）阅读器（Reader）。阅读器是读取或写入电子标签信息的设备，有手持式和固定式。阅读器可以不接触地读取并识别电子标签中保存的电子数据，从而达到自动识别物体的目的，并与计算机相连，对所读取的标签信息进行处理。

阅读器通过天线在一定区域内发射能量形成电磁场，区域大小取决于发射功率、工作频率和天线尺寸。电子标签进入这个区域内时，接收到阅读器的射频脉冲，电压调节器对其整流和稳压后输出为工作电压。同时，调制解调器从接收到的射频脉冲中解调出命令和数据并送到逻辑控制单元，逻辑控制单元接收指令后发送存储在标签中的产品信息（无源标签或被动标签），或者标签主动发送某一频率的信号（有源标签或主动标签）。阅读器接收到从标签返回的数据后，解码并进行错误校验来判断数据的有效性，然后发送数据至中央信息系统进行相关数据处理，必要时可通过 RS-232、RS-422、RS-485 等有线接口或无线接口将数据传送到计算机。

RFID 系统构成如图 2-43 所示。

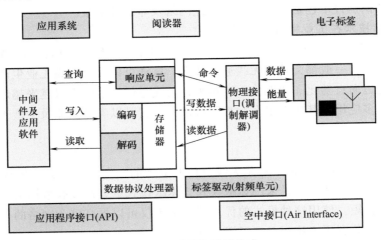

图 2-43　RFID 系统构成

（9）图像识别技术　图像识别是人工智能的一个重要领域。图像识别技术是指对图像进行特征识别，以识别出各种不同模式的目标和对象的技术。图像识别技术的原理是基于图像的明显特征，捕捉和识别明显特征后，对图像的内容和性质进行判断，分析其代表的含义，达到充分利用图像中有效信息识别图像的目的。图像特征是图像识别的重点，例如大写英文字母 A 存在一个突出的尖角，O 存在一个圈，而 Y 可视为由钝角、锐角和线条共同形成的。

图像识别技术是基于人工智能技术发展而出现的，因此，计算机图像识别的过程也与人脑识别图像的过程类似，只不过是以技术形式展现出来。基于人工智能的图像识别过程如下。

1）信息和数据的获取。信息和数据的获取是图像识别的基础。在图像识别技术中，需要获取的是图像的特征信息和特殊数据，这些信息和数据包含能够区分不同图像的图形特征。将其存储在计算机的数据库中后，可以用于之后的步骤。

2）图像预处理。图像预处理是特征提取之前的关键环节。由于图像采集设备的限制和环境的影响，输入计算机的图像往往存在各种误差，例如亮度和对比度不足、图像噪声较多等。图像预处理主要指对原始的数字图像进行各种变换，从而提高其在后续操作过程中的算法运行效率。

3）特征提取与选择。特征提取与选择是图像识别技术的核心。识别模式的建立对特征的要求十分严格，这决定了图像最终能否被成功识别。识别模式的建立就是将不同图像的特殊特征提取出来，选择能够区分不同图像的特征并将其进行存储，让计算机记忆这些特征。

4）图像识别。经过特征提取后，图像的所有信息都被转化为一系列特征向量，图像识别也就是对陌生图像的特征向量进行识别，最终识别出图像的过程。一般的计算机视觉系统都需要在短时间内对图像做出快速的反应，而且需要将未知图片与成千上万的数据库图像进行比对；当图像含有复杂的特征时，这个过程对计算机硬件和软件的要求就会变得很高。目前常用的图像识别方法有模板匹配法、贝叶斯法、神经网络法、强化学习法等。大多数图像识别方法都基于或者借鉴了人工智能方法。具体的图像识别方法需要根据具体的图像识别任务来确定，目前还没有一种通用的最佳方法。

常用的图像识别技术包括模式识别、神经网络及非线性降维。

5. 无线通信技术在工业领域的应用

（1）无线短程网　在当今工业生产技术中，如果需要与生产设备、检测仪器等自动化控制系统进行通信，一般都会采用无线通信技术，这样可以大大提高工业生产效率，有效促进工业控制系统迈向自动化、智能化。近年来，无线通信技术应用得越来越广泛，无线短程网也得到越来越多应用，其优点很多，甚至可以说，它可以满足工业及生产工厂的各类通信需求。

无线短程网的优点如下。

1）无线短程网功率损耗低：这是无线短程网最大的一个优势。无线短程网的应用工作周期较短、收发信息功耗较低且采用休眠模式，休眠模式更方便接收数据信号，因此该网络整体运行时间比较短。使用这种模式的优点就在于不仅可以提高整个网络的工作效率，而且可以使资源得到充分利用，从而提高了资源利用率。

2）无线短程网的数据传输迅速、可靠性高：无线短程网采用了碰撞避免机制，可以通过为固定宽带用户提供专用间隙的方法，有效避免数据传输时的拥挤，避免发送数据时的竞争和冲突，能够大大提高数据传输效率。

3）无线短程网包含的设备数量多：从结构方面来讲，现有的无线短程网虽然一般只连接一个主设备，但是它里面包含的设备数量却可以高达数万个。从网络角度方面来讲，它里面甚至可以包括几百个网络，这使得无线网络的功能变得更加强大。

4）无线短程网时间延迟小：通过优化时延敏感器的功能，可以使通信时延和休眠状态激活的时延都变得非常短，它可以将所有时延都控制在 20ms 以内。

（2）无线局域网　受工厂环境的特殊影响，采用有线局域网施工及维护难度较大，这种通信方式就受到了局限。有的工厂环境中不能使用电缆，有的工厂环境中只能使用某种特定电缆，甚至有的工厂环境中无法使用电缆，有线通信技术所发挥的作用无法在这些环境中实现，无线通信技术的出现可以弥补有线局域网的缺陷。与无线短程网相比，无线局域网优势更加明显，传输同样距离时无线局域网的传输效率更高，传输时间更短，更适合应用于工业自动网络系统。无线局域网通信方式多样，既适用于一对一通信，也可以实现一对多通信，该网络拓扑结构更适合工业网络应用。既可以根据具体的环境选择不同的通信方式，也可以通过通信协议、网卡等，将所有工业设备均接入无线网络中，最大限度地提高网络信息处理能力。

无线局域网施工也很方便，不需要在现场布线，只需要在通信机房或者操作室完成无线局域网的布置，施工过程简单方便。这种通信技术都是用无线电波来完成数据信号传输的，在难以现场布线的环境中非常适用，搭建数据传输网络后就能进行数据传输了。另外，在很多工业现场，即使可以铺设线缆，铺设完成后维护难度也很大，线缆会被频繁地触碰从而导致损坏。从这个方面来讲，无线局域网能够保障网络稳定性、安全性，大大提高了工业生产率。无线局域网覆盖范围广：在室内环境中覆盖直径一般为 1000m 左右；在开放空间中它的覆盖直径可达 1000m 以上，通过室外无线设备进行传输，传输距离甚至可达几十千米。

（3）蓝牙技术　蓝牙技术是近年发展迅猛、应用广泛的近距离通信技术。蓝牙技术开始于爱立信在 1994 年创制的方案，该方案旨在研究移动电话和其他配件间进行低功耗、低成本无线通信连接的方法。1998 年 5 月 20 日，爱立信联合 IBM、英特尔、诺基亚及东芝公司成立"特别兴趣小组"，目标是开发一个成体低、效益高、可以在短距离范围内随意无线连接的蓝牙技术标准。当年，蓝牙推出 0.7 规格。蓝牙技术自出现以来，就迅速占领了近距离无线数字通信市场，并迅速得到了发展。虽然这种技术的传输距离很短，却可以在规定的有效距离内实现准确的数据收发，因此蓝牙技术的应用领域很广泛，尤其在工业领域中，蓝牙所发挥的作用不可估量。该技术是可以取代数据电缆短距离无线通信的一种技术，物体与物体间的通信可以用这种技术来实现，它的工作频段是面向全球开放的 2.4GHz 频段，任何单位或个人都可以使用这个频段，以便完成数据和语音传输等操作。

2.4.5　数字孪生技术

当前，以物联网、大数据、人工智能等新技术为代表的数字浪潮席卷全球，物理世界和与之对应的数字世界正形成两大体系，并平行发展、相互作用。数字世界为了服务物理世界而存在，物理世界因数字世界而变得高效、有序。在这种背景下，数字孪生（又称为数字双胞胎、数字化双胞胎等）技术应运而生。

数字孪生以数字化方式创建物理实体的虚拟模型，借助数据模拟物理实体在现实环境中的行为，通过虚实交互反馈、数据融合分析、决策迭代优化等手段，为物理实体增加或扩展新的能力。作为一种充分集成利用模型、数据、智能等多学科的技术，数字孪生在产品全生命周期过程中，发挥连接物理世界和数字世界的桥梁和纽带作用，提供更加实时、高效、智能的服务。权威的 IT 研究与顾问咨询公司 Gartner 在 2019 年关于十大战略科技发展趋势的报告中将数字孪生作为重要技术之一，其对数字孪生的描述为：数字孪生是现实世界实体或系统的数字化体现。

数字孪生最初的概念模型如图 2-44 所示。

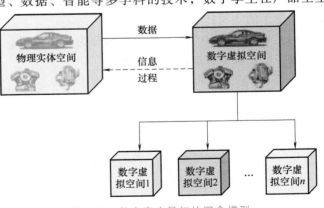

图 2-44　数字孪生最初的概念模型

面向工业领域的数字孪生包括以下 3 个要素：

1）物理实体空间：包括生产单位、生产系统、生产设备、环境、人等在内的真实物理工厂要素。

2）数字虚拟空间：包括虚拟模型、算法、仿真等数字信息在内的虚拟数字工厂，这些要素用于针对工厂生产过程的优化和模拟。

3）真实物理实体空间（实体物理工厂）和数字虚拟空间（虚拟数字工厂）之间的双向互联关系。基于数字孪生的对工厂生产和操作过程的模拟和优化方法与传统的方法具有显著的差异。传统的方法主要依赖于相对可靠的专家经验知识，相比之下基于数字孪生的方法在实体物理工厂和虚拟数字工厂之间建立了一种双向交互关系。虚拟数字工厂可以通过不间断地收集实体物理工厂生产线的在线数据，并利用历史和实时的数据寻求优化，不断提供最有效的诊断和反馈，最终实现实体物理工厂的生产控制优化。

数字孪生示意图如图 2-45 所示。

大多流程型工业在我国国民经济中占有重要地位。但是流程型工业生产流程长、工序间强耦合、生产条件极端、内部物理变化和化学反应复杂等特性，使得其生产过程建模、运行

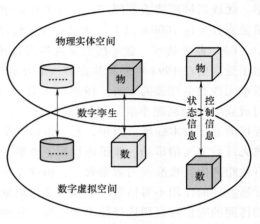

图 2-45　数字孪生示意图

控制和操作优化等极其困难，进而影响生产质量和效益的提高。近年来，工业场景下数字孪生的蓬勃发展为钢铁行业转型升级提供了新思路。数字孪生技术能够将物理世界中的实体设备与信息世界中的虚拟设备融合交互在一起，虚拟设备可以实时呈现实体设备的生产情况，实现生产过程的精准控制和实时在线监测、物质流和能量流的协同调度优化、产品与设备的全生命周期管理等功能，从而保障生产全流程的高效、安全和稳定运行，提高钢铁冶金企业的产品质量，助力企业节能减排，促进钢铁冶金企业向绿色化、智能化转型升级。

1. 数字孪生的关键技术

从数字孪生概念模型和数字孪生系统可以看出，建模、仿真和基于数据融合的数字线程是数字孪生的 3 项核心技术。

（1）建模　数字孪生的模型发展分为 4 个阶段，如图 2-46 所示。这种划分代表了工业界对数字孪生模型发展的普遍认识。

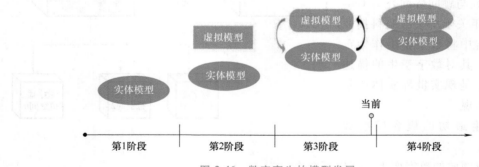

图 2-46　数字孪生的模型发展

第 1 阶段是实体模型阶段，没有虚拟模型与之对应。NASA（美国航空航天局）在太空飞船飞行过程中会在地面构建太空飞船的孪生实体模型。

第 2 阶段是实体模型有与之对应的、部分实现的虚拟模型，但它们之间不存在数据通

信。其实这个阶段不能称为数字孪生的阶段，一般准确的说法是实物的数字模型。此外，虽然有虚拟模型，但这个虚拟模型反映的可能是来源于它的所有实体，例如设计成果的二维或三维模型，同样使用数字形式反映了实体模型，但是两者之间并不是个体对应的。

第 3 阶段是在实体模型生命周期里，存在与之对应的虚拟模型，但虚拟模型是部分实现的。虚拟模型就像是实体模型的影子，也可称为数字影子模型。在虚拟模型和实体模型间可以进行有限的双向数据通信，即实体状态数据采集和虚拟模型信息反馈。当前数字孪生的建模技术能够较好地满足这个阶段的要求。

第 4 阶段是完整数字孪生阶段，即实体模型和虚拟模型完全一一对应。虚拟模型完整表达了实体模型，并且两者之间实现了融合，实现了虚拟模型和实体模型间自我认知和自我处置，相互之间的状态能够实时、保真地保持同步。值得注意的是，有时候可以先有虚拟模型，再有实体模型，这也是数字孪生技术应用的高级阶段。

一个物理实体并非仅对应一个数字孪生体，可能需要多个数字孪生体，它们从不同侧面或视角描述该物理实体。人们很容易认为，一个物理实体对应一个数字孪生体。恰恰因为人们需要认识实体所处的不同阶段，不同环境中的不同物理过程，显然难以用一个数字孪生体描述。如一台机床在加工时的振动变形情况、热变形情况、刀具与工件相互作用的情况等，这些情况自然需要不同的数字孪生体进行描述。

不同的建模者从某一个特定视角描述同一个物理实体的不同数字孪生模型似乎应该是一样的，但实际上可能有很大差异。差异不仅是模型的表达形式，而且是数字孪生数据的粒度，例如在智能机床中，通常人们通过传感器实时获得加工尺寸、切削力、振动、关键部位温度等方面的数据，以此反映加工质量和机床运行状态。不同的建模者对数据的取舍肯定不一样。一般而言，细粒度数据有利于人们更深刻地认识物理实体及其运行过程。

（2）仿真 从技术角度看，建模和仿真是一对伴生体：如果说建模是模型化人们对物理世界或问题的理解，那么仿真就是验证和确认这种理解的正确性和有效性。所以，数字化模型的仿真技术是创建和运行数字孪生体，保证数字孪生体与对应物理实体实现有效闭环的核心技术。仿真是以将包含了确定性规律和完整机理的模型转化成软件的方式来模拟物理世界的一种技术。模型只要正确，并拥有了完整的输入信息和环境数据，就可以基本正确地反映物理世界的特性和参数。

仿真兴起于工业领域，作为必不可少的技术，已经被世界上众多企业广泛应用到工业各个领域中，是推动工业技术快速发展的核心技术，也是工业 3.0 时代最重要的技术之一，在产品优化和创新活动中扮演不可或缺的角色。近年来，随着工业 4.0、智能制造等新一轮工业革命技术的兴起，新技术与传统制造的结合催生了大量新型应用。工程仿真软件也开始与这些先进技术相结合，在研发设计、生产制造、试验、运维等各环节发挥更重要的作用。

仿真技术的发展，使得它被越来越多的领域所采纳，逐渐发展出更多类型的仿真技术和软件。

在与数字孪生紧密相关的工业制造场景中，涉及的仿真技术如下。

1）产品仿真：系统仿真、多体仿真、物理场仿真、虚拟实验等。

2）制造仿真：工艺仿真、装配仿真、数控加工仿真等。

3）生产仿真：离散制造工厂仿真、流程制造仿真等。

数字孪生相关仿真如图 2-47 所示。

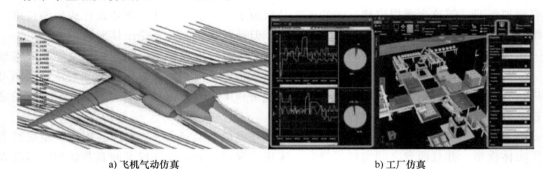

a) 飞机气动仿真　　　　　　　　　　　　b) 工厂仿真

图 2-47　数字孪生相关仿真

（3）数字线程　一个与数字孪生紧密联系在一起的概念是数字线程（Digital Thread）。CIMdata 推荐的定义：数字线程指一种信息交互的框架，能够打通原来多个竖井式的业务视角，连通设备全生命周期数据（也就是其数字孪生模型）的互联数据流和集成视图。数字线程是通过强大的端到端的互联系统模型和基于模型的系统工程流程来支撑和支持的，其示意图如图 2-48 所示。

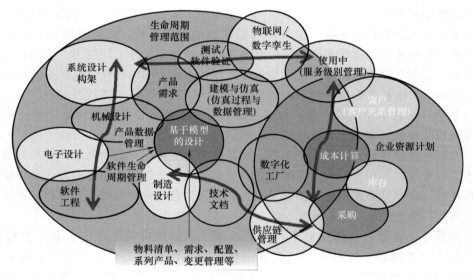

图 2-48　数字线程的示意图

数字线程是与某个或某类物理实体对应的若干数字孪生体之间的沟通桥梁，这些数字孪生体反映了这个或这类物理实体不同侧面的模型视图。数字线程和数字孪生体之间的关系如图 2-49 所示。

从图 2-49 可以看出，能够实现多视图模型数据融合的机制或引擎是数字线程技术的核心，因此在数字孪生的概念模型中，将数字线程表示为模型数据融合引擎和一系列数字孪生体的结合。数字孪生环境下（即数字孪生域内），实现数字线程有如下需求：

1）能区分类型和实例。

2）支持需求及其分配、追踪、验证和确认。

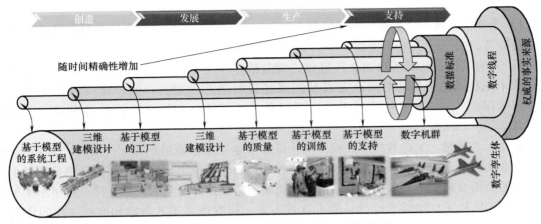

图 2-49　数字线程与数字孪生体之间的关系

3）支持系统跨时间尺度各模型视图间的实际状态记录、关联和追踪。

4）支持系统跨时间尺度模型间的关联。

5）记录各种属性及其随时间和不同的视图的变化。

6）记录作用于系统以及由系统完成的过程或动作。

7）记录使能系统的用途和属性。

8）记录与系统及其使能系统相关的文档和信息。

数字线程必须在全生命周期中使用某种"共同语言"才能交互。例如，在概念设计阶段，就有必要由产品工程师与制造工程师共同创建能够共享的动态数字模型。据此模型生成加工制造和质量检验等生产过程所需要的可视化工艺、数控程序、验收规范等，不断优化产品和过程，并保持实时同步更新。数字线程能有效地评估系统在其生命周期中的当前和未来能力，在产品开发之前，通过仿真的方法及早发现系统性能缺陷，优化产品的可操作性、可制造性、质量控制，以及在整个生命周期中应用模型实现可预测维护。

2. 数字孪生技术在钢铁生产中的应用

虚拟空间的数字孪生系统是 CPS 的核心。对材料加工、冶金质量控制来说，数字孪生是关键技术。在材料技术研究中，数字孪生就是描述操作量（工艺）、材料成分设计与控制目标（材料的组织与性能、材料的外形尺寸与表面质量，以及一些用数字化数据表达的状态量等）之间关系的一套高保真度预测模型，用于预测在既定工艺和成分设计条件下，控制目标（或控制对象）的高保真虚拟影像。或者说，数字孪生就是安装在物理系统上的超级"显微镜""电镜""摄像机""性能测试机"，即具有精准"原位分析能力"的"仪器"。

只有能够以足够的精度给出描述材料成分、生产工艺与产品组织、性能、外形尺寸、表面质量、状态量等控制目标量之间的关系，对材料制备、加工过程的可靠、精确控制才成为可能。

数字孪生应当满足如下 3 项关键要求。

1）保真度：对数字孪生来讲，最重要的是数字孪生的保真度，即数字孪生要无限接近于真实。而且，在物理世界随着环境等因素发生变化时，它能够随着这些变化进行自我调整，始终跟随物理世界的变化而变化。因此，人工智能和大数据是建立数字孪生的重要条件。

2）全局性：利用大数据的相关性和全局性，将全局过程解耦，保证全局的优化和总体性能的提高。

3）高响应性：轧制等快速生产过程，对其数字孪生提出了高响应性的要求，必须保证在数十毫秒或百毫秒的时间内完成对轧制过程的动态设定。因此，优质的数字孪生系统必须采用新一代通信和网络技术，达到极高的运算速度和网络连接的低时延，实现高响应性。

融合工艺机制、生产数据和经验知识，以数字孪生技术破解钢铁生产过程"黑箱"、构建高保真度的全流程数字孪生系统、实现过程的透明化和模型化描述，不仅是满足认知生产过程、提高模型精度的需求，也是新控制功能实施、新产品开发的重要支撑。数字孪生可以在虚拟的三维数字空间对产线设备提出改进方案，修改产品工艺参数和改变工序间协调关系，并将修改结果在数字空间中的虚拟生产线上实施，先通过模型计算获得优化的策略，再通过指令反馈到物理空间的实体上执行控制。

数字孪生还可以通过采集现场仪表、设备、工艺等数据，基于数据驱动算法推测出一些原本无法直接测量的指标，实现对过去发生问题的诊断，对当前状态的评估，以及对未来趋势的预测，并给出分析的结果，提供更全面的决策支持。同时，虚拟生产线可基于其几何、行为及规则模型，对生产计划进行仿真、评估和分析，及时发现生产中的潜在问题。虚拟生产线将仿真分析的结果反馈到生产计划系统中，基于孪生数据中的历史数据、实时数据及仿真数据等要素对计划做出修改，如此反复迭代，直到得到相应评估指标下最优的生产计划。

如此看来，数字孪生可以在新材料开发和已有材料优化方面，发挥巨大作用。在新工艺、新装备、新钢材品种的发现和设计方面，例如：在开发前期设计阶段和修改、调试阶段，以质量、产量、成本、消耗、效率等因素为目标的钢材最优成分设计、最优工艺制定以及实时优化控制、钢材缺陷的治理与消除、能源与物流、设备的管理和运行优化等。

为了建立以数字孪生为核心的信息物理系统，人们继续发展跨越微观、介观、宏观的计算材料学理论与技术，并引入一些智能化算法，以期提高计算效率和适用性。但是，随着数据科学和大数据计算的发展，将大数据和机器学习等智能技术相结合的智能化方法，适用于不同尺度范围、不同复杂度结构体系、各种不同边界条件，并且可以得到无限接近于真实的保真度以及自学习、自适应、自组织的自治能力，从而大幅度加快材料创新的进度，降低材料创新的成本。所以，大数据与机器学习、深度学习等智能化方法相结合的数据科学迅速崛起，并在企业基础设施建设中发挥主导作用。

3. 数字孪生的建模和应用

长期以来，人们一直基于基本理论的研究，利用仿真计算的方法来进行材料组织、性能演变的高精度预测。这类模型是理论驱动的，例如 ICME（集成计算材料工程）。这种理论驱动的模型即使采用大量的假定，并以人工智能和大数据进行模型的修正，也难以克服实际生产中"大块"材料面对的复杂工况与复杂边界条件所带来的困难，难以抑制计算量、运算时间、实验成本的飙升，因而几乎不可能达到令人满意的高保真度。

在数据科学和信息技术蓬勃发展的今天，人们有更好的条件，采用机器学习、大数据等智能化、数字化技术，来处理海量信息，快速、低成本地寻找材料成分、工艺与组织、性能、服役能力等之间的"保真"的关系，开辟材料研究发展的新方向。这就是极力提倡的数据驱动的智能化模型。它利用数据科学的发展成果，将大数据与机器学习等智能化技术结合起来，建立高效率、低成本、高保真、先进的模型。

例如，对热轧过程尝试采用上面两种方法来建立数字孪生。

第一种方法是理论驱动的物理冶金学模型。根据企业实际热轧生产线具体设备情况，建立了热轧及连续冷却过程中显微组织性能演变和材料成分及工艺条件的关系模型，并采用工业大数据和智能算法对模型中的参数进行优化，实现具有一定保真度的物理冶金学模型的开发。

第二种方法是大数据驱动的深度学习开发智能化热轧工艺优化设计系统。基于工业大数据挖掘技术、高精度力学性能在线智能预测技术和热轧工艺智能优化设计技术，针对热连轧等生产线开发基于大数据的智能化热轧工艺优化设计系统。

由于高炉等生产过程的机制模型十分复杂，而透气性、炉热、渣皮厚度等状态变量在机制模型中尚未得到很好描述，所以必须采用大数据与深度学习等方法结合起来的第二种方法，直接建立高保真度的人工智能模型。这种方法在智能高炉实际应用中已经取得很好的效果。

4. 数字孪生在石油石化行业中的融合发展

在石油石化行业，数字孪生已经得到一定的应用，典型应用如图 2-50 所示。

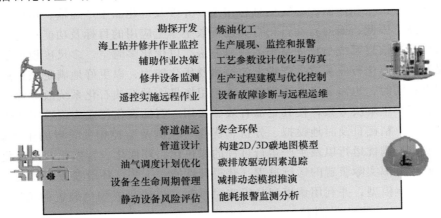

图 2-50　数字孪生在石油石化行业中的典型应用

（1）勘探开发　针对海上钻井平台结构复杂、设备布置密集、工作环境恶劣等特点，构建了海上钻井平台五维数字孪生系统，包括：物理钻井平台、虚拟平台、孪生数据、海洋平台运维服务和各子系统之间的连接。为保障海洋无隔水管修井作业安全，构建了修井数字孪生系统，包括：修井系统物理实体、虚拟实体、虚实数据交互、人工智能数据分析、作业决策服务。美国 Texaco 公司在休斯敦建成了世界首个油气工业专用的虚拟现实中心，在实时的"海底作业环境"中，人员可通过遥控设备实现远程作业，该技术已得到广泛应用。

（2）炼油化工　利用数字化交付成果的三维展示，实现了对生产情况的展现、监控和报警。通过将数万平方千米产油区内的井、站、管道、储油库或炼化装置设备等在三维平台上复现，实现了由点到线到面再到三维立体的抽象展示。在原料组成优化、工艺参数设计优化与仿真、生产过程建模与优化控制、设备故障诊断与远程运维等方面，探索了数字孪生的应用场景。例如，针对合成纤维纺丝车间，提出构建包括物理车间、数字孪生车间、信息系统和孪生数据的数字孪生体。当出现难度较大或紧急的问题时，工程师可远程处理。通过数据分析，可以提前维护设备，最大限度延长设备的使用寿命。

（3）管道储运　研究了数字孪生体在管道设计、调度优化、设备运维、管道全生命周期管理等场景中应用的可行性，并通过多物理集成模型仿真分析、虚实交互反馈、决策迭代优化等手段，提升了技术和管理水平。在孪生数据的支撑下，通过实体管道、虚拟管道、管道服务系统实时交互，对油气调运任务的内容、计划、实施过程等进行持续优化。通过对设计、运行、环境参数和监测信息等多元异构数据的整合，实现了压气站场静动设备风险评估的自主化、检维修措施制定的自动化和状态趋势监测的实时化。

（4）安全环保　在"碳达峰、碳中和"战略背景下，数字孪生技术有望提升石油石化企业的安全环保水平。基于数字孪生技术建立二维或三维可视化碳地图模型，构建排放驱动因素追踪、减排动态模拟推演、能耗报警检测分析等能力，建立清晰的碳排放监测、管控、规划和策略实施路径。通过全过程数字链条的构建及数字画像，把碳减排与企业核心业务密切结合，实现规划和行动的精准匹配，推动低碳转型和技术创新，为制定措施以开展减排行动规划的修改和优化提供直接参考。

5. 面向石油石化行业的数字孪生建设

（1）目标及功能　与其他行业相比，石油石化行业具有装置复杂、生产连续、高温高压等特点，同时，由于和国家能源安全息息相关，并涉及危化品生产运输，所以在安全可靠等方面要求较高。因此，面向石油石化行业进行数字孪生应用的目标及功能，与其他行业有所区别。需要改进信息系统与物理系统的融合方法，以优化多时空、多尺度模型下的参数求解性能，提升石油石化行业关键生产指标的预测及优化能力，以更好地满足该行业实现高质量发展的需求；同时，也需要进一步完善关键应用场景中的石油石化系统故障诊断、工艺参数优化等的数字孪生解决方案，使其更加有效、实用。石油石化行业应用数字孪生技术的主要建设目标包括：精确且及时地模拟、分析、优化、预测及监控相关装置的生产运行过程，实现装置的安稳长满优运行以及生产运行过程的绿色化、环保化、智能化、低碳化。具体地说，首先，通过模拟实际装置的运行过程，获得其性能、工艺、环境参数；其次，基于历史参数构建数字孪生模型，并利用该模型分析实时参数，以优化或预测装置的关键工艺指标；最后，通过从物理空间映射到数字空间的实时监控，对生产运行过程进行高效的展示以及必要的调整。

（2）系统架构　数字孪生系统架构包括物理层、感知层、数据层、模型层、应用层，如图 2-51 所示。物理层是石油石化生产环境中涵盖的物理实体，包含各种石油石化装置，静动设备，中间产品和最终产品，管理、技术、操作人员等。其上是感知层，负责实时采集和传输物理层在生产运

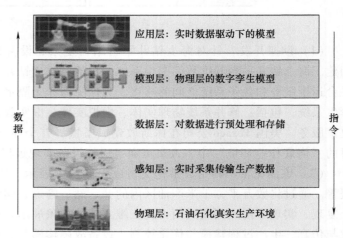

图 2-51　数字孪生系统架构

行过程中产生的各类多源数据，包括传感器、数据通信协议、物联网等。数据层对数据进行预处理并存储，以解决数据质量参差不齐的问题。数据类型包括实时数据和存档数据，其中，实时数据进行预处理后存储至相应数据库中，成为存档数据。模型层是物理层的虚拟映射，利用存档数据，通过建模方法构建出物理层的数字孪生模型，其质量取决于对物理层的仿真程度，这直接关系到整个数字孪生系统的准确性。在实时数据的驱动下，应用层与物理层同步运行，并对物理层的生产过程进行精确且及时的分析、优化、预测与监控等。

（3）技术体系　和其他前沿技术一样，数字孪生的技术体系仍在持续进化中。综合该领域的理论和实践进展，数字孪生的技术体系涵盖物理感知、通信传输、存储管理、模型构建、可视交互、智能优化、预测决策等 7 个方面，如图 2-52 所示。

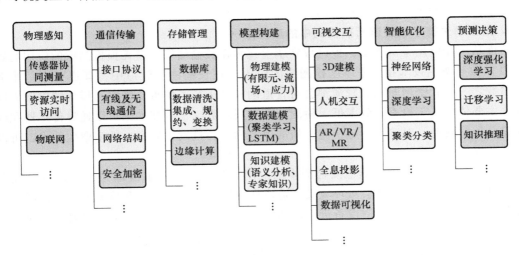

图 2-52　数字孪生的技术体系

其中，物理感知技术包括传感器协同测量、资源实时访问、物联网等。数字孪生与传感网络的核心区别之一是其高效、可靠、实时的通信传输，包括接口协议、有线及无线通信、网络结构、安全加密等技术。存储管理是对海量多维数据进行高效管理的过程，起着底层支撑的作用，主要有数据库，数据清洗、集成、规约、变换，边缘计算等技术。作为整个技术体系的核心，模型构建直接决定了最终应用的效果，常见方法有物理建模（有限元、流场、应力）、数据建模（聚类学习、长短期记忆网络（LSTM））、知识建模（语义分析、专家知识）以及多种方法融合的模式。可视交互是数字孪生系统的交互展示界面，包括 3D 建模、人机交互、AR（增强现实）/VR（虚拟现实）/MR（混合现实）、全息投影、数据可视化等技术。智能优化包括各种神经网络、深度学习、聚类分类等机器学习算法，目的是实现自主迭代优化。预测决策是数字孪生系统作用于物理实体的映射，这也是当前数字孪生技术体系的薄弱环节，包括深度强化学习、迁移学习、知识推理等人工智能算法。

6. 数字孪生技术与管道无损检测应用的结合

管道无损检测是安全运行的必不可少的环节，如何引入数字孪生技术减少运行安全风险，降低管道维护成本，需要分析数字孪生技术能够在哪些方面对目前传统的检测进行改进提升，并建立管道的数字孪生模型，发掘数字孪生技术与管道无损检测技术的结合点，在真正意义上打造数字管道、智慧管道。

数字孪生技术应用于管道无损检测中的关键技术主要体现在以下 3 个方面。

（1）数据融合和预处理　数字孪生技术可以对管道的实际情况进行数字化处理，并对管道的设计参数数据、各类传感器数据、视频图像数据等进行融合和预处理。通过对管道的数字化处理，可以准确记录管道的几何形态和物理特性，生成管道运行的参数库。

（2）缺陷检测与定位　基于建立的合适的数学模型，数字孪生技术将管道运行数字信息与已知的管道缺陷、异常等数据进行比对和分析，可以准确地检测管道的缺陷并定位其位置、尺寸和形态，减少管道发生事故的风险。

（3）安全评估与预测　数字孪生技术可以对管道的安全性进行评估和预测，对不同工况下的管道运行安全性进行模拟，预测管道未来发生事故的可能性和风险程度，从而及时采取措施进行修复和维护，提高管道的安全性和可靠性。

7. 数字孪生技术在管道无损检测中的应用案例

下面从实际应用案例出发，探讨数字孪生技术在长输油气管道无损检测中的应用场景。

（1）数字孪生技术在管壁厚度检测中的应用　在长输油气管道中，管道壁厚是非常关键的参数之一。管壁增厚或者减薄都会对管道的安全运行产生重要影响。传统的管壁厚度检测方法主要依靠人工检查，效率低、检测精度有限。数字孪生技术则可以通过传感器在线布局和建立数学模型，对壁厚实施快速、精准地监测。一旦发现异常，数字孪生技术就可以及时报警并提供管道维修建议。

（2）数字孪生技术在管道泄漏检测中的应用　长输油气管道泄漏是管道运行过程中的一大隐患，一旦发生泄漏就会对环境安全造成严重破坏。传统的泄漏检测方法往往需要人员长时间巡检或运用成本高昂的设备进行监测。数字孪生技术可以在管道建模时预设泄漏判定规律，通过实时采集管道的压力流量等数据进行泄漏监测。一旦发生泄漏情况，数字孪生技术可以通过数学模型反推演出泄漏口的位置、泄漏量等关键信息，从而实现准确的泄漏监测。

（3）数字孪生技术在管道腐蚀检测中的应用　长输油气管道的腐蚀问题一直是影响管道安全运行的重要问题。传统的管道腐蚀检测方法主要是人工巡检或通过放射性同位素检测腐蚀程度，这些方法不仅效率低、检测精度有限，而且放射性物质的存储和使用还存在较大的安全隐患。数字孪生技术可以利用数学模型来建立管道的腐蚀规律，通过实时的数据采集和处理，准确预测管道腐蚀程度并提供修复建议。

长输油气管道无损检测中数字孪生技术应用流程如图 2-53 所示。

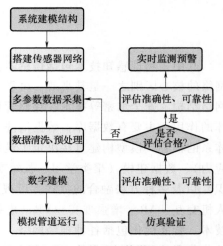

图 2-53　长输油气管道无损检测中数字孪生技术应用流程

2.4.6　人工智能技术

人工智能的概念提出于 20 世纪 50 年代，是指让机器像人那样认知、思考和学习的理论、方法、技术及应用系统。由于基础技术和工程化技术发展相对缓慢，人工智能技术诞生后的几十年里一直没有引发根本性产业变革。直到近年来，由于基础算法的重大突破、计算能力的极大提高和互联网所引发的真正大数据，人工智能技术实现战略突破，进入了"新一代人工智能"时代。

1. 大数据智能

（1）发展概述　大数据智能是指通过人工智能手段对大数据进行深入分析，以探究其中隐含的模式和规律的智能形式。它从大数据中提取知识，进而从大数据中得到决策的理论方法和支撑技术。大数据智能是行业大数据和人工智能技术融合的产物。

从数据量的维度来看，传统人工智能方法都是基于小数据的，即算法仅能针对一定量的数据进行建模与分析，过多的数据量反而会导致建模效果下降。随着互联网、传感网、大数据的交叉融合与快速发展，前所未有的海量数据呈现在人们面前，而机器学习算法的演进使系统具备了从海量数据中学习的能力。人工智能 2.0 时代的突出特点就是能够从大数据出发，提供从文本、图像和视频等数据中学习规则、关系和知识的能力，洞悉海量数据中隐含的规律和模式，助力决策者做出精准判断。大数据智能方法如图 2-54 所示。

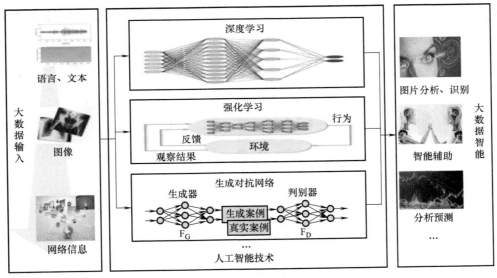

图 2-54　大数据智能方法

目前，大数据智能技术仍然处于快速发展的阶段。近年来大数据智能技术的研究与应用发展在我国受到了广泛关注，相关产品研发、行业应用不断取得新成就，大数据智能技术发展形势整体向好。与以美国为代表的技术强国相比，我国依靠巨大的数据红利与应用需求在多个行业领域深度渗透、广泛普及，但在关键基础技术的研究中，与它们仍有一定差距。相信随着我国学者的不断努力，与美国等技术强国的差距必将逐步缩小。

（2）关键技术　以深度学习为代表的前沿机器学习算法是大数据智能的核心技术。随着技术的不断发展，大数据智能逐步形成了"一主两从"的技术脉络，如图 2-55 所示，分别是：以深度学习为核心主线的算法技术，以迁移学习和强化学习为代表的新型学习方式，以生成对抗网络为代表的新型功能技术。深度学习作为核心主线，能够与其他几类新老机器学习技术融合产生新的作用，发挥对海量数据的挖掘利用能力。

1）深度学习。深度学习（Deep Learning，DL）是机器学习的分支，是一种以人工神经网络为架构，对数据进行表征学习的算法。其通过人为构建一个复杂的多层计算网络，再结

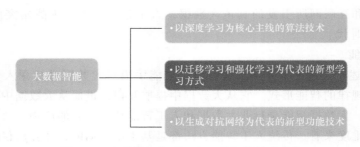

图 2-55 大数据智能"一主两从"的技术脉络

合尽可能多的训练数据和超强的计算能力，不断调节网络中成百上千个参数，来尽可能逼近问题目标，如图 2-56 所示。目前已有数种深度学习算法框架，如深度神经网络、卷积神经网络、深度置信网络和循环神经网络，已被应用在计算机视觉、语音识别、自然语言处理、音频识别与生物信息学等领域，并取得了极好的效果。硬件的进步也是深度学习重新获得重大发展的基础，高性能图形处理器的出现使得机器学习算法的运行时间得到了显著的缩短。

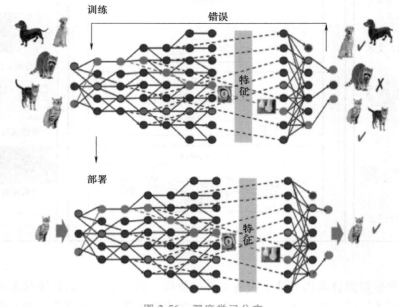

图 2-56 深度学习分支

近年来，深度学习技术在数据预测、图像识别、文档处理等领域取得显著进展。例如：在交通领域，基于大量交通数据开发的大数据智能应用可以实现对整体交通网络进行智能控制；在新零售领域，通过深度学习的大数据智能，提升人脸识别的准确率并实现了"刷脸支付"；在健康领域，通过大数据和深度学习相结合，能提供医疗影像分析、辅助诊疗、医疗机器人等更便捷、更智能的医疗服务。

2）迁移学习。迁移学习（Transfer Learning，TL）是机器学习中的重点研究领域，着重于将解决一个问题时获得的知识应用于另一个不同但相关的问题。例如，将识别轿车时获得的知识运用于识别卡车。具体而言，迁移学习通常先在一个基础数据集和基础任务上训练一个基础模型（如轿车识别），然后将模型迁移到第二个目标任务（如卡车识别）中并微调参数，降低模型开发的工作量。总体来看，迁移学习基本分为 4 类：基于实例的深度迁移学习，基于映射的深度迁移学习，基于网络的深度迁移学习和基于对抗的深度迁移学习。不同的方法适用于不同特点的数据类型和问题。

迁移学习已有一定的实践成果，例如：百度"凤巢"广告营销系统利用迁移学习将搜索算法应用到问答社区"百度知道"，使后者点击率提升了 40%；腾讯通过迁移学习将大规模在线电商推荐任务知识经验迁移到新领域，大大减少了数据需求量；微软也利用迁移学习分析了电商产品的舆情取向。可以说，两个不同领域共享的因素越多，迁移学习就越容易。

迁移学习方法如图 2-57 所示。

3）强化学习。强化学习（Reinforcement Learning，RL）是机器学习中的一个领域，强调如何基于环境行动，以取得最大化的预期利益。强化学习的基本思想是通过试错与环境交互获得策略的改进，从而实现预期目标。强化学习与深度学习最大的不同就是前者不需要大量"数据喂养"，而是通过自学习和在线学习，也正是这些特点使其成为大数据智能与机器学习研究的一个重要分支。

强化学习方法如图 2-58 所示。

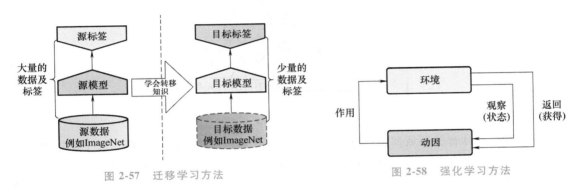

图 2-57　迁移学习方法　　　　　　　　图 2-58　强化学习方法

4）生成对抗网络。生成对抗网络（Generative Adversarial Network，GAN）是一种深度学习模型，通过让两个神经网络相互对抗与博弈的方式进行学习。生成对抗网络由两个重要的部分构成：一是生成模型，通过机器生成数据，大部分情况下是图像，目的是欺骗判别器；二是判别模型，判断这张图像是真实的还是机器生成的，目的是找出生成器做的假数据。为了能在博弈中胜出，两个模型需不断提高自身的能力。

生成对抗网络常用于生成以假乱真的逼真图像、视频、数据、音乐等，此外该方法还可用于图像分辨率提升、缺失图像修复、图片风格迁移等，例如生成对抗网络普遍应用于黑白电影或照片上色，识别新的药物分子结构或筛选新合成材料的特性。

2. 跨媒体智能

（1）发展概述　跨媒体智能是指通过视听感知、机器学习和语言计算等理论和方法，构建出实体世界的统一语义表达，通过跨媒体分析和推理把数据转换为智能，从而成为各类信息系统实现智能化的使能器。

大脑通过视觉、听觉、语言等感知通道获得对世界的统一感知，这是人类智能的源头。随着多媒体和网络技术的迅猛发展，除了结构化的数据以外，海量的非结构化数据如图像、视频、文本等快速增长，占到 90% 以上的比例。跨媒体智能就是要借鉴生物感知背后的信号及信息表达和处理机制，对外部世界蕴含的复杂结构进行高效表达和理解，从视觉、听觉、语言等感知通道把外部世界转换为内部模型的过程出发，实现智能感知、识别、分析、检索和推理等，同时构造模拟和超越生物感知的智能芯片和系统。跨媒体智能如图 2-59 所示。

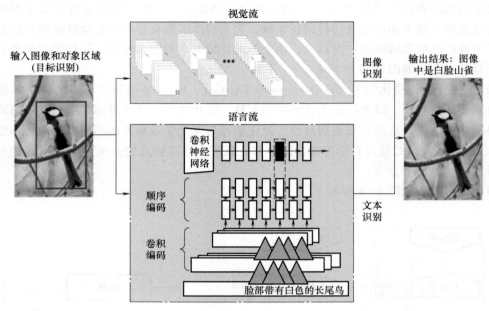

图 2-59　跨媒体智能

我国在跨媒体智能领域拥有良好的发展基础，计算机视觉、语音识别、基于视觉和语音的生物特征识别等单一媒体的分类识别及部分多媒体类技术研究处于世界领先水平，在智能医疗、公共服务、网络安全、智能城市等领域，形成了智能诊断、身份识别、行人追踪、嫌犯排查等一系列基础应用场景。但我国在知识图谱与知识工程，尤其是类脑芯片和硬件支持等方面尚存短板，它们是下一阶段的发展重点。

（2）关键技术　在人工智能 2.0 时代，跨媒体智能面临语义鸿沟和异构鸿沟的问题，需要结合感知计算与知识驱动：通过感知计算的方法，挖掘生物信号、感知信息潜在的模式与规律；通过知识驱动的跨媒体协同推理，降低跨媒体认知决策的不确定性。所以，跨媒体智能包含两大技术方向：一是基于单一媒体与多媒体类别的分析、显示及应用，以计算机视觉、语音识别、AR/VR（增强现实/虚拟现实）为代表的感知与显示技术性能得到了极大的提升与应用；二是以知识图谱为代表的知识工程快速发展，正尝试建立完备的常识库与常识推理引擎，为建立物理实体世界的统一语义表达不断奠定基础。

1）计算机视觉。计算机视觉的目标是让计算机拥有类似人类提取、处理、理解和分析图像以及视频的能力，主要包括图像分类、目标检测、图像生成、视频分类、场景文字识别、图像语义分割等细分技术领域。得益于深度学习强大的建模分析能力，计算机视觉各细分技术领域的底层技术边界逐渐模糊，应用效果得到了极大提升，比如当前人脸识别的准确率已超过 98%，早已超越人类能力，基本达到了机器的极限水平。

目前，计算机视觉是人工智能体系中应用最为成熟、广泛的技术，已在人脸识别、智能安防、工业检测等场景得到广泛应用，未来还将助力无人驾驶、智能医疗、AR/VR 等应用加速落地。

2）语音识别。语音识别的目标是将语音信号转变为文本字符或者命令，利用计算机理解讲话人的语义内容，使其"听懂"人类的语音，包括语音识别、语音合成、机器翻译、对话系统、唇语识别等细分技术领域。具体来说，语音识别、语音合成和机器翻译都取得了极大的进步，比如中文识别的准确率已达到 98%，超过了人类水平；对话系统目前只能基于深度学习实现浅层的理解；唇语识别等需要与视觉结合的技术，与讲话人的语速、是否标准等密切相关，目前准确率基本在 60%~80%，尚不能商业化使用。

随着算法技术的不断突破，语音识别已经应用于语音识别听写器、语音寻呼和答疑平台、自主广告平台、智能客服等领域。虽然短期内无法实现像人一样的语音识别系统，但是未来 5~10 年内必然会有更多功能更强大的语音识别产品出现，改变人们的生活。

3）AR/VR。AR/VR 是借助各种计算机技术为用户提供关于视觉等感官模拟功能的技术，可以满足用户在身临其境等方面的体验需求，进而促进信息消费扩大升级与传统行业的创新融合。其中 AR 是增强现实技术，即将现实世界与虚拟世界相互结合的技术，呈现的场景有真有假，更强调虚拟信息与现实环境的"无缝"融合；VR 是虚拟现实技术，呈现完全虚拟的场景，它相比于 AR 更注重封闭的沉浸感，画质要求更高。VR 与 AR 的关键技术大致相同，主要有近眼显示感知交互、渲染处理、网络传输和内容制作等。将 AR/VR 与语音、视觉识别等技术结合，能够使 AR/VR 生成的虚拟对象更具真实性，有效提升应用性能与产品体验。

当前，基于 AR/VR 的人工智能应用正在加速向生产与生活领域渗透。例如：在工业领域，通过引入 AR 技术，可实时指导操作工人进行设备的维修、检查、校准测量、现场加工、调试等作业，提高效率、降低成本；在医疗领域，一种名为"AI+VR 精神疾病检测盒"的产品可以助诊抑郁症，普通人无须去医院即可就诊；在教育领域，美国一所学校利用人工智能+VR 技术打造沉浸式立体化学习体验，帮助学生快速学习外语。

4）知识图谱。知识图谱以结构化的形式描述客观世界中概念、实体及其关系，本质上是一种语义网。例如，在一个社交网络图谱中可以有不同的人与公司，人和人之间的关系既可以是"朋友"，也可以是"同事"，人和公司之间则可以是"现任职"或者"曾任职"的关系。实际应用过程中，通过将数据从数据库、网页等不同渠道抽取出来，确定不同对象间的关系，构建形成图谱，存储到计算机中，最后根据定义的问题对图谱进行检索或推理。知识图谱如图 2-60 所示。

知识图谱分为两类：一类是通用的大规模知识图谱，注重广度，通常基于公开的数据汇集常识性知识，比如谷歌知识图谱已经包含了千亿对象，能够提供非常便捷的搜索；另一类是面向具体行业或领域的知识图谱，需要依靠特定行业如金融、电信、制造业等行业的数据来构建，主要用于商业智能和智能服务等场景。例如，美团通过构建大规模的餐饮娱乐知识图谱——"美团大脑"，充分挖掘客户喜好，实现智能搜索推荐、智能商户运营等。

3. 群体智能

（1）发展概述　群体智能是一种共享的或者群体的智能，它是由一组自由个体遵循简单行为规则、通过个体间的局部通信以及个体与环境间的交互作用涌现出来的集体智能。行为的自组织特性是对现实世界中的群居性生物或人工群体所呈现出的有序群行为的抽象。面

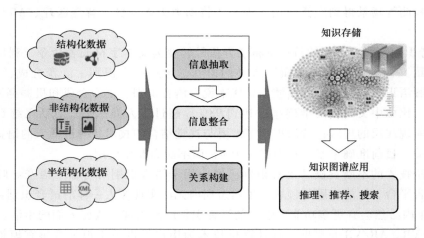

图 2-60   知识图谱

对开放环境群体智能源于人们对自然界中存在的群体行为的研究，如大雁在飞行时自动排成"人"字形，蝙蝠在洞穴中快速飞行却可以互不碰撞等。群体中的每个个体都遵守一定的行为准则，当它们按照这些准则相互作用时就会表现出上述复杂行为。基于这一思想，Craig Reynolds 在 1986 年提出一个仿真生物群体行为的模型——BOID。1999 年，E. Bonabeau 和 M. Dorigo 等人编写的一本专著《群体智能：从自然到人工系统》（*Swarm Intelligence：From Natural to Artificial Systems*）正式提出群体智能概念。早期学者专注于群体行为特征规律上的研究，并针对这些行为特征提出一系列具备群体智能特征的基础算法，如蚁群优化算法、粒子群优化算法等。在物联网、移动互联网的快速发展，新型算法、大数据的深层驱动下，人工智能不再是机器单纯模仿一个人的智能，而是基于网络连接起许多机器和人，成为群体智能，并将针对群体生物行为模型的研究转为针对人群、机群等智能的探索。

近年来，群体智能初步融入人们生产生活中，如智能制造机器人协同、无人机群体控制、智能家居、可移动智能穿戴设备等，但群体智能相关理论、技术、平台等方面的研究仍处于极为初级的阶段，世界各国均在积极进行技术方向的探索与突破。相信未来随着技术的不断发展与成熟，群体智能将会在智能交通、智能制造、城市安防、突发灾害抢险救援等方面有更加广泛的应用前景。

（2）关键技术   当前群体智能形成了三大技术路线：一是以群体智能感知计算为代表的新型数据信息收集方式，能够快速有效地扩展数据信息；二是以联邦学习为代表的安全数据共享方式，打破数据孤岛，保护用户数据的隐私；三是以众包计算为代表的聚众智慧研究方式，极大地提高了项目研发的创新能力，保障了数据预测能力的可靠性。

1）群体智能感知计算。群体智能感知计算是利用物联网、移动互联网、移动设备和群体智能等技术实现的一种新型获取数据信息的方式。其具体是在基于移动互联网的组织结构和大量用户群体的驱动下，以每个用户的移动设备为感知单元，实现对感知任务的分发和数据的收集。这种新型的数据感知获取方式相比于传统方式更适宜应对数据需求灵活度高、规模大的场景，且随着移动设备的普及，感知网络的规模扩大到一个新的高度，不仅可在群体感知中获得数据信息，还可通过社交网络等应用程序获知用户的上下文感知数据，如位置信息、健康数据、天气状况等。

近年来，基于群体智能感知计算：在公共安全和军事方面，提出利用移动感知实现高效目标追踪定位的方法；在人群管理方面，对人群行为和情感进行监测研究，用于商业客户分析。群体智能感知计算的优点是数据来源及其分布具有覆盖面广、随机性强的特点，可应对大规模数据需求问题；缺点是数据质量不齐和数据结构复杂多样给计算带来困难，用户的隐私安全问题也备受关注。群体智能感知计算如图 2-61 所示。

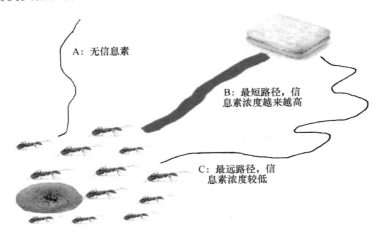

图 2-61　群体智能感知计算

2）联邦学习。用户数据泄露事件的频发引起了公众的恐慌，随即数据隐私安全受到国内外高度重视，同时商业机密性、竞争性导致无法进行数据共享，因此出现数据孤岛的问题。这两大问题给由大数据驱动的群体智能带来了极大挑战。为解决以上问题，2016 年谷歌提出联邦学习（Federated Learning）的概念，即对分布于多方设备的数据集，在确保数据隐私安全的情况下进行联合建模。联邦学习在保证用户数据的安全和隐私性，提高用户参与积极性的同时，为打破数据壁垒、解决数据孤岛问题提供了新方法，为数据隐私安全提供了保障，在大数据驱动的时代具有重大的意义。

目前，联邦学习对于群体智能的发展有重要的影响，在医疗、金融、通信、人工智能、机器学习、边缘计算等方面都有相关应用。

3）众包计算。众包计算是群体智能的重要分支领域和支撑技术，包括两方面：一是通过将基于互联网的群体充当计算的组成部分，完成包括数据收集、语义注释甚至分布式训练模型等在内的工作，帮助企业快速构建数据集与算法模型，速度更快、质量更高、保密性更强；二是基于互联网群体，通过人工智能技术对群体行为进行训练，以增强已有模型的性能。

众包计算已被应用于数据集构建、智能家居、自动驾驶等领域。例如，李飞飞的 ImageNet 就是利用众包计算方式迅速完成了 1400 多万幅图片的标注。在智能家居领域，通过对智能家居设备的指定唤醒词语音收集、数字串朗读等语音质量打分，系统根据反馈信息定时优化模型。在自动驾驶领域，通过成百万上千万车辆群体采集道路信息，反馈给数据平台实现地图的实时更新。

4. 混合增强智能

（1）发展概述　混合增强智能是指将人的作用或人的认知模型引入智能系统，在智能系统运行过程中，能通过人主动地介入、调整相应参数，或者直接具备像人脑一样的认知计算和推理能力，形成更强的智能形态。人类是机器智能的最终使用者，目前来看，任何机器智能都无法取代人类智能。

人类智能与机器智能的协同是贯穿始终的，人类对机器的干预同样贯穿于人工智能发展始终。在大数据智能不断取得重大进展的今天，即使能为智能系统提供充足的数据资源，也必须由人类对智能系统进行干预。将人的作用或认知模型引入智能系统中形成混合智能形态，将极大地增强机器智能，是人工智能发展可行而重要的成长模式。混合增强智能发展如图 2-62 所示。

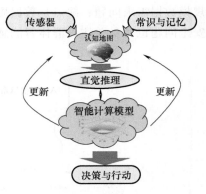

图 2-62　混合增强智能发展

早在 20 世纪 60 年代便有计算机科学家指出，人类的大脑将会与计算机等设备紧密耦合，并且将以当时无法描述和构想的形式进行思考和分析数据。然而受限于当时计算机硬件技术的发展，这些人机智能的融合方式都仅停留在论文的推导和证明中，并没有具体实现。在 20 世纪 70 年代，专家系统在医疗、经济学领域盛行，人与机器的智能混合初现端倪。然而，这类系统仅仅是人类推理知识的计算机表达形式，智能混合还显得比较浅显；人类始终扮演着推理的角色，计算机仅担任数据处理的职责。当前，随着人类对认知科学、信息科学与神经科学的不断探索，人类智能和机器智能的差异性和互补性不断凸显，通过人机交互、认知计算、平行控制与管理等关键技术，有望实现人类智能和机器智能的融合，完成复杂的感知和计算任务。

当前，混合增强智能仍处于早期的研究阶段，未来有望在智能学习、医疗与保健、人机共驾和云机器人等领域得到广泛应用，并将带来颠覆性变革。比如：在风险管理与决策中，基于混合增强智能形态创造一个动态的人机交互环境，将极大地提高现代企业的风险管理能力、价值创造能力和竞争优势；在教育领域，学生通过与混合增强智能系统的交互，形成一种新的智能学习方式，智能系统可以根据学生的知识结构、智力水平、知识掌握程度，对学生进行个性化教学和辅导。

（2）关键技术　当前，混合增强智能存在三大技术路径：一是以人机接口为代表的人机交互，将人的作用引入智能系统中，形成人在回路的混合智能范式；二是在智能系统中引入受生物启发的智能计算模型，构建基于认知计算的混合增强智能；三是通过建立与实际系统"等价"的人工系统来研究对复杂系统的控制与管理，即平行控制与管理技术。

1）人机交互。人机交互主要研究人和计算机之间的信息交换，是混合增强智能重要的支撑技术。传统人机之间的信息交换主要依靠交互设备，如键盘、鼠标、操纵杆等，以手工输入或语音交互的形式进行。新型人机交互技术中脑机接口最具代表性，即用意念控制机器。按电极所处的位置来划分，可以分为植入型脑机接口和非植入型脑机接口。植入型脑机接口需要通过手术将信号采集探针放入颅内，从而采集脑电信号。非植入型脑机接口是直接采集头皮脑电，其所带的电信号信息比植入型所采集到的脑电信号所带的信息量要少，分辨率也更低，但因为是无创性的，便捷性和安全性高。

脑机接口是多学科融合的新型人机交互技术，在医疗、军事、娱乐上都有重要的应用前景。在医疗领域，它能够帮助医生进行诊断，可以通过脑机接口系统实时监测病人状态，还可以帮助丧失行动能力的人正常生活。在军事领域，近年来美军陆续提出"感知操控""代理战士"等概念，人机结合的武器无疑是重点研究方向。在娱乐领域，脑控游戏将会是游戏界的下一次革命。

2）认知计算。认知计算是一种全新的计算模式与架构，相较于传统计算技术，它具有更加自然的人机交互能力、不完全依赖于计算机指令的自主学习能力、以数据为中心的新型计算模型等认知计算。它强调能够与人类更加自然地展开互动，而不是按照程序运行；它具有学习的能力并且能够越用越"聪明"。认知计算系统具备 4 个层次的能力：一是辅助能力，在认知计算系统的帮助下，人类的工作可以更加高效；二是理解能力，认知计算系统非凡的观察和理解能力可以帮助人类在纷繁的信息中发现内在的关联和涌现的趋势；三是决策能力，认知计算系统在有效数据分析的支持下帮助人类做出决策；四是发现和洞察的能力，认知计算系统帮助人类发现当今计算技术无法发现的新洞察、新机遇及新价值。

IBM 的沃森系统被认为是初步具备一定认知计算能力的典型代表，已经应用于医疗、金融和客户服务等领域。其以更加智能、精准的大数据分析能力，减少误诊，提升客户体验。

3）平行控制与管理。平行控制与管理系统是指基于 ACP（A 是人工系统，C 是计算实验，P 是平行执行）方法，以社会物理信息系统等复杂系统为对象，在对已有事实的认识的基础上，通过先进计算，借助人工系统对复杂系统进行"实验"，进而对其行为进行分析，实现虚实互动的、比现实系统更优的运行系统。也就是说，通过人为设计实验，建立一个与实际对象或系统"等价"的人工模型，并构建人工系统和实际系统组成的双闭环反馈，使两者协同发展，从而实现对已发生及可能发生的事件进行试验和计算，为真实复杂对象的管理与决策提供计算验证支持。近年来，基于 ACP 方法、平行控制与管理的研究成果，已在智能交通、企业管理、石化生产和农业生产等领域开展了一系列应用实践，证明了平行控制与管理方法对兼有工程复杂性和社会复杂性的系统行为分析和管控的有效性。

2.4.7　云计算与大数据分析技术

1. 云计算

（1）发展概述　云计算是一种通过网络，统一组织和灵活调用各种 ICT（信息与通信技术）信息资源，实现大规模计算的信息处理方式。云计算利用分布式计算和虚拟资源管理等技术，通过网络将分散的 ICT 资源（包括计算与存储、应用运行平台、软件等）集中起来形成共享的资源池，并以动态按需和可度量的方式向用户提供服务，就像用水、用电一样，用户可以使用各种形式的终端（如个人计算机、平板计算机、智能手机甚至智能电视等）通过网络获取 ICT 资源和服务。云计算演进过程如图 2-63 所示。

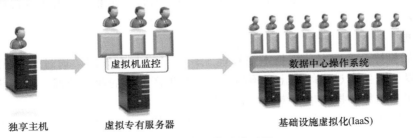

独享主机　　　虚拟专有服务器　　　基础设施虚拟化(IaaS)

图 2-63　云计算演进过程

随着发展，云计算的应用开始从互联网行业向政府、医疗、金融、交通、工业、物流等传统行业渗透。其中，政务云正在成为"数字城市"建设的关键基础设施；在政务云基础设施之上，结合大数据、物联网、人工智能等技术，为实现城市经济运行、城市综合管理、城市综合服务的精准数字化提供保障。医疗云可以实现系统间的互通互联，并从临床、管理、决策、服务等多个角度实现医院的智能化，从而达到"让医生诊断更准确、医院运转更高效、病人就医更便捷"的目标。保险云利用容器、微服务等新技术手段构建核心架构的上云方案，实现保险系统快速开发迭代。

（2）关键技术　云计算本质上是计算、存储、服务器、应用软件等软硬件资源的虚拟化，其关键技术主要包括虚拟化技术、资源管理技术、分布式存储技术和云原生技术等。

1）虚拟化技术。云计算的核心技术之一就是虚拟化技术。虚拟化技术将一台计算机虚拟为多台逻辑计算机，每台逻辑计算机可运行不同的操作系统，并且应用程序都可以在相互独立的空间内运行而互不影响。虚拟化示意图如图 2-64 所示。虚拟化技术可以将隔离的物理资源打通，汇聚成资源池，实现了资源再分配的精准把控和按需弹性，从而大大提升资源的利用效率。

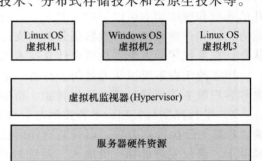

图 2-64　虚拟化示意图

2）资源管理技术。资源管理技术主要实现对物理资源、虚拟资源的统一管理，并根据用户需求实现虚拟资源的自动化生成、分配、回收、迁移，用以支持用户对资源的弹性需求。云计算资源管理技术实现了虚拟资源的"热迁移"，即在物理主机发生故障或需要进行维护操作时，可将运行在其上的虚拟机迁移至其他物理主机上，同时保证用户业务不被中断。

3）分布式存储技术。为了保证数据的高可靠性，云计算通常会采用分布式存储技术，将数据存储在不同的物理设备中。其基本原理是将数据分为同样大小的文件块，分散地存储在不同的服务器之中，由一个元数据服务器统一管理，并为用户提供数据读写的块地址。分布式存储系统采用可扩展的系统结构，利用多台服务器分担存储负荷，利用位置服务器定位存储信息，不但提高了系统的可靠性、可用性和存取效率，还易于扩展。

4）云原生技术。云原生技术利用容器、微服务、中间件等，来构建容错性好、易于管理和便于观察的松耦合系统，结合可靠的自动化手段可对系统做出频繁、可预测的重大变更，让应用随时处于待发布状态。云原生技术有利于各组织在公有云、私有云和混合云等环境中，构建和运行可弹性扩展的应用，借助平台的全面自动化能力，跨多云构建微服务，持续交付、部署业务生产系统。

2. 大数据

（1）发展概述　大数据分析技术在智能工厂中具有重要作用。通过采集和分析大量生产数据，可以实现生产过程的优化和预测。通过对生产数据的深入挖掘，可以发现隐藏在数据背后的规律和趋势，提高生产率和产品质量。

我们通常用 4 个维度的特征来定义大数据，即数据的规模（Volume）、数据产生的速度（Velocity）、数据的多样性（Variety）和数据的价值（Value），如图 2-65 所示。亚马逊的大数据科学家 John Rauser 给出的定义比较直接：超过单台计算机处理能力的数据量则为大数据。但是，大数据不仅数据体量庞大，更重要的价值在于对其的分析和处理，只有通过深层分析才能获取很多潜在的、有价值的信息和知识。

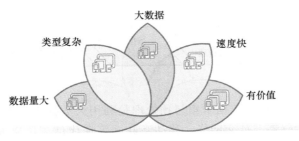

图 2-65　大数据的 4 个维度

在大数据中有一个重要概念，那就是数据相关性。大数据不是教机器像人一样思考，而是将复杂的数学算法用在海量数据上，让数据自己说话。但是，数据相关性并不是表面的、显式的，而是需要通过数据分析和逻辑叠加才能展现的。挖掘这些规模巨大、形态各异、价值密度低以及快慢不一的数据流之间的相关性是大数据最重要的内涵。

大数据需要新处理模式才能具有更高的价值，转化为具备洞察发现力和流程优化能力的海量、高增长率和多样化的信息资产。从数据的类别上看，大数据是无法使用传统流程和工具处理或分析的信息，它超出正常处理范围和大小，迫使用户采用非传统的处理方法——大数据技术（例如分布式存储、数据相关性挖掘、离线数据分析、机器学习和集群计算等）来解决各特定行业的问题。

当前，大数据在各行各业的深入应用，正在改变人们的生产和生活。制造业利用工业大数据分析工艺流程、改进生产工艺、优化生产过程能耗、提升制造水平；金融行业利用大数据在高频交易、社交情绪分析和信贷风险分析三大创新领域中发挥重大作用；互联网行业借助大数据技术分析客户行为，进行商品推荐和有针对性的广告投放；能源行业中电力公司利用大数据技术分析用户用电模式，合理设计电力需求响应系统，确保电网运行安全；物流行业利用大数据技术优化物流网络，提高物流效率，降低物流成本；城市管理领域利用大数据技术实现智能交通、环保监测、城市规划和智能安防；医学健康领域则利用大数据技术实现流行病预测、智慧医疗、健康管理，还可以解读 DNA，了解更多的生命奥秘。

除了技术方面的变革外，大数据也正在改变人们的思维观念。吉姆·格雷（Jim Gray）在"科学方法的革命"演讲中提出将科学研究分为 4 类范式，依次为实验归纳、模型推演、仿真模拟和数据密集型科学发现（Data-Intensive Scientific Discovery）。其中的"数据密集型"就是现在人们所称的"科学大数据"。相较于第三范式的基于某种假设搜集数据进行验证，基于大数据的第四范式是在有了大量已知数据的基础上，通过计算得出此前未知的理论。维克托·迈尔-舍恩伯格（Viktor Mayer-Schonberger）在《大数据时代：生活、工作与思维的大变革》中指出，大数据时代最大的转变，就是放弃对因果关系的渴求，取而代之的是关注相关关系。也就是说，只要知道"是什么"，无须知道"为什么"，这就颠覆了千百年来人类的思维惯例。这也是大数据在方法论和研究理念方面带来的变革。

（2）关键技术　大数据与传统数据处理在流程上无太大差异，按照数据的生命周期可以将大数据的技术体系分为数据采集与预处理、数据存储与管理、数据计算与处理、数据分析与挖掘、数据可视化呈现 5 个环节，如图 2-66 所示。无论是互联网还是工业、金融等，各个领域大数据应用的技术架构都立足于此，再从功能实现的视角引入满足各自领域数据特点的其他技术。

图 2-66　大数据的技术体系

1）数据采集与预处理。数据采集与预处理是利用大数据进行知识服务的基础。顾名思义，数据采集是从传感器、社交网络、移动互联网等现代信息传递方式中收集、获取数据。由于原始数据往往体量巨大、价值密度低，而且某些记录难免存在遗失和错记，收集到的原始数据可能不够干净整洁，不利于后续信息提取工作的开展。这就需要进行数据预处理，通过对原始数据进行清洗、转换、加载等一系列操作，填补遗漏、消除重复，将数据转换成已分类、统一、适合挖掘的形式，提高数据质量。

2）数据存储与管理。数据规模飞速增大，使得非结构化数据的存储需求显著增多。以适当的方式组织和管理数据，不仅使得大规模数据存储成为可能，也利于后续的访问和部署。

数据库以记录和字段为单位对数据进行管理，进而实现了数据整体的结构化。最早出现的 SQL 关系数据库是以关系模型（行和列的二维表结构）来组织数据的，虽然结构易于理解，但不够灵活。随后出现的 NoSQL 非关系数据库则以键值对、列、图等非关系模型存储数据，通过简化数据模型提高数据库的吞吐量和扩展能力。再之后的 NewSQL 新型关系数据库则在保持传统数据库一些特性的基础上，提高了性能，既能提供 SQL 关系数据库的数据质量，也能提供 NoSQL 数据库的可扩展性，成为目前数据库领域很关键的一种形式。当然，具体选择何种数据库还需要根据数据的结构和对数据操作的需求来具体决策。

3）数据计算与处理。大数据计算与处理是从数据中提取信息的过程。针对不同的数据处理需求，主要有批处理、流计算、图计算等计算模式。通俗地说，就是"一批一批地处理数据""像流水一样处理数据"和"按照图的模式处理数据"。批处理是指对存储的静态数据进行大规模、批量计算，并在计算过程完成后统一返回结果，适合只有访问全套记录才能完成的计算工作，例如计算一批数据的总数和平均数。流计算与批处理不同，它不针对整个数据集执行操作，而是对经过系统传输的每个数据项执行实时的操作，处理结果立刻可用，且随着新数据的抵达持续更新，适合有实时处理需求，必须对变动、峰值做出响应，以及需要关注一段时间内变化趋势的任务。通俗地说，批处理注重数据处理的深度，流计算更强调数据处理的实时性。图计算则是将数据关系抽象成图或网络的形式进行处理。将数据按照图的方式建模可以很好地表达数据之间的关联，获得普通视角很难得到的结果，诸如最短路径、连通分量等问题在图计算中可以得到最高效的解决。

4）数据分析与挖掘。大数据分析与挖掘是以机器学习和算法为主导，从大量、不完全、有噪声、模糊、随机的数据中，挖掘潜在有用的信息和知识的过程，这往往是传统数据处理中并不具备的环节。分析与挖掘方法有很多，最主要的有统计分析、关联规则、决策树、神经网络和遗传算法等。例如神经网络的图片分类器，以图片的像素值作为输入，对图片进行分类后，输出分类结果。在训练过程中，分类器对海量的训练数据进行分析与挖掘，进而调整参数。这使得训练好的分类器在面对新鲜样本时，也能输出一定精度的分类结果。

5）数据可视化呈现。数据可视化通过图形、图像将数据分析后的结果进行形象化展示，以直观的方式辅助用户进行决策，是整个大数据技术的"最后一公里"。通过可视化场景，用户可以从多个角度查看分析结果，快速感知数据特征。通过视觉表征来增强用户的感知和认知推理，使得分析过程变得更快、更集中。主要的可视化方式包括面积与尺寸可视化、颜色可视化、图形可视化、地域空间可视化和概念可视化等。

2.4.8　网络安全技术

随着智能制造信息化程度的提高，流程型智能制造领域网络安全风险越来越大，在数据、设备、控制、应用等方面存在安全隐患。宏观层面存在以下问题：一是在应用平台中存在共享资源、非授权访问；二是传统静态防护策略和安全域划分方法不能满足工业企业网络复杂多变、灵活组网的需求；三是传统工业环境下工业企业内部平台、工业通信协议、工业设备和系统在设计之初并未过多地考虑安全问题；四是由于我国工业设备安全性和可靠性仍处于较低水平，智能制造设备安全形势严峻；五是智能制造数据种类和保护需求多样，设备间数据交互频繁，且缺乏统一监管，数据存在被窃取或滥用的风险。

1. 设备应用

流程型智能制造配套装备有别于传统制造装备，它虽然在物理特性上做了安全处理，但是由于集成了嵌入式操作系统、控制系统等应用功能单元，因此容易受到网络攻击，而且部分操作系统可能存在漏洞，也会导致被植入木马病毒，带来不可估量的影响。在 DCS、PLC等工业控制设备上，安全防护能力也存在较大不足。在较多应用场景中，互联网和物联网未进行隔离处理，物联网可信程度不高，网络威胁可从工厂外直接进入工厂内，且部分认证和授权的管控安全功能不完善或被舍弃等情况也存在。

2. 通信网络

流程型智能工厂网络 IP 化和无线化应用较为普及，带来的安全隐患日益增大。在 IP 化方面，针对 TCP/IP 攻击和破坏的方法多样及成熟，它们可直接对智能工厂网络产生威胁。在无线化方面，由于流程型智能工厂部分前端终端及应用装备配备无线功能，工厂现场有较为复杂的无线传感网络，这给工厂现场 AGV 小车、数控设备、配件组装系统、仓储物流单元等应用带来了较大的安全隐患，使它们容易受到非法入侵、非法控制、信息泄露、错误操作等威胁。

3. 管理软件和数据应用

流程型智能制造服务化的延伸，将生产制造执行系统、生产资源管理系统、产品全生命周期管理系统与车间的生产制造装备相集成，形成辅助管理、数据报表、现场管理、远程支持等功能，并搭建全集成自动化软件平台，将这些功能深度集成以实现机械和电气的横向集成，同时也实现传动、控制到制造执行系统的纵向集成。由于管理应用及数据应用覆盖制造全生命周期，工控网络安全面临更高要求。应用软件将持续受到病毒、木马等威胁，如上位机漏洞等，从数据应用来说，数据体量大、维度多、结构复杂使得数据防护难度增大，容易造成生产数据泄露、篡改等。

综上所述，由于流程型智能制造业务流程的特点，设备应用、通信网络、管理软件和数据应用方面都存在一定安全风险，需要从整体上考虑，建立一套适应智能制造领域新特点的工控网络安全防护体系。

4. 智能制造领域工控网络安全防护体系框架

流程型智能工厂是智能制造典型应用。下面将以它为例，研究流程型智能制造工控网络安全防护体系，主要从直接防护和间接防护两个角度进行分析。直接防护结合等级保护 2.0 合规性要求、制造全生命周期覆盖、风险防护历史经验等方面，搭建体系化防护框架，重点解决设备应用、通信网络、管理软件和数据应用等方面问题。同时，由于智能工厂组网灵活，工业数据量大且动态变化复杂，还要辅以其他防护手段，做到间接防护，实现动态化防护策略，构建基于安全数据的安全综合管控平台，进行大数据分析，达到整体安全态势监测与变化分析，做到及时预警和防护协同，提高智能工厂工控网络安全水平。智能制造工控网络安全框架如图 2-67 所示。

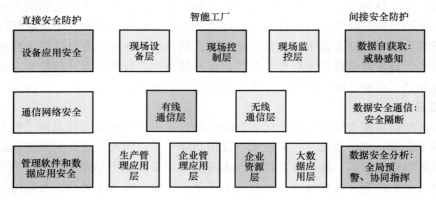

图 2-67   智能制造工控网络安全框架

（1）直接安全防护   流程型智能工厂工控网络直接安全防护将对设备应用安全、通信网络、管理软件和数据应用各层边界安防进行重点防护，直接安全防护体系架构如图 2-68 所示。

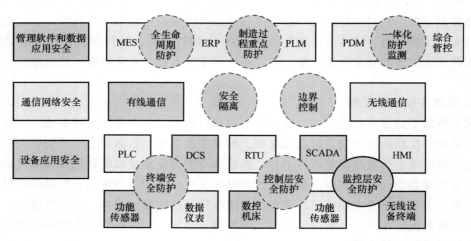

图 2-68   智能工厂工控网络直接安全防护体系架构

1）设备应用安全。面向设备，将通过身份认证、权限管理、访问控制来对终端（现场设备层）、控制层、监控层进行安全防护。构建一套设备应用安全防护体系，首先要完成数据完整性审计，数据完整性审计用以保证传输过程、执行过程真实可靠。然后针对终端安全，部署基于白名单机制的上位机、工程师站、服务器等，做到对工业数据的监测和防护。采用安全检测评估技术和一体化防护监测对工控设备进行定期的安全检查，查找、修补漏洞，结合智能安全防护终端，实现智能化的串口、网口数据审查，阻止非法数据传输。对于终端，通过建立完善的终端安全防护体系，包含防病毒、访问控制、身份鉴别、标准化管控、日志审计，确保操作系统的安全性，防止工控系统外部和内部的非法操作，做到监测预警，主动防御。为了能够实现主动防御，提高工控网络设备的安全性，设备应用安全体系架构如图 2-69 所示。

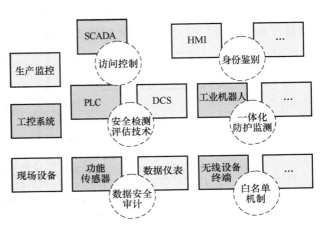

图 2-69　设备应用安全体系架构图

2）通信网络安全。流程型智能工厂通信网络安全将从网络边界安全防护考虑，根据不同层级及业务需求划分安全域。针对安全域，部署工控网络检测、隔离、防护系统，具体可用工业防火墙进行逻辑隔离，对数据进行合法合规审查，以此降低误操作、病毒攻击等威胁行为；还可用工控安全监控审计系统进行网络节点审查，实现对工业控制系统以及与其他信息应用系统间的传输数据的监测，完成网络攻击行为实时监控与检测分析，达到设备应用安全中对工控层与设备层交互业务的审计和预警。在无线应用防护层面，部署实时监测控制器，做到对抗无线干扰、控制合法连接、精确定位攻击源，同时加强密码管理，降低信息被窃取风险。通信网络安全体系框架如图 2-70 所示。

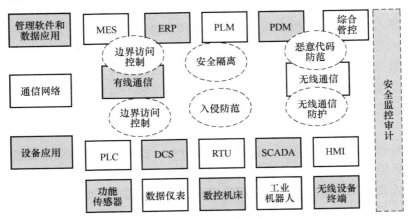

图 2-70　通信网络安全体系框架

3）管理软件和数据应用安全。管理软件和数据应用的软件开发存在开放、通用等特征，容易产生安全漏洞，存在一定安全隐患。针对此情况，首先完成标准化规范相关工作，确定应用标准、应用开发环境等；其次对工业应用数据进行安全分析，做到对工业软件漏洞实时监测，及时做好补丁漏洞修复、病毒清理等，同时为提高数据本身安全性，做好应用数据（特别是生产数据、操作指令、设备运行数据等）及时存储和备份工作；再次，对于数据报文中控制系统所涉及参数和操作指令，做好认证和相关通信加密工作；最后，加强数据安全分析工作，合理利用实时监控数据，做好运维工作，提高智能工厂工控网络安全性能。管理软件和数据应用安全体系框架如图 2-71 所示。

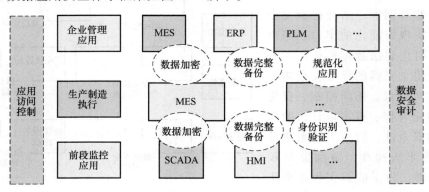

图 2-71   管理软件和数据应用安全体系框架

（2）间接安全防护   直接安全防护已从智能制造不同层级部署了工控安全防护系统，贯穿了生产制造全生命周期。在此基础上，最大效能地对工业数据进行安全分析，打破传统重点依托物理防护的方式，做到提前预警、及时防护，需要通过统一安全综合管控平台来实现间接安全防护，进而更全面地提升智能制造工控网络安全。该平台的建立，旨在发生网络安全威胁时提前感知，形成应对策略，并实现与工控安全设备联动，建立动态调整机制，进而保障智能工厂制造过程稳定进行。就具体应用来说，该综合管控平台首先完成设备、工控系统、功能传感器等的数据采集与实时监控，其次结合大数据分析方法，对数据安全进行隐患排查，以及做好源头追溯，做好主动防御，提高系统整体安全性能，保障工控网络可靠运行。

在攻击路径大数据应用分析方面，由于黑客在选择病毒攻击时，会有选择地确定主要攻击路线，针对此类情况，综合管控平台层：查找历史数据及案例库，运用人工神经网络算法，构建路径选择与攻击目标数学模型，确定大概率攻击路径，根据分析结果，做出有效防护，避免后续破坏行为，保障工控网络安全；加强路径攻击监测，提供合理有效的监测数据用于路径评估，进而提高后台自优化能力，通过动态调整提升网络系统安全等级，实现最佳管控。

在控制源检测大数据应用方面，通过大数据分析，找出入侵源与受控主机的关系，确定数据采集环节风险隐患，搭建在线网络安全评估系统，及时做好病毒入侵预防工作；同时，用多种监测方式监测工控系统安全，应用数据分析结果，完善前期网络安全评估系统，避免系统内部病毒入侵带来的安全事故，加强入侵源监测，并通过攻击模拟，增加工控安全应对策略数据库内容，提高在线网络安全评估系统防御的准确性，进而更好地保障整个工控系统安全稳定运行。通过大数据分析挖掘等相关技术的应用，该综合管控平台能实现工控网络安全态势分析、全局预警及应急响应、全局辅助决策与协同执行，逐步达到智能工厂工控网络自感知、自分析、自决策、自干预。

间接安全防护体系架构如图 2-72 所示。

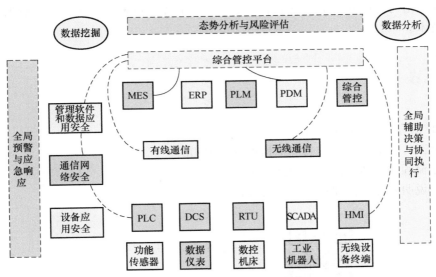

图 2-72　间接安全防护体系架构

在工业智能化发展过程中，工业信息安全体系防护能力已经成为国家发展战略的重要支撑。直接及间接全方位工控网络安全防护体系不仅构建了智能制造领域基础安全防护体系，还通过间接防护的方式，实现了整体态势感知与及时响应，实现了及时预警和自执行等功能，这将给智能工厂提供更加可靠的网络环境，也将推进智能工厂智能制造良性发展，提高生产制造效率，促进行业可持续发展。

2.5　本章小结

本章主要讲解流程型制造智能工厂系统架构。首先，讲解了智能工厂的建设思路。流程型制造智能工厂是一个复杂的系统，需从生产控制和生产组织两个维度切入，将智能工厂建设分为智能机构、智能检测、智能控制、智能操作、智能运营、智能决策 6 个层面。智能工厂建设的总体目标是采用成熟的数字化、网络化、智能化、自动化、信息化技术，为企业经营管理综合效益和竞争力提升提供坚实的保障，并能够最终帮助企业实现高效、绿色、安全、最优的管理目标。

其次，讲解了智能工厂智能化制造功能架构。智能工厂智能化制造的功能架构旨在实现五大系统，即生产单元的智能自主运行优化控制系统、生产全流程智能协同运行优化控制系统、智能管理与优化决策系统、智能安全运行监控系统和制造流程数字孪生系统这五个系统。智能工厂的建设步骤须遵守系统层级的建设，系统层级是指与企业生产活动相关的组织结构的层级划分，包括设备层、控制层、车间层、企业层和协同层。

再次，讲解了流程型制造智能工厂的建设步骤。流程型制造智能工厂包括：①制造流程（物理系统）。流程型制造工厂的加工过程通常在物理系统中由生产装备完成物质转化。

②生产过程自动化系统（信息系统）。③生产管理信息化系统（信息系统）。

最后，讲解了智能工厂建设的八大关键技术：自动化技术、智能传感器技术、虚拟仿真技术、工业网络与物联网技术、数字孪生技术、人工智能技术、云计算与大数据分析技术、网络安全技术。

2.6 章节习题

1. 智能工厂的建设思路是什么？
2. 智能工厂智能化制造的功能架构可以分为几层？
3. 简述流程型制造智能工厂的建设步骤。
4. 举例说明智能工厂建设的八大关键技术。

科学家科学史
"两弹一星"功勋科学家：王大珩

第 3 章

流程型制造智能工厂的实现方法

PPT 课件

课程视频

3.1 工艺流程优化在智能工厂中的应用

3.1.1 工艺流程优化分析

流程型制造智能工厂是一个受许多因素影响的复杂系统，在过程系统的设计、操作、控制、管理中存在众多需要优化的问题。最优化过程就是从多个备选方案中选出最佳方案，实现过程系统的最优设计、最优操作、最优控制或最优管理，达到降低生产成本、增加利润的目标，并能兼顾环境保护、过程安全性与可靠性等因素。

1. 工艺流程优化方法

进行系统优化，首先需要建立过程的数学模型及优化目标，根据优化目标确定目标函数，以及目标函数应满足的约束条件，利用数学方法求出满足约束条件的目标函数的最优解。流程型系统的优化分为参数优化和结构优化。参数优化是指在已确定的系统流程中，对工作温度、工作压力等操作参数进行优化，以实现费用或能耗等指标最优。结构优化则是改变系统中的设备类型或其相互联接关系，以优化过程系统。目前，参数优化的理论研究及实际应用比结构优化的更加成熟。

优化问题（即待优化问题）的求解方法称为优化方法。根据优化问题有无约束条件，可分为无约束优化问题和有约束优化问题。对无约束优化问题的最优解就是目标函数的极值。有约束优化问题可分为线性规划问题和非线性规划问题两类。当目标函数及约束条件均为线性时，称为线性规划问题；当目标函数或约束条件中至少有一个为非线性时，称为非线性规划问题。求解线性规划问题的优化方法已相当成熟，通常采用单纯形法。求解非线性规划问题的优化方法可归纳为两大类：解析法和数值法。

（1）解析法　解析法又称间接优化方法，是先按照目标函数极值点的必要条件，用数学分析的方法求解，再按照充分条件或者问题的物理意义，间接地确定最优解是极大还是极小。古典的微分法、变分法、拉格朗日乘子法等均属于这一类。

（2）数值法　数值法又称直接优化方法或优选法，是过程系统优化问题的主要求解方法。由于不少优化问题比较复杂，模型方程无法用解析法求解，或者目标函数不能表示成决策变量的显函数形式，得不到导函数，此时须采用数值法。这种方法利用函数在某一局部区域的性质或在一些已知点的数值，确定下一步计算的点。这样逐步搜索逼近，最后达到最优点。

优化问题求解的一般步骤如下：①过程的系统分析，列出全部变量；②确定优化指标，建立指标与过程变量之间的关系，即目标函数关系式（经济模型）；③建立过程的数学模型和外部约束条件，确定自由度和决策变量。一个过程的模型可以有多种，应根据需要，选择简繁程度合适的模型；④如果优化问题过于复杂，可将系统分成若干子系统分别优化，或者对目标函数和模型进行简化；⑤选用合适的优化方法进行求解；⑥检验得到的解，考察解对参数和简化假定的灵敏度。

流程型系统的优化主要有过程模拟、人工智能、专家系统和数学规划等方法，这些方法也可交叉应用。目前使用最多的方法是过程模拟，即通过计算机对满足生产要求的各个工艺过程进行比较，寻求最优的生产条件。

2. 流程型工程研究对象的多尺度和多阶段特性

化工及其下的石油化工是国民经济的支柱产业，是重要的流程型工业。它们通过不同的物理与化学过程，连续不断地将原材料转变成产品，是一个国家的基础工业。流程型工程是以流程型工业为对象，以物质的化学、生物和物理分离、转化、合成，以及能量转化过程的优化组合为目标的综合性通用工程。流程型工业生产中的各构成单元联系密切、相互影响。一个生产装置以一定目的将单元操作及化学反应器按一定的顺序组合构成的流程系统，也称化工系统，这是流程的基本单元。复杂的大型过程系统常常包括多套生产装置、公用工程和辅助设施，需输入多种原料，产出多种产品，通过物料和能量传输连接成一个整体，大型炼油化工一体化企业就是典型的例子。因此，从单一生产装置到整个公司、整体供应链、整个工业园区等，都可以是流程型工程的研究对象，这就是化工设计中过程工程研究对象的多尺度特性。

典型石油化工建设项目各主要阶段的关系如图 3-1 所示。它表示了石油化工建设项目的过程工程研究对象在各阶段的主要内容和相互关系。

一个化工企业的建成和商业运行，包括项目前期、工程设计、工程实施和商业运行四个阶段。流程型工业公司的主要业务内容如下：

1）化工设计，包括项目前期、基础工程设计和详细工程设计。

2）工程项目总承包（Engineering Procurement Construction，EPC），包括设计、采购、施工和交钥匙。

3）工程项目管理承包（Project Management Contractor，PMC），包括总承包管理、分包管理、风险管理、质量管理、进度管理等。

上述业务内容可以根据合同进行增减。

流程型工业的主体是相应的企业（或企业集团），实现这个过程工业的关键和核心单位之一是相应的工程公司。

化工设计是流程型公司所从事业务的基本和核心部分，从图 3-1 中可以看出，它包括项目前期阶段的（预）可行性研究、技术开发、工艺包编制，工程设计阶段的基础工程设计和详细工程设计。设计阶段的每一方框或相邻方框的组合都可以构成过程工程的研究对象，它们都符合"通过不同的物理和（或）化学过程，连续不断地将原材料转变为产品的生产

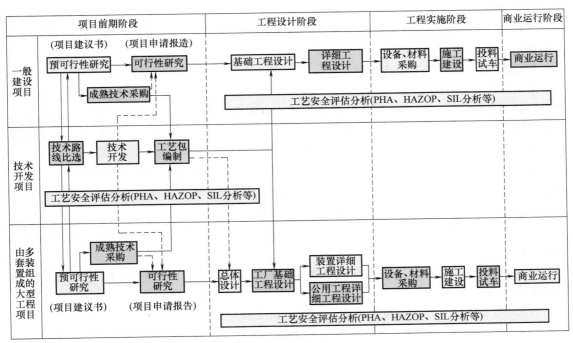

图 3-1　典型石油化工建设项目各主要阶段的关系

注：PHA 即预先危险性分析；HAZOP 即危险与可操作性研究；SIL 即安全完整性等级。

过程”的过程工业的定义。值得注意的是：项目前期阶段（可行性研究通过评审，工艺包编制完成）结束，就意味着对该项目的过程工程研究已基本完成；在工程设计阶段的过程工程研究仅仅是对项目的结构及内容进行较小的调整和使其更加具体化、工程化。这就是化工设计中过程工程研究对象的多阶段性。

3. 实现流程型工程综合的方法

流程型工程综合需要以系统分析为基础，同时在综合过程中也对系统的结构和系统的特性提出新的要求。因此，流程型系统设计是综合与分析交替的过程，是一个正命题和逆命题交替并不断升华的过程。

在从事流程型产业规划时，就已经进入流程型工程的分析和综合的不断交替历程。从规划到预可行性研究、可行性研究，以及与此同时进行的从技术路线比选到技术开发和工艺包编制，它们都是流程型工程。通过不断地分析和综合，使项目前期阶段流程型工程综合的内涵从初级到高级、从粗糙到完善。在工程设计阶段，从基础工程设计到详细工程设计，使流程型工程综合实现最终工程化和完整化。

流程型工程综合是一个多维混合整数规划、多目标优化问题，通常有分解法、直观推断法、调优法和结构参数法。结构参数法可以采用非线性规划法对一个系统进行简单目标的整体优化计算，如采用热量交换网络（HEN）、质量交换网络（MEN）和分离序列综合等非线性规划法。对于复杂系统的多目标优化的工程综合，往往将几种方法结合起来用于工程综合的不同阶段会更有效。通常直观推断法仍然是“不得已”的情况下采用的工程综合方法，即有经验的工程师凭经验在不同阶段把一些显然不合理的组合方案排除出去，以克服设计问题维数过多的困难，根据广泛的工程实践经验，在深刻理解的基础上总结出经验规则，以指导流程型工程综合。用直观推断法可以简单地综合出一个或几个合理的流程型工程方案，但不能保证方案的最优化。从事此类工程综合的工程师要依靠相关的知识资源、长期积累的化工知识与工程经验，不断去攀登新的高峰。

4. 流程型工程和化工工艺设计

按前所述，化工装置设计是流程型工程分析和综合不断交替并不断优化、完善的过程，即运用描述化学反应和传递过程的化学工程学，应用系统工程的方法对工业系统进行过程分析和模拟，通过物料衡算和能量衡算选择合适的单元设备，确定设备之间最优联接方式和操作条件，得到投资最少和操作成本最低的过程。

对于化工工艺设计来说，从可行性研究、技术开发和工艺包编制的项目前期阶段，到基础工程设计、详细工程设计的工程设计阶段，化工工艺设计始终是龙头、基础和核心。

化工装置工艺设计的主要内容有以下 3 个方面：

1）化工工艺流程设计：基于成熟的化工工艺和化工模拟系统对工艺流程进行物料衡算和能量衡算，主要是解决化工过程的平衡问题。

2）设备反应器、塔器、换热器、容器、压缩机、输送泵和工业炉等的工艺设计：主要是解决化工过程的速率问题。

3）工艺系统设计：主要是解决化工过程全面工程化问题。工艺系统设计的基本功能是把工艺流程图发展为工艺管道仪表流程图，这个转换过程包括根据操作和安全的需要确定所有的设备、管道及仪表控制的设计条件与要求。因此工艺系统设计不仅是项目前期阶段的重要组成部分，也是工程设计阶段的主体和核心内容。

为此，在工程设计阶段，要进行管道流体力学计算，进行安全泄放设施（安全阀、爆破片、呼吸阀等）及管道配件（阀门、限流孔板、气封、液封、阻火器、静态混合器、蒸汽疏水阀、管道过滤器、盲板、检流器等）的工艺设计，以及提出系统的仪表控制和安全联锁的工艺条件，以完成工艺流程图向工艺管道仪表流程图的完整转换。

在此基础上进一步展开设备、自控仪表、配管、应力、材料、建筑、结构和公用工程等相关专业设计，以准确地完成整个项目的工程设计。

5. 工艺流程开发放大的方法

从实验室研究成果到建立工业装置的过程是靠放大来实现的。选择适当的放大方法，对考察装置的适用性，确定放大过程需要的时间、经费投入等都是重要的。化工过程开发放大主要采用模拟研究法。用模型来研究化工过程中的各种现象和规律，从中取得开发放大的依据。

化工过程采用的模拟放大方法有逐级经验放大法、数学模型法、部分解析法、相似放大法。无论哪一种方法，在应用时都比较复杂，而且各有其适应的对象和条件，并不是任一过程取 4 种方法之一，就可以获得简捷、有效的放大。有时为了获得良好的效果，对于一些复杂的过程还需要考虑综合采用几种方法，因此在化工过程技术开发中如何选择合适的放大方法，就成为开发过程中的一项重要工作。

对某一特定的化工过程开发放大，采用何种放大方法，应以对过程解析的深入程度来确定。一般来讲，分离过程理论比较成熟，在取得可靠的相平衡数据后，就可以用现有的数学模型直接放大到工业装置。反应过程则比较复杂，除化学反应的规律外，反应过程还受到传递过程因素的影响，所以除了少数简单的反应过程可用数学模型法放大外，现在大多数反应过程还采用逐级经验放大法和部分解析法。相似放大法主要应用在单元操作设备的放大中。

（1）逐级经验放大法　过去在缺乏化工过程理论指导的情况下，对反应装置和传递过程常采用逐级经验放大法。逐级经验放大法是从实验室规模的"小试"开始，经逐级放大到一定规模试验的研究，最后将研究结果放大到生产装置的规模。这种放大方法，每放大一级都必须建立相应的模型装置，详细观察并记录模型试验中发生的各种现象及数据，通过技术分析得出放大结果。每一级放大设计的依据主要是前一级试验所取得的研究结果和数据。逐级经验放大法是经验性质的放大，放大的倍数一般在 50 倍以内，而且每一级放大后还必须对前一级的参数进行必要的修正。因此，逐级经验放大法的开发周期长，人力、物力消耗较大，现在一般不采用这种方法。除非在对某个过程缺乏了解的情况下，出于无奈，才会采用逐级经验放大法。

（2）数学模型法　数学模型法是以建立数学模型为根本的研究方法。数学模型是指为了某种目的，用字母、数值及其数学符号建立起来的等式（或不等式），以及用图表、图像、框图等描述客观事物特征及其内在联系的数学结构表达式。在认识过程特征的基础上，运用理论分析找到描述过程规律的数学模型，再经试验验证该模型与实际过程等效，则这个数学模型就可以用于实际应用和工业放大设计。数学模型法是化工工艺设计放大中常用的方法。

1）数学模型。数学模型通常是指描述一个系统的各种参数及变量之间的数学关系。化工过程的数学模型一般是一组微分方程或是一组代数方程，它可以描述过程的动态规律。数学模型可以分为以下两类：

① 经验模型。化工过程的数学模型可以针对试验装置、中试装置甚至大型生产装置的测试数据，通过数学回归，获得纯经验的数学关系，这就是经验模型。

② 机理模型。化工过程的数学模型也可以从化工过程的机理出发推导，得到经试验验证的过程数学模型，即机理模型。

经验模型只在实验范围内有效，不能用于外推，因此受到限制。机理模型允许外推，化工过程开发中机理模型是理想的放大方法。但是，由于化工过程特别是反应过程的复杂性，因此很难建立一个纯机理模型。工业设计放大时，要求既能够描述过程特征，又简单，以便应用，因此，如何对过程进行合理简化，是建立数学模型的关键问题。

通常，数学模型的建立是按以下步骤进行的：模型准备、模型假设、模型构成、模型求解、模型分析。

2）数学模型法的应用。

① 分离过程。分离过程理论比较成熟，在取得可靠的相平衡数据后，就可以用现有的数学模型直接放大到工业装置。

② 反应过程。由于反应过程比较复杂，除化学反应的规律外，反应过程还受到传递过程因素的影响，所以除了少数简单的反应过程可用数学模型法外，现在大多数反应过程仍采用部分解析法和逐级经验放大法。

（3）部分解析法　前面已介绍过两种化工过程放大方法，即逐级经验放大法和数学模型法。逐级经验放大法立足于经验，不需要对过程的本质、机理或内在规律有深刻的理解，放大原则凭借试验结果和经验；数学模型法则要求对化工过程有深刻理解，并在此基础上将过程模型简化，对过程定量理解后综合出数学模型，再将实验验证后的数学模型直接用于工程放大。显然，这两种放大方法实际上是两种极端。然而，大多数复杂的化工过程开发，常常是对过程虽有所理解，但还达不到深刻和定量的程度，因此无法用数学模型法进行放大。如果完全采用经验放大法，耗时费力，而且放大效果不理想。

反应过程的开发应当在反应工程理论和正确的试验方法指导下进行。正确的试验方法应当是首先揭示过程的特殊性，根据特殊性对过程进行合理简化，利用对象的特殊性进行放大，这样，可以突出主要矛盾，达到事半功倍的效果。部分解析法正是遵循这一原则进行反应器放大的。

部分解析法是介于逐级经验放大法与数学模型法之间的一种放大方法，它是将理论分析和试验探索相结合的放大方法。它以化学工程和有关工艺技术学科的理论为指导进行试验研究，没有把化工过程完全按"黑箱"对待，降低了试验的盲目性，并使试验工作合理简化，提高了试验的效果，是反应过程放大最常用的方法。

（4）相似放大法

1）冷模试验的理论基础。相似放大法是冷模试验的理论基础。利用空气、水和砂等惰性物料替代化学物料在实验装置或工业装置上进行的实验称为冷模试验。冷模试验是以模型与原型相似为基础，运用相似原理来考察单元设备内物料的流动与混合，以及传热和传质等物理过程，寻找产生放大效应的原因和克制的方法，为过程的放大或建立数学模型提供依据。例如，利用空气和水并加入示踪剂可进行气液传质的试验研究，为气液传质设备的设计和改造提供参数，利用空气和砂进行流态化试验研究，为流态化反应器设计提供依据。冷模试验的优点如下：

① 冷模试验结果可推广应用于其他实际流体，将小尺寸试验设备的试验结果推广应用于大型工业装置，使得试验能够在物料种类上"由此及彼"，在设备尺寸上"由小见大"。

② 直观、经济，用少量试验，结合数学模型法或量纲分析法，可求得各物理量之间的关系，使试验工作量大大减少。

③ 可进行在真实条件下不便或不可能进行的类比试验，降低试验的难度和危险性。值得指出的是，冷模试验结果必须结合化学反应的特点和热效应行为等，进行校正后才可用于工业过程的设计和开发。

2）相似现象。冷模试验是以相似理论为基础的。在化工过程中存在多种相似现象，这些现象有以下几种。

① 几何相似：两个大小不同的体系，其对应尺寸具有相同的比例，一个体系中存在的每一个点，在另一个体系中都有其对应点。这使得几何尺寸不同的两个体系形状相同。

② 时间相似：在两个几何相似的体系中，任意两个对应点间对应的时间间隔成比例，且比例常数与对应距离的比例常数相等。

③ 运动相似：在几何相似的两个体系中，各对应点和对应时刻的速度方向相同、大小成比例。

④ 动力相似：在几何相似的两个体系中，各对应点的作用力方向相同、大小成比例。

⑤ 热相似：在两个几何相似的体系中，任意两个对应点的温度相等。

⑥ 化学相似：在两个几何相似的体系中，任意两个对应点的各种化学物质的浓度相同。

3）相似理论。

① 相似第一定律：彼此相似的现象一定具有数值相同的相似特征数，这是相似现象所具有的重要性质。由此定律出发，可引出相似现象的相似性质。

② 相似第二定律：对同一类现象，当单值条件相同时，现象一定相似。相似第二定律叙述了相似现象应满足的条件，进行冷模试验时应遵循这些条件。这些条件包括：

　a. 相似现象可以用同一数学理论和物理模型来描述。

　b. 单值条件一定相似，例如几何条件相似、物理条件相似、边界条件相似。

　c. 相似特征数一定相等。

③ 相似第三定律：描述相似现象各种量之间的关系，通常可采用相似特征数（π_1，π_2，…，π_n）之间的函数关系，即

$$f(\pi_1, \pi_2, \cdots, \pi_n) = 0$$

相似第三定律指明了如何整理试验结果，即可以将试验结果整理成特征关系式。

3.1.2　工艺流程优化应用

以中粮肇东公司污水处理工艺流程的优化为例。中粮肇东公司污水主要由高浓度有机污水和低浓度无机污水组成，高浓度有机污水主要由饲料蒸发凝液、蒸馏塔塔底污水、刷罐水、生活污水等组成，污染因子主要为 CODcr（重铬酸盐指数）、SS（悬浮物）、氨氮等。低浓度无机污水主要由循环水排污、电厂水处理再生水、活性炭过滤器排水、泵冷却水等组成，污染因子主要为 pH 值、CODcr、SS 等。

（1）高浓度有机污水处理工艺流程优化方案　该方案采用二级 UASB+AF（上流式厌氧复合床反应器）工艺和普通活性污泥工艺以及交叉流接触氧化工艺相结合的技术方案。

1）二级 UASB+AF 工艺。上流式厌氧复合床反应器（UASB+AF）是新近开发的一种新型反应器，兼备上流式厌氧污泥床（UASB）和厌氧滤池（AF）的各方面优点。这一反应器得以稳定运行且高效的关键是培养产生高活性的生物膜和颗粒污泥，而颗粒污泥的培养快慢取决于废水的环境因素、特性和运行参数等要素。上流式厌氧复合床反应器复合厌氧工艺的特点主要是处理效果好、水力停留时间短，特别是对于高、中浓度的有机废水而言，它是一种先进、高效的厌氧处理工艺。上流式厌氧复合床反应器的组成部分主要有进水配水系统、反应区、三相分离器、气室、出水系统、排污系统等。

2）普通活性污泥工艺。普通活性污泥工艺即传统活性污泥法，它是活性污泥污水生物处理系统的传统形式。其系统由三部分组成：二沉池、曝气池和污泥回流线路及处理设备。

污水处理工艺流程简图如图 3-2 所示。

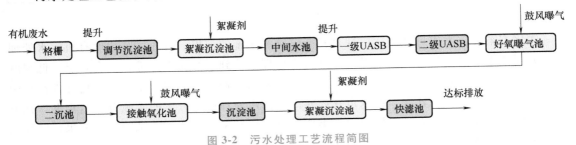

图 3-2　污水处理工艺流程简图

　　污水经上述先进工艺技术处理后，水中的很多无机物和有机物基本转化成为污泥。若污泥后期处置方式不适当，则必将会形成第二次环境污染，造成新的公共危害，使污水处理工程事倍功半。

　　从二沉池底部收集的二沉污泥混合物主要包括惰性悬浮物和好氧生物污泥。一般剩余污泥处理流程如图 3-3 所示。

图 3-3　一般剩余污泥处理流程图

　　污泥被消化后进行脱水处理，能够有效地消灭污泥中的病菌，减少污泥容积量，并且消化后的污泥更容易脱除水分。只是，消化池的建设及运行费用都相对较高，并且设备工艺流程复杂，工艺管线非常多，管理也比较麻烦。中粮肇东公司污水处理工艺流程属于小型污水处理工艺流程，不宜建设污泥消化系统。目前建议污泥经浓缩后直接脱水，送填埋场卫生填埋或者作为农肥、林肥使用。剩余污泥处理流程如图 3-4 所示。

图 3-4　剩余污泥处理流程图

　　这种工艺流程简单，运营管理简便，能够节约设备以及基建投入，符合中粮肇东公司实际情况。因此工艺流程优化方案中对污泥系统的设计是按这种工艺流程开展的，不需要比较。

　　（2）低浓度无机污水处理工艺流程优化方案　中粮肇东公司排放的无机污水主要由循环水排污、电厂水处理再生水、活性炭过滤器排水、泵冷却水等组成，污染因子主要为 pH 值、CODcr、SS 等，且浓度较低。通过常规的混凝、沉淀和过滤工艺处理，可以达到再生水回用作循环冷却系统补充水的水质标准。

　　采用常规处理工艺，即预沉，投药，混凝、沉淀、过滤，消毒。其中，混凝、沉淀、过滤的主要功能是去除污水中杂质，消毒的主要目的是杀灭水中致病病毒、细菌。为保证出水水质，在选择处理工艺时对各种池型进行了严格优选及合理组合。无机污水处理工艺流程（优化方案）如图 3-5 所示。

图 3-5　无机污水处理工艺流程（优化方案）

　　优化方案的技术先进性与适应性是其能够顺利实施的前提。首先，高浓度有机污水处理工艺流程技术先进、经济合理，可以保证污水处理后达到一级排放标准，符合要求；低浓度无机废水经过常规处理后达到回用水标准，可以节约水资源。污泥暂不进行消化处理符合中粮肇东公司实际情况。其次，肇东市气候寒冷，污水处理优化方案的实施有一定难度。在方案的适应性方面，研发人员根据国内外类似城市工程经验和一些相关试验研究成果，已经证实在黑龙江省肇东市实施污水处理优化方案具备适应性条件。

3.2 自动化控制在智能工厂中的应用

3.2.1 流程型制造智能工厂的自动化控制

1. 流程型工业自动化概述

流程型工业主要通过对原材料进行混合、分离、粉碎、加热等物理或化学工艺，使原材料增值；典型行业如石化、化工。离散型工业主要是通过对原材料的物理形状进行改变和组装，获得最终产品；典型行业如机械、包装。流程型工业自动化是工业自动化的重要场景之一，通常使用过程自动化方案。工业自动化是机器设备或生产过程在不需要人工直接干预的情况下，按预期的目标实现信息处理和过程控制的统称。

工业自动化可以分为过程自动化（Process Automation，PA）和工厂自动化（Factory Automation，FA）。过程自动化主要控制系统是 DCS，配合自动化仪表，控制流程型工业的生产过程，实现自动加工和连续生产，提高流程型工业的生产效率。工厂自动化则主要使用PLC，控制制造业的加工过程，提高机械制造和组装效率，主要用于离散型工业。

流程型工业自动化系统自上而下分为管理层、控制层、感知层。其中，管理层主要包括企业资源管理、资产管理、能效管理、生产过程管理等网络操作系统。控制层主要由通信网络、控制站、操作站等构成。控制系统是控制层的核心，一般包括 DCS、安全仪表系统（SIS）和网络化控制系统。其中，DCS 用于实现流程型工业生产过程的自动控制和监视管理；SIS 保障工厂的安全运行；网络化控制系统融合 DCS、逻辑控制器以及分布式控制单元，实现管控一体化。感知层主要由安装在生产现场的各种自动化仪表组成。自动化仪表是指安装在工业生产现场的，用于测量压力、流量、温度、物液位等工艺参数的或用于控制的仪表。管理层、控制层、感知层协同作用实现流程型工业自动化。其中，管理层主要负责生产规划、生产监控和生产调度；控制层担负生产信息分析、故障诊断、生产指令发布、生产管理等；感知层的主要作用是采集现场数据，并将生产现场的信息传送给控制层，或执行控制层的指令。

2. 自动化仪表

从流程型工业自动化系统角度看，自动化仪表位于感知层，可分为检测仪表、显示及信息处理仪表、调节仪表、执行器。在流程型工业自动化生产过程中，检测仪表能够测量温度、压力、流量、物位以及物料的成分、物性等工艺参数，并将被测参数的大小成比例地转换成电信号（电压、电流、频率等）或气压信号，变送器负责将传感器输出的非标准电信号或直接测量的非电量转换成标准电信号；显示及信号处理仪表能够将从检测仪表获取的信息显示或记录下来；调节仪表在接收到检测仪表的测量信号后，经过放大、积分、微分等运算，向执行器发出调节信号；执行器在接收到控制仪表或操作人员的指令后，能够通过执行器带动阀门运动，进而实现对生产过程的闭环控制。借助工业自动化仪表，能够实现在任何时刻都准确了解工艺过程的全貌，并进行控制，进而保证生产过程顺利进行，并以高的生产率、小的消耗生产出合格的产品。工业自动化仪表构成如图 3-6 所示。

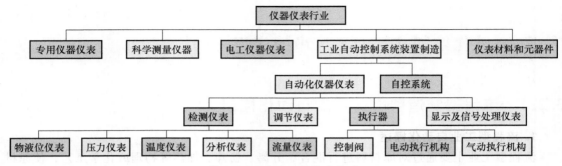

图 3-6 工业自动化仪表构成

3. 控制阀

控制是流程型工业自动化过程控制系统的终端执行器。控制阀是流体输送系统（工艺管道）中的控制部件，具有截止、调节、导流、防止逆流、稳压、分流或溢流泄压等功能。它在实现工业自动化过程中类似机器人的手臂，是通过接受调节控制单元输出的控制信号，借助动力操作去改变介质流量、压力、温度、液位等工艺参数的最终控制元件。由于在工业自动化过程控制系统中作为终端执行元件，因此控制阀常被称为"执行器"，是智能制造的核心器件之一。根据不同的分类标准，可以将控制阀划分为不同的细分产品。

控制阀由执行机构、阀体以及阀门附件 3 部分组成。其中，执行机构是阀体的推动装置，在接收到控制仪表发出的控制信号后，它按控制信号压力的大小产生相应的推力来推动执行，所以它是将信号压力的大小转换为阀杆位移的装置，一般包含电动、气动、液动 3 种类型。阀门附件包括定位器、保位阀、限位开关、空气过滤器和位置变送器等。控制阀可以选配各种附件，以实现产品本身的各种控制功能。以定位器为例，它与气动执行机构配套使用，接受调节器的输出信号，然后以它的输出信号去控制气动调节阀，当调节阀动作后，阀杆的位移又通过机械装置反馈到阀门定位器，以提高阀门精度。

控制阀结构示意图如图 3-7 所示。

图 3-7 控制阀结构示意图

4. 工业传感器

工业传感器处于流程型工业自动化过程控制系统的前端，测量或感知被测量信息。传感器是一种检测装置，能感受到被测量的信息，并能将感受到的信息按一定规律变换成电信号或其他所需形式的信息输出。具体而言，工业传感器是在工业控制领域应用的传感器，通过测量或感知特定物体的状态和变化，并转化为可传输、可处理、可存储的电信号或其他形式信息，以指导后续工作环节。它是工业控制中实现自动检测和自动控制的首要环节。

传感器一般由敏感元件、转换元件和变换电路 3 部分组成。敏感元件直接感受被测量，并输出与被测量成确定性关系的物理信号；转换元件是传感器的核心元件，能够将敏感元件感知的信号转换成电信号输出；变换电路则将转换元件输出的电信号转换成便于处理、控制、记录和显示的有用电信号。传感器系统示意图如图 3-8 所示。

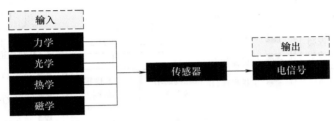

图 3-8　传感器系统示意图

工业传感器门类众多。根据被测量对象，工业传感器可分为流量传感器、压力传感器、温度传感器、图像传感器等；根据常见的转换原理、规律和效应，工业传感器可分为物理型工业传感器（热电、热磁、光电、光磁、电磁等）、化学型工业传感器（电化学等）和生物型工业传感器（生物转化等）；按输出信号的形式，工业传感器可分为数字工业传感器和模拟工业传感器。

3.2.2　自动化控制应用案例

以轧钢行业的厚板厂生产过程自动化系统为例。重钢集团厚板厂（4100mm）生产过程自动化系统采用层次结构，包括四个层级，即 L0 设备级、L1 基础自动化级、L2 过程控制级和 L3 生产控制级，如图 3-9 所示。

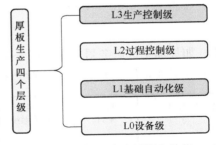

图 3-9　厚板厂生产过程自动化系统的四个层级

L0 设备级是第一级，包括各类温度、压力传感器，以及液压缸、电动机等执行机构，用于底层回路控制以及过程状态监测。

L1 基础自动化级是第二级，用于实现生产单元自动化。主要通过 PLC 和 I/O 来完成对生产过程的时序逻辑控制和底层回路控制，并直接对加热炉、轧机等生产设备进行监控和操作。L1 基础自动化级系统如图 3-10 所示。

L2 过程控制级是第三级，用于实现工序自动化。主要负责从板坯进加热炉直到成品入库全过程中，不同工艺阶段的控制参数设定、物料跟踪、数据采集和处理、数据通信、人机对话及打印生产报表等。L2 过程控制级系统如图 3-11 所示。

L3 生产控制级是第四级，用于实现生产线自动化。主要负责全线物料跟踪及生产过程的状态实时跟踪，用于全流程协同优化的控制参数设置。根据生产流程的主要工序设置服务

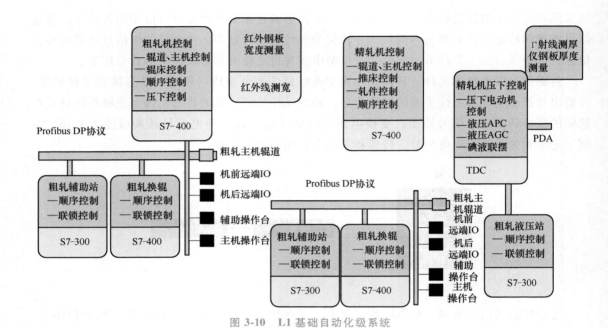

图 3-10　L1 基础自动化级系统

图 3-11　L2 过程控制级系统

器，如板加工区服务器、轧机服务器、快速冷却和热矫直设定服务器、剪切线服务器、数据库服务器及备用服务器等。L3 生产控制级系统如图 3-12 所示。

L3级MES	数据交换平台	中心机房数据库系统	加热炉操作室	粗轧操作室	精轧操作室	冷却、矫直操作室
L3级数据库系统						

图 3-12　L3 生产控制级系统

L0 和 L1 共同完成单元自动化，L2 完成工序自动化，L3 完成生产线自动化。L2 和 L3 由多台 PC 服务器及终端构成；L1 由若干台 PLC 和 TDC[⊖]组成，系统采用客户端/服务器结构，由多台 PC 服务器及终端构成。过程控制服务器、过程控制客户端和 PLC 之间通过高速以太网连接。PLC 与传动控制器、传感器及操作台之间通过 Profibus DP 现场总线（或硬线）连接。

⊖　TDC 是数据绑定技术和表格数据控件，允许通过 HTML 文件模板显示数据。

重钢集团厚板厂（4100mm）的生产过程自动化系统结构功能如图 3-13 所示。

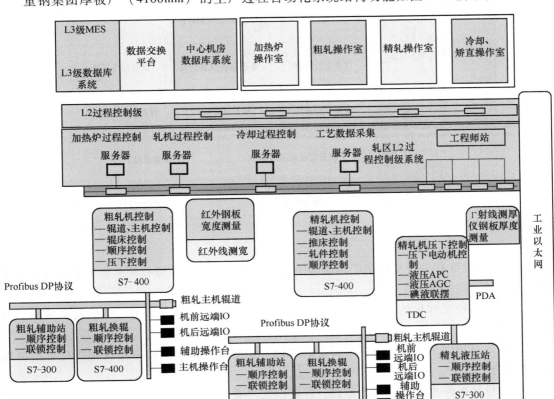

图 3-13　重钢集团厚板厂（4100mm）的生产过程自动化系统结构功能

3.3　智能化检测在智能工厂中的应用

3.3.1　设备运维检测

对于流程型制造，任何设备的非计划停机都可能会对整个生产过程造成影响，产生巨大经济损失，引发安全事故。保证设备的安全可靠运行在流程型制造中至关重要。一方面流程型制造的产品比较固定，一旦投产就可能十几年不发生变化；另一方面设备投资比较大、工艺流程固定，需最大限度降低停机和检修，克服装备的可靠性和准确性不足等问题。因此，需要对关键设备的参数进行监控，基于设备健康程度实行有效的设备管理，同时挖掘设备潜能。监控场景需覆盖设备巡点检、大修的管理，设备资产管理、设备知识库管理等，并能够根据不同设备对应的特性进行定制化维护。

设备运维关系如图 3-14 所示。

1. 需求分析

随着生产设备日益集约化和复杂化，设备运维在流程型制造企业的生产中的作用越来越

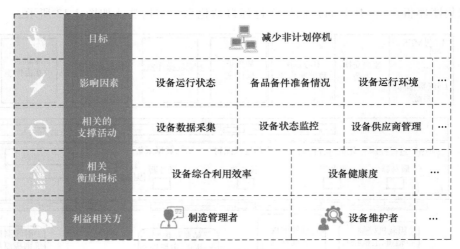

图 3-14　设备运维关系

大。同时，与设备有关的费用在产品成本中的比重也越来越大。流程型制造行业设备运维主要具有以下特点：

1）设备内物流和化学反应多，可能出现堵塞、沉淀、腐蚀等异常，产生设备故障，进而影响生产进度。

2）生产过程中某一最薄弱环节设备的产能、稳定性、质量、故障停机等指标直接影响生产能力的上限。

3）一旦局部停机导致全流程停机，经济损失严重。流程型制造企业非计划停机会造成严重经济损失，这些损失主要由丢失的产量、材料、能源以及人工浪费构成。

4）生产运行中无法停机排除故障隐患。流程型制造企业设备运行中，一些微小故障即使被发现，只要此故障不会造成质量下降、成本升高、安全事故发生等严重后果，就允许设备"带病工作"。

5）设备的运维成本占生产运行成本的比例很高，资金和人员投入较大。

2. 实施要素

为了实现智能化设备运维，可结合设备的电流、振动、温度等实时动态数据采集，以及设备状态数据、故障类型数据和静态数据档案存储等构建数字化基础。搭建设备状态管理与企业资源计划（ERP）、实验室信息管理系统（LIMS）、制造执行系统（MES）、卫生环境安全（HES）管理系统等系统集成的网络架构，实现设备的状态监测、远程运维、故障预测等智能化功能。设备运维的应用范围覆盖了供应商管理、特种设备管理、点检管理、状态监测管理、维护管理、检修管理、备品备件管理和报废管理等设备管理全生命周期。

实现设备运维的方法如图 3-15 所示。

（1）数字化基础　设备运维数字化基础主要包括生产设备的电流、振动、温度等实时动态数据的采集和设备静态数据档案和故障类型数据的管理，能够实现设备运维管理数字化。

设备静态数据档案需针对设备基础管理进行数字化升级，包括对供应商信息、设备生产厂家信息、属性信息以及设备类别信息等的数字化管理。设备状态数据管理要求实现设备点

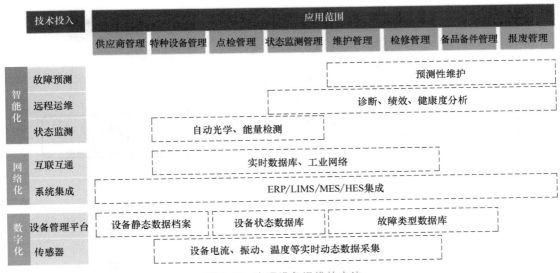

图 3-15　实现设备运维的方法

巡检数据自动采集、过程自动化仪表数据自动采集、在线监测数据自动采集等功能。设备故障管理需要建立缺陷标准库、故障标准库以及重要动态物理特性的机理模型。

设备运维基础数字化如图 3-16 所示。

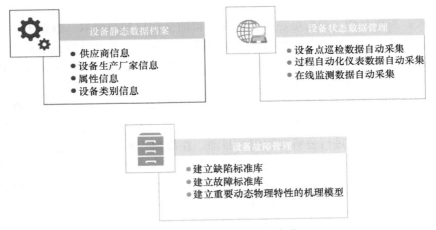

图 3-16　设备运维基础数字化

（2）网络化互联　设备运维的网络化互联，首先实现实时数据库、企业资源计划、实验室信息管理系统、制造执行系统、卫生环境安全管理系统之间的互联互通，进而实现设备状态实时数据与设备基础数据、备品备件数据、生产执行数据、危险设备运行数据的集成。

实现设备管理网络化互联，可通过物联网等技术接入关键设备，从而监测相关数据，将完整的运行参数信息库与工艺、质量等数据相耦合，建立融合各类动静态设备状态数据、管理经验、专家知识、标准流程的设备远程运维管控平台。

设备运维网络化互联如图 3-17 所示。

（3）智能化应用　设备运维智能化的核心目标是实现预测性维护。在设备状态监测方面，企业除了利用现有传感器、控制系统和生产系统等的数据外，还可通过新增点巡检、在

图 3-17　设备运维网络化互联

线监测等方式，实现对动、静、电、仪等设备数据的全面感知与获取。数据平台通过集成各类智能算法，最终实现设备、生产线或工厂的设备故障预测，并对分析的结果进行呈现。

目前设备建模主要有两种思路：一种基于机理辨别，对未知对象建立参数估计，进行阶次判定、时域分析、频域分析，或者建立多变量系统，进行线性和非线性、随机或稳定的系统分析等，研究系统的内在规律和运行机理；另一种则是基于人工智能相关的灰度建模思路，利用专家系统、决策树、基于主元分析的聚类算法、SVM（支持向量机）和深度学习等学习相关方法，对数据进行分析和预测。目前，在故障诊断、预测性维护领域，智能化程度较低，仍处于起步阶段，诊断专家的人工分析仍是不可替代的。无论是智能分析还是人工分析，目的都在于准确预测设备运行状态，实现对异常设备的预警和对故障的精准定位，并通过预测技术实现对设备寿命的滚动预测。

设备运维智能化应用如图 3-18 所示。

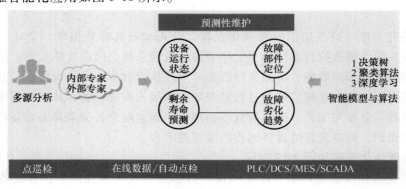

图 3-18　设备运维智能化应用

设备运维智能化建设还可以利用多维度多尺度数字孪生建模技术，进行数字孪生体系建设。通过采集物理模型、传感器、运行历史等数据，集成多学科、多物理量、多维度、多尺度的仿真技术，实现虚拟空间映射。数字化建模技术形成的系统模型在功能结构上等价于真实的系统，可以反映出内在关系和外在表现，并且具有一致性。数字孪生采用图形化技术，通过图形、图表、动画等形式显示仿真对象的各种状态，使得仿真数据更加直观、丰富和详尽。

设备运维管理数字孪生一般具有以下功能特点：

1）可以通过三维数字化虚拟空间的数据访问接口，让企业不同层级人员在不同场景下随时随地获取装置、设备、设施的工程设计、工艺、运行等数据，提高数据可见性，实现信息的透明化。

2）可以借助设备三维模型管理焊缝、检测点等位置的全生命周期业务数据，实现设备级管理向安全要素级管理的转变，让压力容器和压力管线管理回归安全本质。

3）可以借助设备三维模型进行设备培训，通过建立与现场机组完全一致的精细化模型，向设备管理人员、检修人员、操作人员提供直观、准确的知识培训和维修培训，并可让他们进行实操模拟，提高他们的业务水平和应变处置能力。

4）可以借助三维可视化虚拟场景，集成现场各种传感器数据，模拟人在现场巡检时的真实场景，解决大范围厂区、高危区域、恶劣天气下巡检难的问题。

设备运维的数字孪生智能化如图 3-19 所示。

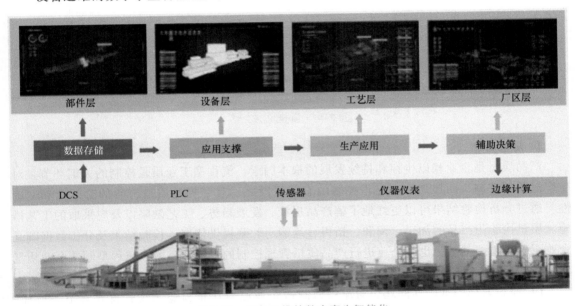

图 3-19　设备运维的数字孪生智能化

3. 应用效果及成效

设备运维管理的应用，可以为企业带来很多价值。设备运维智能化的价值包括：增强工作计划性，加强企业执行力，使企业能够合理配置部门结构和岗位，增加有效工作时间；降低设备故障率，确保生产稳定，提升设备综合利用率；降低维修成本，减少备品备件库存，降低库存资金占用。

3.3.2　质量检测

流程型工业生产原料和生产过程中的精确计量及品质鉴定，是产品质量的基础保障。一方面，考虑到取样检测的结果对后续工艺控制和成品质量影响较大，需要在生产原料配给端进行严格的检验，涉及材料追踪、重量核算、供应商确认等环节，保证材料取样、检测的客观性。另一方面，需要在生产过程中和成品阶段进行抽样检测，以保证各项质量指标满足工艺要求。由于流程型工业往往涉及大量化学、物理反应，实验室管理也是质量管理的重要组成部分，对实验过程、实验数据、检测样本、历史数据等进行全流程信息化管理，是企业控制质量、提升工艺水平的重要手段。同时，基于实验室信息管理系统，结合自动化技术与数字化实验仪器，实现实验过程的少人化（甚至无人化）、智能化。

质量检测关系如图 3-20 所示。

图 3-20　质量检测关系

1. 需求分析

产品质量是企业赖以生存和持续发展的根本因素。流程型工业质量控制的关键环节是对生产过程的控制，而加强生产过程控制的有效手段之一就是提升质量检验的时效性和准确性。通过分析检验结果可以更好地了解产品现状、发展趋势、工艺缺陷以及应采取的工艺措施。质量检验为产品的加工、调和、销售、运输、贮藏提供依据。检验结果及分析数据既是企业正确决策的基础，也是企业进行产品质量管理控制的标尺。目前，流程型制造企业质量检验主要存在以下问题：

1）原料取样的准确性问题。对流程型制造企业原料质量检验来说，首要环节是取样，取样的准确性会在很大程度上影响原料质量检验效果。实际作业中，流程型制造企业通常采取随机方式进行原料取样，在该环节上如果准确性不足，就极易导致原料质量检验结果的准确度因取样准确性不足而得不到保证。

2）检测方案和操作问题。首先，检验人员在质量检验中如果没有严格根据物质类别以及相关规范要求选择正确的方法，那么势必会得到不准确的检验结果。其次，在质量检验操作上，人员的操作熟练度、专业性等因素也会对结果的正确性造成影响。

3）实验室环境问题。环境质量检验工作对实验环境有严格的要求。通常在质量检验中，密闭性、温度、湿度等指标的变化都会造成实验结果偏差。

4）质量追溯问题。部分企业进行质量检验的方法是由检验人员手工记录原始实验数据，数据容易存在一定误差，实验结论受主观因素影响较大。在质量追溯时，查验纸质原始资料费时费力，且存在效率低、劳动强度大、时效性差、结果误差大等问题，因此难以满足产品全性能检验、验收检验以及快速获取多角度汇总产品质量信息的要求。

2. 实施要素

为了实现智能化的质量检验，可结合在线监测仪器、实验室仪器和质量建模等方面构建数字化基础，并搭建实验室仪器与企业资源计划、实验室信息管理系统、制造执行系统等集成的网络架构，实现关键节点在线检验、质量数据智能分析等智能化功能。质量检验的应用范围包含了质量策划、过程管控、质量保证、质量改进的全过程，能够实现质量检验的准确、高效，进而指导生产优化。

实现质量检验的方法如图 3-21 所示。

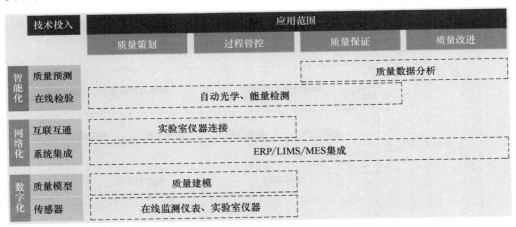

图 3-21　实现质量检验的方法

（1）数字化基础　质量检验数字化基础主要是通过在线监测仪表、实验室仪器等数据的采集和质量检验管理系统模型的建立来实现。

（2）网络化互联　质量检验的网络化互联，首先要实现实验室仪器、企业资源计划、实验室信息管理系统、制造执行系统之间的互联互通，进而实现检验数据与原材料基础数据、供应商数据、实际生产过程数据的集成。

（3）智能化应用　质量检验的智能化应用主要包含完善智能检验设备、提升智能检验技术水平和建立质量分析系统。智能检验技术涉及物理学、电子学等多种学科。采用智能化检验设备和技术可以减少人员的干扰、减轻工作压力、提高结果的可靠性。质量分析系统依靠智能检验设备传送的实时数据完成实时监控和质量分析。该系统依据检验的原始数据和后台设定的检验标准自动计算结果，生成检验结论和检验报告。该系统可以根据不同业务自动生成相应的分析报表和图形，可以根据统计分析结果，生成包括多层链接的图表，这些图表可以直接链接到产品的检验报告和检验原始记录，从而实现质量溯源。

3. 应用效果及成效

质量检验智能化可以通过对检验设备进行数字化改造，采集实时检验数据，为数字化平台的应用提供基础数据支撑；可以延伸检验数据溯本求源，可以追溯检验数据形成的每一个关键环节和过程，使每个检验结果都有据可查，增强检验数据的可溯源性；可以提升检验工作质量，使技术更加科学、检验数据更加透明公正、检验过程更加高效规范，减少主客观影响因素，显著提升工作质量；可以降低检验过程安全风险；可以改善检验人员工作环境，降低劳动强度，提升工作效率。

3.3.3   能源检测

流程型制造对于能源的消耗巨大，其能源管理存在滞后等问题，需对生产线、工艺段、设备、单品的能源耗用进行详细评估，改造加装数字化计量仪表，建立能源平衡体系。除此之外，为保证制造过程的连续性，需保证能源的持续供应。同时，对水、电、气、风进行精细管理，通过优化设备运行参数、改造设备、杜绝跑冒滴漏、合理利用能源阶梯价格、对比不同班次数据、优化控制参数等方式，提升能源利用效率，降低生产成本。

能源检测关系如图 3-22 所示。

图 3-22   能源检测关系

1. 需求分析

随着流程型工业能源使用成本及消耗处理成本的日益增加，能源管控对流程型制造企业生产经营管理的影响也越来越大。持续有效地对能源实施管理和优化已经成为企业生产经营管理的重点活动之一。当前，流程型制造企业能源消耗主要具有以下特点：

1）企业作业区域分散，管道及流程复杂，过程能源使用及过程损耗追踪困难。随着企业生产设备及设施使用年限的日益增加以及隐性消耗的持续增加，企业能源成本日益增加。

2）随着国家节能减排管理要求的系统化和全面化，企业能源节约需求持续提升。

3）企业对厂区能源的平衡、计量、控制管理缺乏数据基础，内部能源转换后调度平衡及资源负载无法实现最优化调控，造成企业能源成本控制困难。

因此，以高科技信息技术作为平台，综合新技术、新工艺、配套技术和管理措施，减少消耗，建立安全、稳定、可靠、经济和高效的能源管理系统，对于降低企业生产成本、改善环境质量以及提高产品的市场竞争力具有极为重要的意义。

2. 实施要素

为了实现智能化能源管理，可结合生产过程中的关键节点的流量、液位、压力、电耗等实时状态的数据采集，与能源消耗模型数据库、能源消耗状态监测数据库和能源异常数据库构建数字化基础，搭建能源管理与企业资源计划、实验室信息管理系统、制造执行系统、企业资产管理（EAM）系统等系统集成的网络架构，实现能耗监测、能耗分析和能耗预测等智能化功能。能源管理的应用范围包含了资源设计、入厂管理（质量）、能源转化、计量管理、耗用管理、模型建设、调度与平衡、能源优化等全过程管理。

实现能源检测的方法如图 3-23 所示。

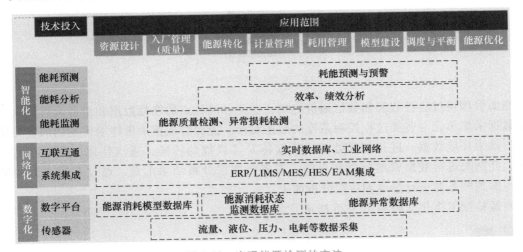

图 3-23　实现能源检测的方法

（1）数字化基础　能源管理数字化基础主要包括能源消耗等实时状态数据的采集，建立能源消耗模型数据库，建立能源异常数据库，建立能源消耗状态监测数据库以实现数据采集的数字化记录。

建立能源消耗模型数据库，需包含企业供配电系统、动力系统、给排水系统、环保系统、设备信息，实现对电力耗用，燃气、水汽、气体、环保排放的水、汽、渣等各种能耗介质、耗能设备及区域耗量进行数据关联，并形成能源消耗模型的数字化。

建立能源异常数据库以记录能源应用中事故、故障、历史偏差、越限等事件关键值，实现对异常耗用的故障类型、耗损的故障类型、排放数据的故障类型、安全阈值数据的数字化。

建立能源消耗状态监测数据库，实现能源运行数据的数字化记录，通过现场控制层及采集层单元实时采集现场各种模拟量、开关量、脉冲量及温度量等数据，进行工程转换、直采和电子录入，从而实现可供应用的能耗数据的数字化。

能源检测数字化基础如图 3-24 所示。

（2）网络化互联　能源管理的网络化互联，首先是实现实时数据库、企业资源计划、实验室信息管理系统、制造执行系统、卫生环境安全管理系统、企业资产管理系统之间的互联互通，进而实现能源消耗实时状态数据与设备状态数据、过程质量数据、原料采购数据、危险设备运行数据的集成。

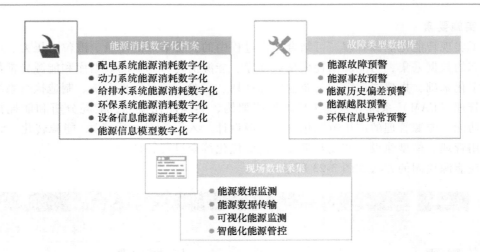

图 3-24　能源检测数字化基础

能源管理通过各种智能和数值通信终端，监测各能耗点的能耗数据和设备运行信息，实现了数据采集单元与各类过程控制系统的数据对接。能源管理把采集终端采集到的各类能耗参数、动力环境数据，进行前置处理、数据转发（或规约转换、通信管理、数据网关）处理等，在网关进行数据就地分析和存储，或者将数据分析结果汇总，通过有线或无线的方式，传输到服务器进行显示和后续分析加工。

能源检测网络化互联如图 3-25 所示。

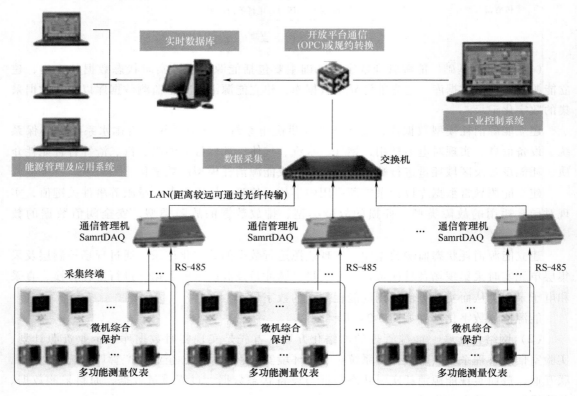

图 3-25　能源检测网络化互联

（3）智能化应用 能源管理智能化的核心是通过对各类数据的有效利用，实现企业能源动态化管理。能源数据是反映设备运转和车间生产状况的最真实、有效的数据。企业可以通过数据建模和智能分析，用能耗数据来统计设备、线体运行时间，统计生产停机频率和停机时间，以分析设备的可用性。企业可以通过设备能耗数据来分析和评价工人工作量和工作效率。企业还可以应用数据分析技术和自动化技术，建立全厂能源优先生产模型，来指导生产设备运转。在订单交付不是很紧迫的情况下，自动切换到能源优先生产模型，以能源消耗最小化来安排生产；当订单需要紧急交付时，再自动切换到订单优先生产模型，调整设备工作模式，保证能源安全、足量供应。

在日常生产活动的应用中，可以通过能源模型和预测分析，进行各环节的消耗核算和预测，形成基于均衡消耗的关联数据。这些关联数据能够帮助实现能源消耗所关联的安全耗量管理、异常耗用预警及风险预警等功能。此外，还可以通过对数据进行优化分析，实现基于能源管理的预判协同，从而对生产、设备、安全等系统中的数据异常进行处理。

能源检测智能化应用如图 3-26 所示。

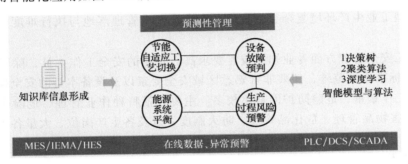

图 3-26　能源检测智能化应用

注：IEMA 为工业工程与管理协会。

3. 应用效果及成效

能源管理的智能化应用，可以为企业带来很多价值：可以通过能耗数据来统计运行时间、生产停机频率和停机时间，分析和评价设备及人员工作效率，帮助企业优化流程；可以通过实时计算设备的各项参数，对比设备运行过程中偏离目标值对能耗的影响，实现能耗使用的透明化，消除能源异常消耗，提高企业能源的经济运营能力；可以通过能耗数据的预警阈值控制，预测和监控能源消耗异常，降低安全及环保方面事故的发生率。

3.3.4　安全环保检测

在流程型制造企业中，由于存在大量高温高压装置、有毒有害物质，安全生产一直都是高优先级的活动。近年来，国家对流程型工业的安全要求也是越来越严格。所以，流程型工业需要借助智能制造相关技术手段，降低生产过程中安全事故发生的可能性。此外，流程型工业受环保部门重点关注，化工、钢铁、有色等行业更是国家重点环保关注行业，这些行业的企业急需提升环保标准和部署相应措施。

安全环保检测关系如图 3-27 所示。

1. 需求分析

随着流程型工业生产管理和自动化水平的提高，企业对经营风险控制的要求越来越严苛。当前流程型工业的安全环保（简称安保）管理主要具有以下特点：

图 3-27　安全环保检测关系

1）流程型工业生产环境复杂、管理体系庞大，安全管理落地与执行难度大，且容易产生安全漏洞。

2）对员工安全管理方面专业知识技能要求高。企业的安全工作人员，除了要深刻理解企业安全生产标准化规范外，还要非常熟悉区域安全要素以及设备本身的安全操作规程。

3）安全工作繁重，危险防护因素比较多。主要包括特种作业管理、危险作业审批、易燃易爆有毒有害物品管理、危化品管理、防火制度，以及各生产岗位、大量各工种机械设备的安全巡检。

2. 实施要素

安全生产管理要求提供具有行业特征的基础素材，例如检查标准库、事故案例库、安全试题库、安全措施库、法律法规库等。通过隐患排查治理、安全作业许可、应急演练管理、应急资源管理、应急预案管理、记录与报告管理等，实现企业日常监管、预警预测、应急救援，提高应急管理工作的高效化和规范化，并为应急救援指挥决策提供基础数据支撑。信息化建设依靠数据来支撑。在获取应急救援、视频监控图像、采集现场图像、环境监测数据、气象监测数据等后，利用前端采集的各类数据结合数学模型，对事件的发展趋势以及影响范围进行分析，得出救援线路、逃生路线等方案。

为了实现智能化的安全环保管理，可结合生产过程中对危害气体、废气、固废等危险源的实时监测数据采集、预警信息、环保数据与安环流程，奠定数字化基础，搭建安全环保管理与企业资源管理、能源管理、设备管理、制造执行管理等相关系统集成的网络架构，实现安环监测、安环分析和风险预测等智能化功能。安环管理的应用范围包含了法律法规、隐患排查、预案管理、教育培训、应急指挥、调度协同、风险评估、救援管理等全过程管理。

实现安全环保检测的方法如图 3-28 所示。

（1）数字化基础　安全环保管理数字化基础主要包括危害气体、可燃气体、废气、废水、固废等危险环保源的监测数据采集，实现安环流程、预警信息、视频与环保数据的数字化。

建立安环实施电子流程，将企业隐患排查治理、安全作业许可、应急演练管理、应急资源管理、应急预案管理、记录与报告管理等进行系统的梳理与植入。其中，针对导入流程设

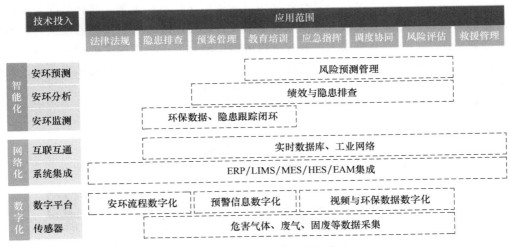

图 3-28　实现安全环保检测的方法

定电子过程审批与记录，同时建立法律法规和行业信息库，与流程进行互相检索，确保流程处于适用状态。

建立安全预警数据库，同步企业历史安全事故信息异常值，设定生产安全事故等预警指标，为预防管理提供数据支撑。

建立企业安环数据采集点，数据涉及人员管理、防区管理、环境检测、排放采集、气象检测等多维度信息，利用前端各类采集设施形成数据集。通过现场数据采集及各类法律法规知识库的建设、电子化记录及检索预警，实现数字化安全环保过程监控。

安全环保检测数字化基础如图 3-29 所示。

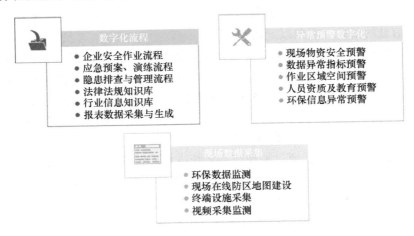

图 3-29　安全环保检测数字化基础

（2）网络化互联　安全环保管理的网络化互联，首先是实现实时数据库、企业资源计划、制造执行系统、能源管理相关系统之间的互联互通，进而实现安全环保实时数据与设备状态数据、能源消耗数据、生产执行数据的有机集成。

将终端设施接入网络，采集设备的数据并上传到服务器或云平台，是网络化的基础。在实际场景中存在以下两种情况：一是有数据接口的智能化仪器仪表等，这种情况需要将设备数据传输到网关；二是部分无法直接提取数据的设备，可以通过安装传感器或进行智能化改造，增强通信能力，基于有线或无线方式，将数据传输到网关。由网关进行数据就地分析和存储，或将数据、分析结果汇总，通过有线或无线的方式，传输到公有或私有云服务器进行显示和后续分析。通常，在设备接入基础上发展数据分析及云平台业务。

安全环保检测网络化互联如图 3-30 所示。

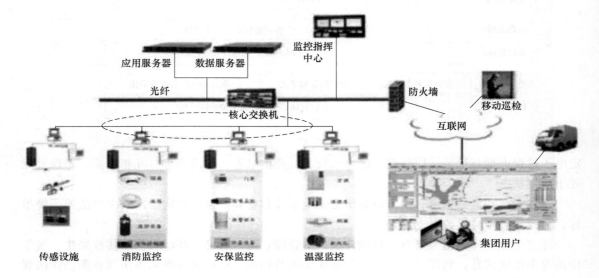

图 3-30　安全环保检测网络化互联

（3）智能化应用　安全环保管理智能化的核心是基于安全管理的预警及预测管理，在充分利用现有信息的基础上实现以下功能：

1）智能预警预测：通过管理系统实现现场数据信息化，自动记录管理范围内的数据、设备、人员等信息，实现现场资源透明化，同时利用数据集成对比，排查现场安全环境及控制区域内指标环境，针对异常数据趋势进行预警提报，对现场异常实施预警干预。

2）危险区域报警：根据全厂不同区域的安全管理等级，规划、设置区域的危险点，实现危险点防控结合，从而实现风险的预先防控。

3）地理信息的联动应用：通过地理信息系统（GIS）、全球定位系统（GPS）等，构建现场作业报警功能，与工作坐标系统及检修工程管理模块集成，形成工作区域识别，识别作业流程的符合性，实现环境与流程一致。基于地理信息，通过人员定位管控、安全区域管理、人员状态管理，确保人的安全；通过车辆定位管理、路线管理，实现物的安全；通过统一报警管理、应急管理与指挥联动、地理信息系统、疏散逃生指引等基于高精度定位的管控，实现异常应急的快速处理。

安全环保检测智能化应用如图 3-31 所示。

3. 应用效果及成效

企业经营生产过程中，安全环保管理相关系统的智能化应用可以在给企业提供安全保障的同时，提升管理效益，可以提升过程执行效率，保证企业有效遵循法律法规；事件自动提

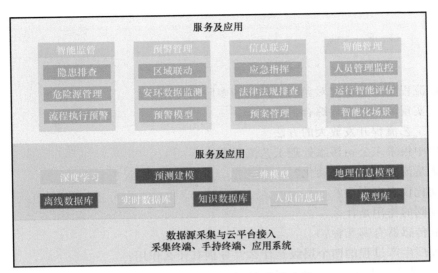

图 3-31　安全环保检测智能化应用

醒与督办，可以避免因安环事务繁杂而产生的遗漏，同时相关系统可以自动生成所需的台账和报表，便于安全环保工作的开展；建立企业自身的检查标准库，方便开展隐患排查工作；消除安全隐患，安全管理从被动到主动，科学进行安环工作规划，实现事前的充分管控、事中的监控预警及快速应对，大幅降低企业安全环保管理成本及企业经营风险。

3.4　本章小结

本章主要从工艺流程优化、自动化控制、智能检测 3 个方面介绍了流程型制造智能工厂的实现方法。

首先，做好工艺流程优化可以达到降低生产成本、增加利润的目标，并能兼顾环境保护、过程安全性与可靠性等目标。本章介绍了工艺流程优化方法、流程型工程研究对象的多尺度和多阶段的特性、实现流程型工程综合的方法、流程型工程和化工工艺设计，着重叙述了工艺流程开发放大的四种方法。本章还介绍了工艺流程优化在中粮肇东公司污水处理中的应用。

其次，自动化控制在流程型制造智能工厂建设中有着举足轻重的地位，做好自动化控制有助于工厂人力成本的节约、生产效率的提高。本章阐述了流程型工业自动化，讲述了自动化仪表、控制阀、工业传感器在流程型制造中的地位及作用，为流程型制造智能工厂的建设提供了技术路线。本章还介绍了重钢集团厚板厂的生产过程自动化系统。

最后，本章从设备运维检测、质量检测、能源检测、安全环保检测 4 个维度讲述了智能化检测在流程型制造智能工厂中的作用。设备的运行维护检测可以减少设备非计划停机的时间，提高生产率；质量检测保证了产品各项质量指标满足工艺要求；能源检测提高了能源的利用效率，降低了生产成本；安全环保检测降低了企业经营生产风险，响应了国家可持续发展的号召。

3.5 章节习题

1. 简述流程型工程研究对象的多尺度和多阶段特性？
2. 如何实现流程型工程综合？
3. 简述工艺流程开发放大的方法。
4. 画出中粮肇东公司污水处理工艺流程图。
5. 什么是流程型工业自动化？
6. 自动化仪表有哪些？
7. 控制阀的作用是什么？
8. 工业传感器有哪几种？
9. 厚板厂生产过程的四个层级是什么？分别有什么作用？
10. 简述设备运维检测的数字化基础。
11. 简述质量检测的网络化互联。
12. 简述能源检测的智能化应用。
13. 简述安全环保检测的应用效果及成效。

科学家科学史
"两弹一星"功勋科学家：王希季

第 4 章

流程型制造智能工厂的应用案例

PPT 课件　　课程视频

4.1 石化领域示范工厂

4.1.1 石化行业概述

　　石化行业（见图 4-1）在我国国民经济中具有重要支柱作用，经济总量大，产业关联度高，与经济发展、人民生活和国防军工密切相关，在我国工业经济体系中占有重要地位。当前石化行业正处在调结构、促转型和智能制造技术应用的关键交汇期，大力推动石化行业智能制造水平，全面提升行业发展质量和经济效益，是今后一段时期石化行业发展的重点工作和主要任务。我国石化行业规模大，其中炼油加工能力很强，同时还拥有自主开发的催化裂化、加氢裂化等六大炼油核心技术，以及千万吨级炼油、百万吨级乙烯和芳烃生产等五大成套技术。我国石化行业也面临炼油产能过剩、高端产品自给率不足、能耗和物耗较高、安全环保压力较大等问题。我国石化行业总体还是大而不强、大而不优。在信息化、智能化技术高速发展的时代，石化

图 4-1　石化行业

行业迫切需要突破传统经验式经营决策与操作运行模式，向高效化和绿色化方向发展，实现由大变强。

　　目前，我国石化行业数字化应用已广泛开展，主要围绕经营管理精细化、生产执行精益化、操作控制集中化、设备管理数字化、巡检安防实时化、供应链协同化等方面开展。大型国有石化企业如中石化等普遍通过自上而下的方式，分期开展数字化示范项目，统筹推进数字化建设。

　　在生产执行层，通过对生产加工全流程的优化以及生产过程的先进控制，实现生产效益最大化。具体包括：①计划调度协同优化。综合利用机理建模技术与优化算法，通过计划、

调度和操作的协同优化，实现生产全过程效益最大化。②日效益分析优化。采用深度学习算法实现生产的智能排产和动态优化，企业由月效益分析转变为日效益分析。③生产操作协同联动。炼化企业建成工业5G无线网，实现智能巡检和内、外操作协同，提高现场处置效率、操作平稳率和合格率。④能源全过程管理。实现能源的供、产、转、输、耗全流程管理，支撑了能源管理中心建设。⑤应急指挥协同一体化。实现了报警、接警和处警的应急联动和快速响应，指导现场救援。

在操作控制层，通过对生产操作的动态跟踪、实时监控，生产指挥的集中管理，生产过程三维数字化，管线的自动化管理，实现操作控制的动态化、集中化、可视化、智能化。具体包括：①基于大数据的报警和预警。利用装置的历史数据分析和挖掘装置的报警规律，实现关键报警、提前预警。②数字化物资仓库。试点企业应用物联网技术实现库存物资实时盘点和智能配送，提高物资管理效率，减少库存所占用的资金。③全自动立体仓库。建成超大型、全自动且无人操作的聚丙烯立体仓库，实现固体产品包装和仓库作业的自动化管理以及无人装车发货。④三维数字化工厂。基于工程设计数字化交付成果建成三维数字化工厂，实现人员培训、设备吊装模拟、工程量估算、设备故障定位和应急演练等应用。⑤设备健康和可靠性管理。利用大数据分析技术对设备运行状态进行评估和智能诊断，实现设备预知性维修，减少非计划停工。

在石化行业，九江石化、茂名石化等试点示范企业形成了可推广的智能工厂应用框架和建设模板，成为流程型工业特别是石化行业智能化改造的样本。它们构建了智能化联动系统，建立炼化环节生产管控中心，构建了协同一体化管控模式，在石化、轮胎、化肥、煤化工、氯碱、氟化工等领域取得了良好的示范效应。目前，在新建和改造升级中的大型石化企业已不再仅做基础自动化升级，而是正在实现管控一体化。例如石化行业通过统一编制智能工厂的总体规划，统一组织系统开发和试点建设，借助先进的项目及技术管理经验，避免重复开发、资源浪费现象；在煤化工行业，如山西潞安煤基清洁能源公司，通过对设备运行状态及生产全流程数据的自动采集，依托生产业务模型和专家经验建成生产执行平台，实现生产管理在线控制、生产工艺在线优化、产品质量在线控制、设备运行在线监控，实现安环管理在线可控的智能化管理；在氯碱化工行业，如宜宾天原集团，通过运用智能化、信息化手段及互联网思维，构建生产控制、制造管理、经营管理三位一体的协同管控模式，实现整个生产运营过程的数字化管控与信息化系统集成，打造绿色、高效、安全和可持续的新型现代化智能制造工厂。石化行业关注的智能制造重点方向如图4-2所示。

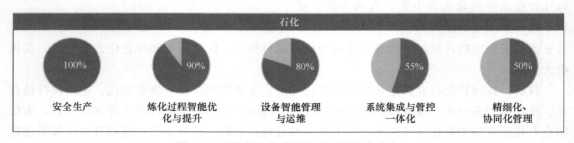

图 4-2   石化行业关注的智能制造重点方向

1. 安全生产

主要业务包括生产操作、工艺管理、质量管理、能源管理、计量管理、调度管理、计划管理等，由于生产过程高温高压以及原料和产品属于危险化学品的行业特性，化工行业对安全生产的控制极为严格。引入或升级智能化安全系统是智能化改造过程中尤其重要的一环。石化企业正在尝试：利用物联网和地理信息等技术，实现安环风险实时监控，保障工厂安全；夯实自动化基础，提高在线分析、自动数采能力，覆盖控制、工艺、危化品、环保、管线等重点单项管理，实现向上和向下延伸，向上打造新一代生产营运中心，向下强化过程控制和智能装备，提升生产安全的信息化、集约化监管。

2. 炼化过程智能优化与提升

在石化行业的项目中，大部分企业正在逐步完善生产管控中心。生产管控中心集生产运行、全流程优化、环保监测、集散控制、视频监控等多个相关信息系统于一体，对整个炼化过程进行智能优化与提升。同时生产管控中心还能优化生产经营计划的在线高效编制及动态跟踪滚动调整，提升全流程优化能力，支撑协同，实现采购、生产、物流的协同，解决生产运营各环节的上下贯通、集中集成、信息共享、协同决策，提高企业生产运营过程的全面监控、全程跟踪、深入分析和持续优化能力。

3. 设备智能管理与运维

业务范围涉及设备前期管理、运行管理、维修管理、专业管理、综合管理和"技改技措"（即技术改造、技术措施、施工规程、操作规程等）及报废更新管理等设备全生命周期业务管理。炼油化工设备的安全、稳定、长周期运行是石化工厂的基本保障。石化企业希望结合本行业工艺特点建立石化装置维保体系，实现腐蚀预测与控制，实时评估设备运行的状态和异常影响；同时将状态监测、绿色制造、人工智能、物联网等新技术、新工具应用在石化设备检维修工作中，努力实现设备管理与运维的智能化，并进行设备运营期间监测、预警、腐蚀、保障、检维修方面的专项管理，融合设备资产设计、采购、安装、生产、检维修、安全等工厂全生命周期的动静态数据，强化设备全生命周期管理和感知能力。

石化行业智能化趋势可归纳总结为集成化、智能化、自动化、主动化及绿色安全化五大特征。①集成化，实现信息的集成并有效采集企业内部所有流程数据，实现石化工厂从物理向数字化的转变。②智能化，实现人机交互模式的变革。智能制造中的"机器"可以与人相互协作、各取所长，组成共同决策主体，从而实现人机交互与融合。③自动化，全面实现自动感知、主动响应、主动控制的自动化管控。④主动化，对市场波动迅速反应，主动动态调配资源，实现柔性制造。⑤绿色安全化，实现环境足迹监控及能源管理优化，并实现本质安全、生产安全、信息安全的安全防护。

4.1.2　示范工厂：九江石化

中国石油化工股份有限公司九江分公司（简称九江石化）是一家拥有 40 余年生产历史的炼油厂，各个时期和阶段投产的设备并存，这给整个公司的智能化建设带来挑战。九江石化智能工厂建设通过提升"全面感知、预测预警、优化协同、科学决策"4 种能力，在"计划调度、安全环保、能源管理、装置操作、IT 管控"5 个领域，实现具有"自动化、数字化、可视化、模型化、集成化"的"五化"特征的智能化应用。九江石化智能制造以智能工厂为核心，形成以数字化为根本、以标准化为基础、以数据和模型为核心要素、以集中集成为重点、以效益为目标的流程型制造模式。

九江石化的流程型制造智能工厂包括：通过构建智能化联动系统，实现管理、生产、操作系统的联动；建立炼化环节生产管控中心，实现连续性生产智能化；搭建内外协同联动系统，实现数据连续性精准传输；应用智能仓储系统，实现大宗物料、产品发货无人化；构建协同一体化管控模式，实现各流程环节高效管理。具体来说：建立数据采集和监控系统，对物流、资产等进行全流程监控与高度集成；构建数字化模型，即对工厂总体设计、工艺流程及布局建立数字化模型；建立先进控制系统，关键生产环节实现控制和在线优化；建立制造执行系统，实现生产模型决策、过程量化管理、成本和质量动态跟踪，以及从原材料到成品的一体化协同优化；实现严格的自动检测监控，即对于存在较高安全风险和有毒有害的物质排放进行严格自动检测监控；建立互联互通网络架构，实现各生产环节之间，以及数据采集和监控系统、制造执行系统和企业资源计划的高效协同；建立工业信息安全防护体系，具备网络防护、应急响应等工控安全保障能力，为防范和处置安全风险提供有力保障。

在智能化进程中，九江石化在设备、人员和安全管理的远程移动可视化监控与专家辅助决策方面，取得了突破性进展。炼化工厂的装置设备、管线、阀门等会出现"跑、冒、滴、漏"等情况，现有设备监控与维护操作人员对讲模式无法联动，而且效率低下，对现场事故的处理不及时。对设备巡检人员缺乏监控，存在漏检、脱岗、不按规定路线巡检等安全风险。另外，炼化厂储罐溢流或储备情况、泄漏、火灾、流量和能耗计量数据等需要实时监测。九江石化现有模拟系统和各有线系统相互独立，无法联动（图 4-3）。其有线传输难以保障运行和安全监测要求（图 4-4）。

图 4-3   现有模拟系统和各有线系统相互独立，无法联动

图 4-4   有线传输难以保障运行和安全监测要求

九江石化积极推进工业物联网和智能化建设，实现全厂区的无线信号覆盖，同时实现储罐储备情况、火灾隐患、流量和能耗计量等数据的回传。智能工厂神经中枢——生产管控中心投入使用后，实现了生产状态可视化和远程移动巡检。以往巡检过程中操作人员需要携带

巡检棒、手电筒、照相机、巡检终端（包含测温、测振、RFID 扫描等功能）、纸、笔等工具。智能巡检则利用现有可视化系统，巡检人员只需要携带一部终端就可以轻松完成巡检业务。另外，通过五元组（人、时间、位置、数据、拍照）信息确认，详细记录巡检路线、仪表数据、现场照片，从根本上杜绝了假巡检、脱岗和漏检等行为，从而实现操作管理、巡检管理的数字化、可视化、流程化，智能巡检准点率、巡检质量大幅提升。九江石化生产管控中心如图 4-5 所示。

图 4-5　九江石化生产管控中心

九江石化在全流程生产计划、装置生产优化运行等系统建设方面，取得重要应用效果。炼油过程装置多，工艺复杂，工业生产过程难以被准确反映。传统的生产决策与操作运行普遍依赖人工经验，难以定量、准确地反映装置实际运行特性，造成生产决策与操作运行方案偏离实际，甚至反向。

鉴于此，九江石化与华东理工大学紧密合作，积极推进面向炼油生产决策与优化运行的智能化技术研发，建成并投入使用了炼油过程虚拟制造系统，支撑智能工厂核心建设。虚拟制造系统的核心功能（炼油装置在线仿真、装置运行性能评估、生产装置操作优化和生产计划优化决策等子系统）依次投入使用，实现了以过程机理模型为核心的长期计划自主决策、短期调度优化以及装置操作在线优化，替代传统经验式、手工式方案编制模式，降低了数据收集、物料平衡、性质估算等人工干预操作引起的模型偏差，确保决策方案与运行方案准确、可行，提高了方案编制效率和炼油装置整体运行水平。

九江石化智能工厂整体上分为 3 个层次：一是管理层。以企业资源计划（ERP）应用为主，包括实验室信息管理系统（LIMS）、原油评价系统、计量管理系统、环境监测系统等，主要是对生产中的人、物、数据进行管理。二是生产层，包括制造执行系统（MES）、生产计划与调度系统、流程模拟系统，并生成企业运行数据库，以及管理层的原油评价数据、质量分析数据，各项目标在这一层被转换成具体操作指令。三是操作层，包括产品生命周期管理（PLM）、流程模拟（RSIM）、炼油动态调度系统（Orion），具体根据排产计划，监测生产设备负荷、运行仪器仪表、采集实时数据等。九江石化智能制造的信息系统一体化模式如图 4-6 所示。

九江石化同时集成 MES、LIMS、ERP 等 25 个生产核心系统，为调度指挥、大数据分析、

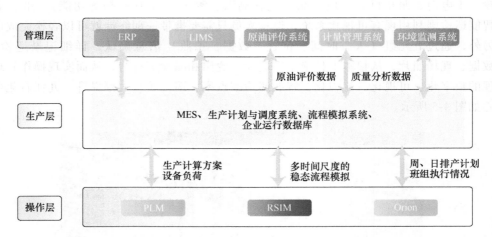

图 4-6 九江石化智能制造的信息系统一体化模式

数字化炼厂平台等 21 个系统提供数据支撑，共享近 100 类业务数据，总量达 1684 万条，突破了此前普遍采用的"插管式"集成模式的限制。健全风险作业监管体系，通过施工作业线上提前备案、监控信息公开展示，实现"源头把关、过程控制、各方监督、闭环管理"。建设并提升 LIMS/LES（实验室信息管理系统/实验室执行系统）功能，实现实验数据录入与分析过程无纸化移动，816 个分析方法、结果计算与验证操作的程序化，分析检验、物料评价、仪器数据编码的标准化，确保过程数据完整可靠、质量管理与 LIMS 指标联动。在线分析仪表运行监控与管理系统实现 439 套在线分析仪运行全过程实时监控管理，支撑由分散管理向集中管控和专业化管理转变。九江石化智能工厂的系统架构图如图 4-7 所示。

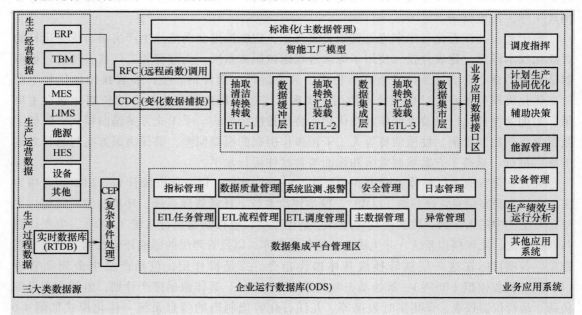

图 4-7 九江石化智能工厂的系统架构图

注：TBM 即全面预算管理及生产经营监控系统。

九江石化以物料进出厂计量点无人值守、计量全过程监控为目标，构建"公路、铁路、管输"三位一体的计量集中管控模式，实现物料进出厂计量作业自动化、计量过程可视化、计量数据集成化、计量管理标准化，作业时间缩短 1/3，劳动用工减少近 40%，风险防控能力明显增强。

（1）智能工厂建设后取得的效果　　通过智能工厂建设的迭代实践，九江石化智能工厂水平不断提升，取得了如下效果：

1）提高发展质量，助力转型升级。企业经营业绩持续提升，利润总额从 2012 年中国石化炼油板块排名第 27 位提升至 2019 年的第 10 位，吨油利润从 2012 年第 23 位提升至 2019 年的第 13 位，2015 年至 2019 年共实现利润 69.76 亿元。

2）支撑安全环保，提升本质安全。污染物产生、处理、排放全过程闭环管理，外排废水 COD（化学需氧量）控制在 40mg/L 以下，主要污染物排放指标达到业内领先水平。

3）优化管控模式，提升管理效率。在炼油产能翻番的情况下，2019 年与 2011 年相比，员工总数、班组数量、外操室数量分别减少 22%、13%、35%。

4）助力降本增效，提高数据质量。设备自动化控制率达到 95%，生产数据自动采集率达到 95% 以上，运行成本降低 15%，能耗降低 2%，软硬件国产化率达到 97%。

（2）供其他企业借鉴的要点　　九江石化从信息化基础相对薄弱的传统企业迈入全国智能制造试点示范企业、标杆企业行列，其为流程型制造企业智能制造建设提供了以下借鉴要点：

1）谋划智能制造顶层设计，加强全产业链协同。顶层设计是核心。流程型制造企业打造智能工厂，要站在全局、整体层面进行深入研究，把握智能工厂的建设规律，结合企业自身的流程生产特点，制定个性化智能系统。按照"简洁易用"的原则，制定能够满足企业自身需求的智能化改造方案，涉及人员高效管理、设备自动化、炼化技术等方面。同时，必须依托自动化生产设备等硬件设施，应用 ERP 管理、生命周期管理、企业数据库等软件，才能实现整个流程型生产系统的全过程智能化改造。为此，智能化改造的顶层设计尤为重要，通过制定个性化智能制造顶层设计，实现从生产流程到管理运作的全方位应用、全过程管理，不仅要实现各个子系统的高效运作，还要实现各子系统之间的密切协作。

2）积极建设数据处理中心，实现信息集成，数据集成是关键。为此，企业需要建立数据中心，以及服务于数据中心的信息化基础设施，包括数据存储系统、企业数据库、信息采集设备、数据传输网络等。生产一线的实时数据，通过 PLC 等设备被采集之后，再由传输网络传输到数据存储系统，形成企业数据库，这一整套系统正是企业实现智能化改造所要建设的数据中心。其中，数据采集是重点，要建立统一的数据规范，包括设备型号，以及材料的尺寸、特性、大小、时间等，只有统一数据规范，才能采集到真实可用的数据，进而指导生产。流程型制造企业智能制造建设需提早谋划，在进行基础设备、生产建设的规划时，就应充分考虑生产过程中数据的采集与应用。

3）采用智能设备，夯实改造基础。智能设备是支撑。流程型制造企业建设智能工厂需应用大量智能化设备和系统，包括物联网、智能终端和大数据相关设备和系统等。它要求流程型制造企业不论是新建工厂还是在原有基础上改造，都要主动应用和完善智能设备，满足生产智能化的需要。同时，流程型制造企业还应主动升级现有设备、通信网络和数据中心，满足智能化要求。对于不具备条件的，可通过技术改造，升级现有设备，配置相应的智能化监控、操作模块，最终实现智能化。

4）实现生产流程的智能化变革生产理念。流程优化是手段。智能工厂的建设就是利用大数据技术，分析内外部数据，形成决策，在减少人员干预的条件下，实现自动优化生产，最终完成工厂智能化运作。为此，流程型制造企业必须建立基于流程生产设备、信息技术的规范管理体系，保障各项设备的正常运行，以及数据信息的安全可控，同时还要积极建立与智能工厂相匹配的企业理念与文化，智能工厂的管理模式要与企业文化、企业管理战略保持一致，它会涉及企业的生产经营方式转变、组织变革、人员素质提高等各个方面。

示范

4.2　钢铁领域示范工厂

4.2.1　钢铁行业概述

钢铁行业作为国民经济的重要基础产业，支撑着国民经济的快速发展。

钢铁行业在利用新兴信息技术改造传统产业方面起步较早。20 世纪 80 年代初，我国一大批大型钢铁企业就已经实现了炼钢、烧结等生产过程控制，并建成了生产管理信息系统。同时，钢铁行业也通过持续地引进新技术和优化，增强了自身信息化水平。传统的电控、仪控和通信系统正被先进的一体化系统所取代，集回路调节、顺序控制、传统控制、多媒体应用为一体。仿真技术和人工智能技术在钢铁工艺各个环节的应用中也取得重大突破；能源管控系统和可视化监控系统在企业生产、经营活动中发挥高效作用；制造执行系统、过程控制系统、企业资源计划和能源管理系统等得到广泛应用。

面对互联网、云计算、大数据等技术的发展和广泛应用，钢铁企业的产品设计、生产制造、经营管理等多个生产与管理环节的全局协调优化问题，以及生产与节能减排的动态协调与管理控制等方面存在的问题，有了新的解决方案和解决路线，为钢铁企业增效、降耗与转型升级提供了强有力的技术支撑。钢铁生产数字化网络化智能化建设，能够有效改进钢铁行业特有的生产流程及其管理优化水平，包括提升生产率、节能降耗、提升生产计划兑现率、减缓机器设备损坏、缩短生产停车时间、减少不合格品率、降低资金占用等。

发展智能制造，一方面要加快推进钢铁制造信息化、数字化与制造技术融合发展，把智能制造作为两化深度融合的主攻方向。另一方面，在全行业推进智能制造新模式行动，总结可推广、可复制经验。重点培育流程型智能制造、网络协同制造、大规模个性化定制、远程运维 4 种智能制造新模式的试点示范，总结出钢铁行业智能制造的发展路径，提升企业新品高效研发、产品质量稳定、柔性化生产组织、成本综合控制等能力，满足客户多品种、小批量的个性化需求。

钢铁厂的数字化转型在产业链优化、人员劳动强度和环境改善、质量控制、辅助设计等方面正在发挥积极作用。钢铁行业本身已经高度自动化，信息化基础也相对较好，通过对劳动资料数字化，结合未来大数据、云平台建设，可在区域建立快速配套协调的上下游产业链；通过上下游企业间可贯通的数字化设计和交付能力，帮助产业数据标准真正落地。数字化解决方案能够帮助车间在提升生产率的同时，大幅降低一线工人的劳动强度，提升劳动安全水平，改善他们的工作环境。通过数字化远程运维技术，维护人员、专家可以减少不必要的交通出行，大大提升工作效率和有效价值。实时数据驱动的数字孪生能够通过自主学习，在生产过程中优化质量规则，从而对产品进行进一步加工和优化，并在允许的范围内实现自主决策，根据实际情况自动调整生产计划。采用数字化资产管理，可实现企业资产的保值增值。

钢铁行业数字化工厂整体方案按照企业实际需求和市场技术发展趋势进行统筹规划、分步实施。数字化工厂整体方案，从数字化装备（包括数字化的低压盘柜、现场仪表、变频器、电动机、DCS、PLC 等）、数字化设计平台、数字化交付（包括机械、电气、仪表、公辅设施和厂房）、数字化运营、数字化维护和数字化资产管理着手，在结构化数据的支撑下，实现企业生产全流程可视化、信息技术（Information Technology，IT）与运营技术（Operation Technology，OT）的融合，采用人工智能和大数据技术充分发掘和使用数据的价值，进一步实现系统和过程的优化，提升智能制造能力，并有效减少浪费、提高效率和安全性。

近年来，钢铁企业尤其是我国钢铁企业面临的竞争压力显著增大。为了持续盈利，钢铁企业努力拓展新市场，开发优质产品和新钢种。同时，降低成本、提高产能等盈利手段，往往需要通过优化资产管理或提高自动化水平来实现。近 10 年来，传感器技术、计算能力和相关软件服务的迅速发展使数据量呈指数级增长。我国钢铁行业正在进行的从产量到质量的转型与工业 4.0 和相关数字化技术的支持和推动息息相关。

钢铁生产工艺流程漫长且复杂，在整个生产过程中会产生海量数据，这些数据只有经过及时准确处理才能挖掘出其价值，从而全面实现工业信息化。传统的企业单独搭建主机系统处理海量数据的方式会产生诸如投入较大、能源消耗多、管理效率低下、主机系统之间独立以及资源利用率低等问题，导致大量数据只是单纯存储在硬盘上，数据的深层价值没有被挖掘出来，企业信息化进程陷入停滞。此外，企业为进一步实现信息化，又引入各种各样的服务器、硬件和设备，加剧了资源的消耗。针对钢铁企业存在的这些问题，云计算平台实现了大量、各类数据的即时传输和高效处理，并运用数据分析模型获取海量数据的价值，为决策者提供业务数据的快速分析结果，为企业创造商业价值。钢铁企业等大型制造业的私有云整体建设框架主要由基础架构即服务（Infrastructure as a Service，IaaS）、平台即服务（Platform as a Service，PaaS）和软件即服务（Software as a Service，SaaS）三层架构以及云计算管理平台组成。

钢铁行业关注的智能制造重点方向如图 4-8 所示。

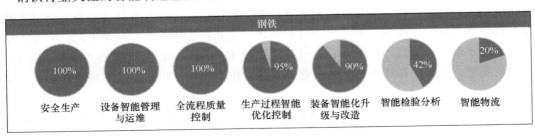

图 4-8　钢铁行业关注的智能制造重点方向

1. 设备智能管理与运维

钢铁企业尝试搭建设备远程智能运维平台。例如对热轧产线相关的关键设备状态监控，通过构建在线采集系统与离线分析系统相结合、状态监控与预测诊断相结合的预测性维护体系，降低点检人工负荷，并基于设备状态的智能掌控和历史大数据经验，通过智能模型规则，智能匹配维修计划、维修项目、维修解决方案，形成从设备状态智能掌控到设备维修智能支持的全流程功能闭环，提高人员、设备管理效率。同时设备智能管理与运维也便于探索设备状态与工艺质量、生产控制、能源环保之间的关系，通过数据积累和分析为整体制造过程的优化打下基础。

2. 全流程质量控制

钢铁行业生产流程较长，过程中各类工艺质量控制复杂，需要结合一些无损检测的技术手段，同时涉及全流程诸多类型的工艺参数采集、整理和处理工作，并需要建立相应的质量控制模型对全流程质量进行把控。

3. 生产过程智能优化控制

钢铁制造过程工艺相对固定，核心设备的工艺精度和控制的稳定性一直是钢铁企业关心的核心问题，一般结合工艺模型和算法，通过专用的控制软件和执行机构进行智能优化控制过程，例如加热炉的燃烧控制优化、热轧产线工艺参数优化等，均能够明显提高生产率、降低能耗。钢铁企业均希望将每台设备都连接到生产流程，并采用数字化生产管控中心，不再局限于单一的生产，而是数字化操作集成，因此急需建立系统性专家系统和模型库。

4. 装备智能化升级与改造

钢铁制造过程涉及的装备种类多且工艺复杂。对钢铁生产流程中关键装备进行升级改造，能够集中提升某个工艺环节的效率，降低相应成本。改造过程会结合诸多工艺技术，例如煤气透平机与电动机同轴驱动的高炉鼓风能量回收技术、基于标准兆瓦级透平热电联供机组的低品位余热发电技术、高效油液离心分离技术、工业锅炉通用智能优化控制技术等。

4.2.2　示范工厂：宝武集团

中国宝武钢铁集团有限公司（简称宝武集团）是我国乃至全球领先的钢铁制造企业。宝武集团 2022 年粗钢年产量达 13184 万 t，盈利水平居世界领先地位。产品结构以板管材为主，棒线材为辅。汽车板、造船板、家电板、管线钢、油管等高档产品在国内市场的占有率位于前列，同时宝武集团也是优质工模具钢、高性能轴承钢、弹簧钢、钢帘线用钢以及航空航天用钢的主要供应商。

宝武集团通过互联网、云计算、大数据等新技术与全供应链的深度融合，面向钢铁产品全生命周期，通过智能化的感知、人机交互、决策和执行技术，实现制造装备、全供应链管控及分析决策过程的智能化。通过生产过程的数字化和智能化技术，实现工艺、装备、操作等与产品要求匹配，提高产品质量；通过智能化技术的应用，以智能机器人取代传统人力，提高劳动效率，提升产品生产率；通过建立柔性化生产组织，快速响应用户动态需求，实现柔性化制造。

管理信息的数字化可以实现对全过程信息资源的集中管理，实现信息共享并应用于管理。宝武集团在建厂之初，就坚持信息化建设与工程建设同步、管理信息系统与管理模式发展同步的指导思想。

一期工程中，宝武集团同步引进了基础自动化和过程控制系统，并在此基础上自主开发了生产计划和质量管理系统。二期工程中，宝武集团引进了热轧区域管理系统，开发了冷轧区域管理系统。在此基础上，宝武集团"以生产为中心"，开发出了整体产销管理系统——9672 系统。三期工程中，宝武集团建设开发了二热轧和二冷轧生产控制系统，建成了从各生产控制系统到公司产销管理系统间纵向集成的 4 级系统架构的集成制造系统（即宝武集团 ERP）。该系统"以财务管理为中心"，做到了按合同组织生产、准时交货；该系统也实现了对销售、生产、技术质量、产品出厂、设备物资管理、财务成本等业务的集中一贯管理。为实现从"以财务为中心"向"以客户需求为中心"的转变，启动企业系统创新（Enterprise System Innovation，ESI）工程，ESI 工程按照"以客户需求为中心"的战略目标，对宝武集团现有业务流程和企业组织实施彻底重组、再造，并建立相应的管理信息系统。

宝武集团对智能制造的理解体现在图 4-9 所示的系统架构图中。最下层是智能装备，主要是无人化行车、智能检测和智能诊断等设备以及机器人的大量使用，是操作室、监控室的集中，是远程操作、维护的技术应用。中间层是智能工厂，这一层是工厂、车间生产组织的核心，包含智能排程、数学模型、数据中心、生产管控、质量管控、成本管控、能源环保、设备智能管理等系统。最上层的智慧运营涉及全公司范围的采购、销售、研发、物流的智慧决策系统，它是各智能工厂联系、协调的纽带，是全公司运营管理的大脑。

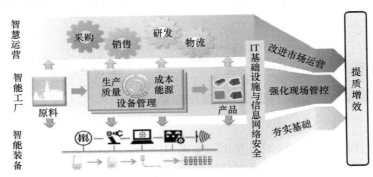

图 4-9　宝武智能制造系统架构

目前宝山基地已形成公司、各生产厂部全面动员、多点开花的局面。对于全公司层面的行车、机器人、设备进行诊断，公司管理部门牵头组织调研，策划改造计划与方案，制定标准与规范，各厂部负责实施。对于涉及公司运营的智慧制造类项目，公司管理部门组织实施。各厂部也根据各自生产、工艺、设备特点，编制智能制造规划。

宝武集团智能化以黑灯工厂、智能化生产管理与决策为特色。通过智能传感、工业互联网、工业人工智能等技术应用，打造黑灯工厂；进行信息化系统升级改造，并实现全域网络互联互通，在此基础上实现智能化生产管理与决策。

1）黑灯工厂。通过智能机器人的应用、大数据驱动的运行工况识别以及产品质量感知与预测，实现装备的自主控制，打造黑灯工厂（见图 4-10）。①工业机器人及智能

图 4-10　宝武集团黑灯工厂

装备应用，包括装备无人化行车和工业机器人，如取样测温、焊接、喷涂、自动标号、自动贴标、包装等场所的机器人。②在智能传感的基础上，运行工况识别、产品质量在线检测与过程智能控制，减少了人工参与的影响，实现钢铁生产的高效运行。

2）智能化生产管理与决策。依据客户驱动，优化、整合工厂内部组织、业务、流程、信息等资源，构建开放式互联网慧创平台。在原料采购方面，建立市场、制造、采购一体化生产管控平台，加强联动，结合市场矿煤价格，优化矿煤配比模型。在资材备件采购方面，建立内部用户与外部客户共享的采购电子交易平台，建立面向钢铁行业价值链的信息互联互通的产品生命周期管理平台。以用户为中心实现信息无缝集成，支持个性化钢铁制造模式。

宝武集团智能工厂管控中心如图 4-11 所示。

图 4-11   宝武集团智能工厂管控中心

在此基础上，敏捷响应市场需求变化，实现 MES/ERP 的无缝集成以及多单元间的协同生产。具体包括：①全集团协同的高级计划排程，包括资源计划优化方面的各制造单元整体产销协同，合同优化方面多约束条件下的批量效益与个性化需求平衡，炼钢、热轧、冷轧一体化计划方面的预计划智能联动排程等；②关键设备状态监测及预测式维修；③能源精准管控、协同优化，包括综合采用高能效设备、产线工艺节能、产线生产与能源消耗协同节能、公司能源生产与利用协同优化等；④物流自动化及精细化管控，建立一体化协同物流调度模式，实现物流运输资源的合理调配和运输指令的智能生成；⑤精细化成本管理，构建一个面向市场的成本管控体系，多基地、全流程地协同经营决策支持系统。

宝武集团的子公司——马钢集团（简称马钢）结合生产实际，以运营管控中心和智控中心建设为核心，整合原有操控界面和操控系统，提升现场自动化水平与智能装备应用水平，打破时空物理边界，构建智慧时代下与未来钢铁高度契合的"1 个工业大脑（运营管控中心）+4 个智控中心（炼铁、炼钢、热轧、冷轧）"的新型管控模式，以大数据为基石，孕育数字孪生体，讲述"数字钢坯""数字钢卷"的前世今生，打造马钢的"工业大脑"和钢铁行业示范引领的智慧工厂，加速从"有形工厂改造"向"无形知识挖掘"转变，实现从"制造"到"智造"。

马钢基于"云-边-端"的智能制造架构图如图 4-12 所示。

在信息化建设方面，马钢按照宝武集团要求，坚持"统一语言、统一标准、统一平台、统一文化"的建设原则，借鉴宝武集团信息化建设经验，全面对标找差，优化业务流程，

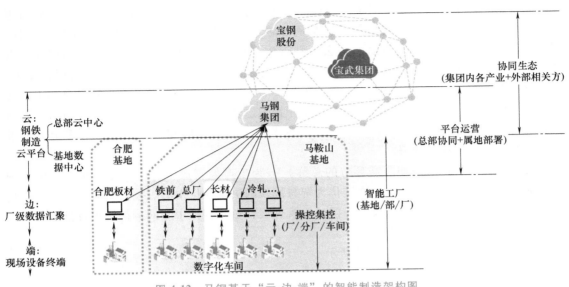

图 4-12　马钢基于"云-边-端"的智能制造架构图

完善薄弱环节，加快整合融合推进步伐，实现能力提升，发挥协同效益。

马钢"工业大脑"架构示意图如图 4-13 所示。

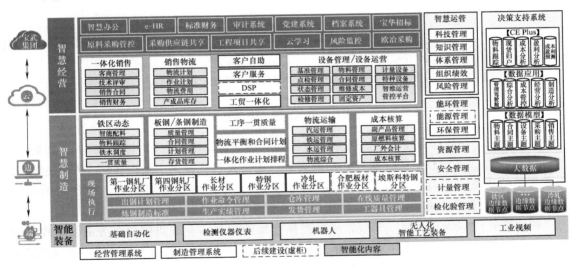

图 4-13　马钢"工业大脑"架构示意图

产销一体化是马钢信息化建设中的核心部分，以全局的、整体的、一贯的产销管理为主，建立产品规范与冶金规范体系，快速响应市场，高效产销协同，优化计划和执行，其核心理念是打造"产销一体、管控衔接、三流同步"的管理信息平台。通过信息化建设，马钢实现自动化的生产组织和数据采集、精细的生产控制和物料跟踪以及有序、规范的生产管理，支撑企业的销售、成本、生产、质量、出厂业务的在线运作，使企业管理更加透明化、精细化和规范化，从而进一步提高企业管理效率与管理精度。企业管理环节信息化集成水平也得到提升。

充分借鉴、学习和参考宝武集团成熟、先进经验，马钢将分属多部门管理的"原料进厂、生产运行、安全保卫、成品出厂、车辆运输、能源环保等"生产调度系统集中管控，用各部门的专业技术支撑"合署"办公，贴近生产现场，实现智慧高效生产。利用大数据技术，构建马钢级"统一、高效、集中、专业"管控平台，集"调度、管控、指挥、发布"于一体，打通制造、能源、设备、运输、安保等各专业系统，在信息互联互通的基础上，实现马钢生产组织和调度指挥的集中一贯、扁平高效、快速协调和安全经济的管控方式。打造智慧运营的"智慧中枢"，从智能管控、环保节能、高效协同和大数据应用等多个方面推进，提升调度管控业务效率。

将铁前（炼铁前的一切所需环节的总称）分为生产经营决策、生产操作集控、生产现场运维 3 个层次，将炼铁智控中心定位为智慧炼铁的决策支持中心、技术集成中心、生产指挥中心和运行管理中心。首次设立专门二级管理层，负责智控中心的运行管理及推进各项工作，增强各工序的统一协调力度。

马钢铁前工序示意图如图 4-14 所示。

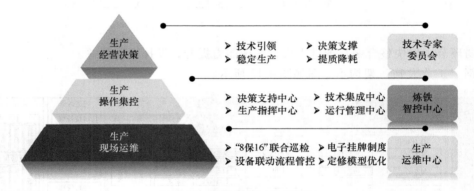

图 4-14　马钢铁前工序示意图

通过炼钢工序操作集中控制、炼钢物流跟踪、转炉自动出钢、"一键脱硫"、远程扒渣、"一键精炼"、L2（最核心的控制层）功能完善、连铸大包机器人、生产工序 3D 可视化等，形成板坯的质量、能耗、设备、操作等各种主题相关联的数据内容组合，构建"数字板坯"，实现实时评价、按需分级、数字交付、成本到坯、精益管控。

通过热轧"双线双智控"模式，从生产操作维护和技术业务协同两个方面，实现看得见的、有形的工厂变革，达到效率提升、人员精干、本质安全；利用大数据技术实现无形的知识挖掘，全面提升现场核心竞争力。

选取冷轧 17 条典型生产线集中操控，整合全厂的 MES、ERP 等系统，建设全工序、多要素、全透明的生产信息传递系统，建立融合冷轧信息化大数据平台，实现所有数据互联互通，为精准决策和集中操控提供准确依据。

马钢的新型管控模式以运营管控中心和智控中心建设为核心。

1. 运营管控中心

运营管控中心将传统的分散线下沟通串行管理改变为集中线上协同并行管理，实现生产质量、设备、能源环保、安全保卫、运输物流从"合署"向"合一"转变，构建生产指挥的一体化平台。

马钢运营管控中心架构图如图 4-15 所示。

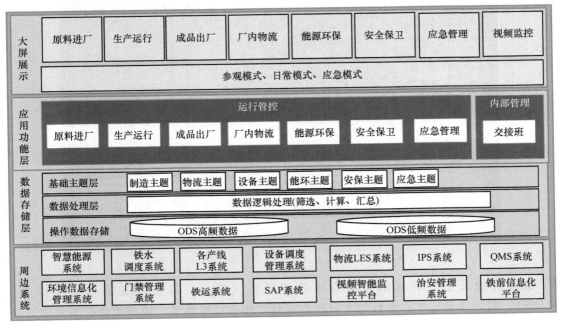

图 4-15　马钢运营管控中心架构图

2. 智控中心

智控中心从集中操控、智能装备应用和智慧应用 3 个维度进行建设。

（1）集中操控　通过大数据、云计算以及设计单位一系列具有自主知识产权的先进技术，结合马钢多年来的炼铁操作技术经验和部分成熟模型的应用经验，以炼铁智能化系统、生产智能管控系统和掌上工厂 APP 为核心打造铁前全局动态管控和全工序一体化操作技术模型应用。

马钢炼铁智能化系统可视化界面示意图如图 4-16 所示。

以铁钢包动态管控系统为纽带，将脱硫至连铸工序流程集中操控；将炼钢工序的生产、质量、产量的 KPI（关键绩效指标）进行实时监控；通过三维动态可视化，清晰诠释整个炼钢工序状态、生产节奏，提升炼钢的生产率。

热轧、冷轧智控中心聚焦数据感知、知识认知、知识决策，挖掘热轧海量数据背后隐藏的价值，依托工业互联网技术，以数字钢卷、实时诊断、智能助力、绩效导航为牵引，深度融合智能算法与制造技术，打造技术业务协同中心，完成热轧、冷轧工厂全要素、全区域、全业务数据的集成和融合，构建物理车间的数字孪生体，实现生产、质量、设备、能源、成本、人员、交付、安环八大任务在物理车间和虚拟车间的迭代运行，形成最优的生产和管控运行新模式，从全维度提升工厂的整体智能化水平，不断充实智慧工厂的内涵。

（2）智能装备应用　原料场通过 5G 技术和工业互联网的运用，实现了矿料的智能堆取、处理、送配；焦炉机械采用一点自动对位，基本实现机车智能化操作，焦炭集装箱环保运送产线实现了"一键操作"；高炉现场水渣抓渣通过无人化改造，实现无人自动抓

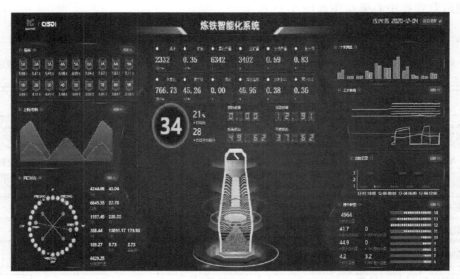

图 4-16   马钢炼铁智能化系统可视化界面示意图

渣。通过构建基于多目标的智能仓库管理系统（WMS）及行车无线定位跟踪系统（CLTS），精确指导行车作业行进方向及告知行车作业目标位置，协调指挥行车完成卸料、上料、出库、入库、倒库等工作，实现"指吊合一"。WMS 作为库区运行"大脑"，保证库内物流、信息流、能量流、成本流等多流耦合下效率、成本最优，完成实时准确的库存管理，降低人为因素所导致的差错，使库区运行过程更顺畅、更精确，并确保行车作业时的安全性及生产协调性。

加热炉区域新增炉前自动测长、测宽、测重及板坯号自动识别系统，承接钢区数字板坯信息后，在更多维度感知板坯状态；基于工业大数据的加热炉燃烧过程分析评估模型，可对加热过程进行多目标协同优化决策和控制，确保能效最优、质量最优、效率最优。智能加热区域全面实现生产计划的自动核对、自动装钢、自动烧钢、自动出钢，并增强炉区的安全性、稳定性，实现"一键装出钢"。

以轧线"无人驾驶"为操控目标，以高效稳定、质量成本最优为产出目标，打造智能化轧线，轧线共新增 6 项基于机器视觉的智能测控技术和 13 项全新自动化功能，实现对过程缺陷的精准识别与动态调整，实现"一键轧钢"。

在粗轧区域，表面裂纹检测系统可以有效检测板坯表面的各类裂纹及氧化铁皮缺陷，并进行实时分级处置和区域联动，预防轧制事故和质量事故；粗轧镰刀弯、翘、扣头测控系统，实时获取粗轧每道次出入口的板形全貌，并通过单侧压下、上下辊速差自动调整，实现粗轧板形闭环控制。在精轧区域，新增飞剪切头尾掉落识别，避免带钢头尾残留引起的轧制事故。精轧机架间增加带钢跑偏检测，并开发穿带调平预控模型、稳态过程反馈模型及甩尾控制模型，实现精轧生产全过程的调平自动控制，有效提高轧制稳定性，大幅度减少跑偏产生的机架间甩尾、堆钢事故，降低非计划材（未预先计划或不符合计划要求的原材料或产品）、非计划停机、质量损失、设备损伤风险。在卷取区域，安装侧导板火花检测、卷取定尾检测、卷取端部形状检测，取消卷取工序人工对侧导板、卷取定位的频繁干预及卷形的人工检测。

通过打通磨辊车间内部及磨辊车间与轧机主线之间的信息壁垒，实现磨辊车间集中操作及磨辊车间管控系统信息化、智能化，解决磨辊车间长期存在的分散管理、信息孤岛、手工作业等弊端，自动分析辊号、磨削精度、轴承座、材质、服役周期等轧辊数据与生产过程中轧机刚度、质量、稳定性之间的关联关系，并实现智能推送，辅助磨辊车间进行生产、管理和决策。磨辊车间智能信息管理系统对轧辊、轴承、轴承座的库存、使用、运行、评价进行动态监视，使得轧辊服役数据得到系统化管理，帮助轧辊管理人员准确、合理、便捷地用好数据，客观真实评价轧辊性能，支撑轧辊使用技术的提升，杜绝轧辊事故对轧机的影响。

新增智能贴标机器人 4 台、智能取样机器人 5 台、拆带机器人 5 台等，提高机组自动化装备水平，提升机组作业能力，改善安全作业环境及现场管理水平。

（3）智慧应用　通过对真实生产线的等比例建模，以 3D 动态的形式实现对酸洗、酸轧、连退、镀锌等各工序的生产状态进行动画实时展示，针对各工序关键信息进行实时数据推送。通过将工序模型和工序信息两方面有机结合，实现了对生产线的真实还原，操控人员、管控人员能全面直观地了解整体生产线的生产状况信息。

以智能工厂平台为基础，构建反映生产、质量、设备、能源、成本、交付、安环、人员等多方面 KPI 的绩效监控，实现制造过程关键 KPI 现状及变动性的反映。

数字钢卷是全维度、全尺寸、颗粒度米级的数字产品，数据内容包括生产工艺过程、能耗环保、设备运行等。实现多源数据的整合，将机组上单体设备的采集数据，通过数字钢卷模型算法进行长度位置的精确匹配，以数字钢卷为载体，建立各工序间的数据生态，真正地实现数据共享，使数字钢卷发挥更大的价值。实现"钢卷实物+数字钢卷"相结合的交付方式，引领新一代产品交付的规范。

在不增加传感器的情况下，通过对生产线设备关键参数的采集，同时采集带钢的相关工艺数据，实现设备创新应用。采集的电动机数据主要包括速度给定、速度反馈、转矩给定、励磁电流、总电流、转矩电流等。把采集好的数据以时间戳为主键存入实时数据库。对于实时数据，可以依据规则进行判定，并将判定结果输出，也可以通过诊断模型做异常检测。设备诊断模型分为离线模型和在线模型：离线模型训练流程，利用实验采集的数据或者实际生产的历史数据来训练设备运行状态异常检测模型；在线模型预测流程，利用训练好的模型在线实时进行设备运行状态异常检测和性能衰退趋势预警。

利用图像识别技术、无线通信技术、移动定位技术、危险气氛智能检测技术、3D 可视化技术等构建热轧厂部智能安环体系。借助工厂数字化地理信息及危险源采集、识别结果，设定标准的作业流程和作业规范，开发加热炉人员定位安全系统、门禁人脸识别系统、有限空间作业系统、火警识别及智能消防集控系统、电子摘挂牌系统、工业电视与对讲系统等，实现人员、生产、安全的集中管理，消除各类安全隐患。

采集、抽取、整理生产线各种能源介质使用数据，依照统一的能耗统计方法，对各个生产线、机组的能耗情况进行自动统计与智能分析，实时获取生产线和工序用能情况，并结合计划、品种、生产、成本、设备状态实现多区域水系统智能节能控制。通过与现有生产系统、设备系统的数据交互，跟踪能源综合技术指标执行情况和各生产线工序能源消耗、能源成本情况，实现能源信息和管理信息的共享。

马钢智能工厂的建设：有效实现调度集中管控，实现全口径原燃料信息整合与预警，进厂效率提升 20%，库存资金占用降低 1%；实现全流程质量监控，主要作业线、重点设备监控预警，提高设备作业率，时间开动率提升 1%；实现物流监控，及时发现生产物流中出现的问题，保证生产运行的顺畅，生产率提升 2%。"四个一律"指数大幅提升，截至 2020 年年底，集中化指数提升 28.3%，无人化指数提升 10.3%，远程化指数实现零的突破，服务上线指数提升 65%。

示范

4.3 有色金属领域示范工厂

4.3.1 有色金属行业概述

有色金属广泛应用于人类生活的各个方面，航空、航天、汽车、机械制造、电力、通信、建筑、家电等大部分行业都以有色金属材料为重要基础原料。有色金属是经济社会和国防军工发展的战略物资，有色金属行业的战略地位十分重要。我国是世界最大的有色金属生产国和消费国，2018 年全国 10 种有色金属产量 5688 万 t。然而，有色金属行业的发展仍面临以下几个问题：基础研究薄弱，难以提供足够的持续创新能力；产能平衡仍需进一步调整；产业布局与资源能源供给及市场需求分布不完全适应；产业结构和产品结构的不足导致盈利能力低下。通过数字化网络化实现技术创新对于有色金属行业十分重要。

有色金属行业产品如图 4-17 所示。

有色金属工业是制造业的重要基础产业之一，是实现制造强国的重要支撑。有色金属上游产业链包括有色金属采选业以及电力和煤炭等辅助产业；中游为有色金属冶炼及加工业；下游涉及国民经济各个领域，主要有房地产、汽车、电力、家电、交通运输、军工等领域。不同的有色

图 4-17 有色金属行业产品

金属品种，由于具有不同的物理化学属性和不同的用途，其产业链也具有不同的特点。

《有色金属工业发展规划（2016—2020 年）》指出，有色金属行业的主要目标之一是两化融合。推进两化融合技术标准体系建设，在线监测、生产过程智能优化、模拟仿真等应用基本普及，选冶、加工环节关键工艺数控化率超过 80%，实现综合集成企业比例从当前的 12% 提升到 20%，实现管控集成的企业比例从当前的 13% 提升到 18%，实现产供销集成的企业比例从当前的 16% 提升到 22%，已建成若干家智能制造示范工厂。因此，有色金属行业的智能制造需围绕感知、通信、控制、设计、决策、执行等关键环节，开展生产装备、调度控制等核心系统与物联网、模式识别、预测维护、机器学习、云平台等新一代信息技术的深度融合与集成创新，加快三维采矿设计软件、生产调度与控制系统、智能优化系统等的技术研发应用，推动信息物理系统关键技术研发，全面提升研发、生产、管理、营销和服务全流程智能化水平，提高劳动生产率和降低成本。有色金属行业关注的智能制造重点方向如图 4-18 所示。

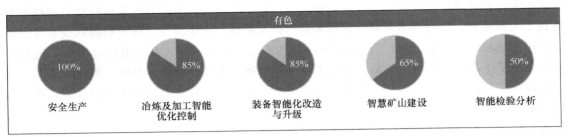

图 4-18　有色金属行业关注的智能制造重点方向

1. 安全生产

与石化行业类似，有色金属行业对于安全生产的重视程度也十分高。因此，引入或升级智能化安全系统是智能化改造过程中尤其重要的一环。

2. 冶炼及加工智能优化控制

有色金属行业企业关注如何利用新一代信息技术，实现冶炼及加工智能优化控制。例如：氧化铝全流程智能优化控制技术，电解铝全厂自动化、智能化、信息化控制管理技术，重金属富氧强化冶炼控制技术，湿法冶金优化控制技术，电冶金过程分时供电负荷优化控制技术，高性能有色金属板材轧制数字化控制成型技术，铝卷材自动跟踪定位识别技术，铝板带高架智能仓库管理系统，大型立式淬火炉温度场智能解耦控制技术，大型高性能整体构件关键热加装备控制技术等。

3. 装备智能化改造与升级

通过引入先进的信息技术与设备，对有色金属加工中关键装备进行升级改造，也是有色金属行业智能化进程中的重要部分。关键装备涉及热轧类、冷轧类、精整类、铸造铸轧、锯切铣面、工业炉、打包机以及环保设备等。

4. 智慧矿山建设

智慧矿山建设涉及：矿山静态及动态信息的数据集成与融合技术；矿山智能化调度与控制技术，地质排产一体化信息系统，开采装备可视化表征技术等；深井提升系统智能控制，按需通风优化控制技术，井下矿石破碎、运输自动化控制与优化调度；采选主体装备智能作业与网络化管控技术；基于大数据的采选智能分析与优化决策技术；基于计算流体力学和离散单元法的选矿设备建模技术，磨矿分级专家系统；矿山的远程无人值守、智慧值守技术等。

我国有色金属行业的生产工艺技术已处于世界先进水平，但智能化水平整体不高，对蕴含机理知识、运行特性和控制响应规律的生产数据的利用率低，核心工序仍主要依赖人工经验进行分析、判断、操作和决策。未来一段时期，进一步提质、增效、节能、降耗的关键是智能优化制造，即如何在现有先进的生产工艺体系基础上，充分融合工业大数据和工艺专家的知识，通过知识自动化、云计算、新一代网络通信和人机交互（虚拟现实等）等先进技术，提升企业在能耗管理、生产模式和安全环保等方面的技术水平，实现智能化、绿色化与高值化生产。

"十三五"以来，我国有色金属行业发展取得显著成效，主要生产技术装备达到世界先进水平。在信息化智能化方面，行业大型骨干企业全面实现生产过程自动化，生产过程控制系统与管理软件在企业得到较广泛应用，装备水平不断提高，信息化发展迈上新台阶，为进一步促进行业智能化建设奠定了良好基础。经过数十年发展，我国有色金属行业自动化水平得到了大幅提升，但由于多年来行业技术创新投入不足，企业装备、管控和信息技术等创新与应用步伐较慢，"两化融合"广度和深度依然不够。总体来讲，我国有色金属生产过程的智能化水平不高，数据利用率低，核心工序主要依赖人工进行分析、判断、操作和决策。具体表现在信息孤岛普遍存在，生产调度与决策水平低，生产过程控制水平普遍较低，机器人和智能装备应用少，系统安全性差。要想实现有色金属行业生产的高效化和绿色化，现有的制造技术体系必须围绕智能制造主体实现新的突破。

近年来，有色金属行业普遍认识到智能制造的重要性，加快推进数字化、网络化建设，部分企业在无人行车、设备智能诊断等局部领域的智能化应用取得突破，但总体仍存在智能制造基础薄弱、技术积累不足、跨界融合人才匮乏、资金投入动力不足、智能制造标准缺失等问题，就智能制造而言，有40%左右的企业尚处于起步阶段。在新一轮科技革命蓬勃发展、资源和环境约束不断增强的新形势下，有色金属行业当前的智能制造水平难以满足高质量发展的需要，亟须调动市场主体积极性和发挥政府引导作用，从完善政策及服务、搭建合作平台、优化智能制造发展生态环境等方面开展系统谋划。

目前，我国有色金属行业正处于由数量和规模扩张向质量和效益提升转变的关键期，亟须推动智能制造发展进程，加速前沿技术与有色金属行业深度融合，构建全流程自动化生产线、综合集成信息管控平台、实时协同优化的智能生产体系，实现生产、设备、能源、物流等资源要素的数字化汇聚、网络化共享、平台化协同和优化配置，推动有色金属行业绿色化、高效化和智能化发展。

通过组建有色金属智能制造联盟，围绕企业智能工厂（矿山）建设需求，整合行业资源优势，借力行业外先进技术，推动行业企业对智能制造进行总体规划与系统设计，促进有色金属企业、院所、高校和供应商间的交流合作，推动有色金属行业智能制造标准制定、关键共性技术攻关、先进模型应用推广、智能制造建设项目示范。这对加速有色金属行业智能化发展进程，提升我国有色金属行业的国际竞争力和影响力具有重要意义。

据了解，近年来有色金属行业围绕绿色化、高效化、智能化的生产目标，在智慧矿山、金属冶炼及加工方面开展了大量研究工作，相关工作也获得国家科技部和工业和信息化部重点计划的大力支持，相关应用案例入选工业和信息化部大数据及工业互联网试点示范项目。

4.3.2　示范工厂：株冶集团

株洲冶炼集团股份有限公司（简称株冶集团）是国家自"一五"期间开始建设的重点企业，铅锌年生产能力超过60万t，是我国主要的铅锌生产和出口基地、我国铅锌冶炼行业的标杆企业、国家级高新技术企业，也是国家第一批循环经济试点企业。

株冶集团生产工厂如图4-19所示。

"绿水青山就是金山银山"。这是新时代生态文明思想最生动最直观的展示。在株冶集团的建设和运营过程中，生态环境保护既是庄严的承诺，也是实现资源利用最大化的内生动力。在中国五矿、湖南有色的指导下，株冶集团转移至铜铅锌基地的30万t锌项目按照国内最严格的环保标准进行设计：工业废水零排放；废气SO_2按超低排放限值设计，为国家排放标准的1/5；废渣设计采用威尔兹法，实现有价金属的回收和尾渣的无害化综合利用。实施过程中采用了一系列具有世界先进水平的核心技术。

图 4-19　株冶集团生产工厂

在废水零排放方面株冶集团走在国内锌冶炼企业前列。工艺设计时，业内一致认为对锌进行湿法冶炼是不可能的，没有先例。株冶集团通过对废水分类收集，采用先进可行的分质处理技术，根据锌冶炼用水要求分类回用，以回用水代替新水实现生产系统用新水减量化，达到工业废水零排放目标。

如今，株冶集团 1800 余亩（1 亩 $\approx 666.67\mathrm{m}^2$）的厂区，没有一个工业废水外排口，所有工业废水经过特有污酸处理技术处理后返回生产进行回用。30 万 t 锌湿法冶炼平均每天使用新水约 7000t，且全部在内部循环，系统生产用水控制是行业领先水平。

渣料处理是衡量有色金属冶炼行业资源综合利用水平的关键。株冶集团锌浸出渣送挥发窑进行综合回收，其中窑渣含锌指标又是挥发窑运行的关键指标。株冶集团有色氧化锌厂挥发窑自投产以来，通过多方面精细化操作，对冲渣系统及脱硫系统进行设备攻关，确保挥发窑停窑次数小于 1 次/月；开展预见性管理，提高对设备运行状态的判断，及时发现问题，合理安排检修，计划性检修率大于 90%。窑渣含锌指标逐步降低。自 2020 年 10 月份以来，挥发窑窑渣含锌指标稳定保持在 1.5% 以下，达到行业领先水平。

为加快推动新发展理念的贯彻落实，加快新旧动能转换，株冶集团发挥创新驱动作用，推动产业向高端化、绿色化、智能化、融合化方向发展，创新实践打造有色金属行业智能工厂标杆企业，点燃创新发展新引擎。在智能工厂建设过程中，株冶集团在创新引领、融合发展、整体规划、重点突破的大原则下，遵循数据共享化、信息可视化、标准国际化、系统柔性化的要求，利用大数据、人工智能、安全技术等手段，建设覆盖 DCS、MES、ERP 3 个层级的智能工厂系统平台，实现有色冶金的"绿色、安全、高效"生产。

株冶集团智能制造以绿色、安全、高效为目标，以大数据分析平台为核心，打通各子系统间的业务流程，对全厂信息进行集成化与可视化；采用大数据分析技术对MES、ERP所形成的生产数据、运营数据进行处理和业务建模，通过优化控制、分析预测、"安健环"管控、供应链优化等大数据应用实现企业智能化生产与管理，其相应的智能制造总体框架如图4-20所示。

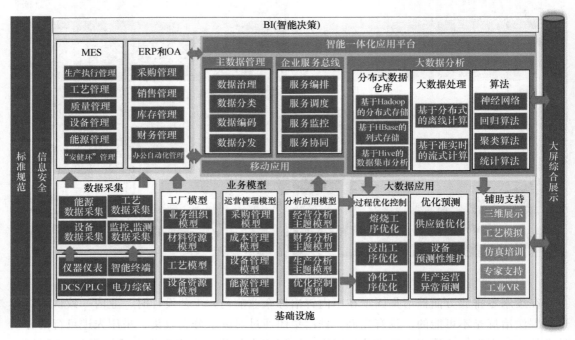

图4-20　株冶集团智能工厂智能制造总体框架图

株冶集团数字化网络化智能化总体架构以扁平化管理、智能化生产为目标，以业务导向性、技术前瞻性、整体一致性、信息集成性为指导，主要特色和亮点如下。

1）业务系统集成与协同优化。智能工厂的业务、财务、计划调度等业务一体化协同，在纵向上实现各业务部门自上而下的专业化管理，在横向上实现各业务部门之间转接流程的明确分工、高效协作，实现专业管理"纵向到底"、协同管理"横向到边"的全闭环管理。

① 全厂信息集成化及可视化。利用信息化系统对整个过程采集的各方面信息进行预处理和综合归纳，通过各工段的数学模型对全工序进行数字化重构，使操作人员和调度人员摆脱繁杂的现场数据分析。主要包括过程监控、现场视频监控、排污口及危险源视频展示。

② 面向"安健环"的生产全流程监控与管理。使用智能化手持终端对全厂关键机组重要参数进行在线巡检，可自动完成巡检路线生成、巡检定位、设备信息采集及在线同步等功能，提升巡检效率；针对泄漏、环保等特殊场景，对重要岗位、安全生产区及危险源进行监控，并在厂级、车间级及班组级3个级别制定应急指挥方案，实现安全监控预警及高效事故处理协同。

③ 原料、辅料、设备、备品、备件及材料等生产物流集成，包括来料信息采集、车辆进厂门禁管理、物料汽车过磅检重、物料取样化验质检、仓位卸车、自动检重台账登记、洗车出厂门禁管理及原料入库等，完成对物料汽车、火车进厂入库的业务计划集成与协同。

④ 锌锭、热镀合金、硫酸、稀贵金属、渣料等产品物流集成，包括自动检重数据采集、成品自动分类入库、销售车辆进出厂门禁管理、锌锭在线出库、稀贵产品自动下线化验等，实现成品生产物流业务的集成与协同。

2）大数据驱动的运行优化。以湿法炼锌全流程的绿色、安全、高效为核心目标，以大数据平台为支撑，对生产装备、工艺参数、能源管理、金属平衡、供应管理等流程的机理和数据进行建模分析，实现大数据驱动的各业务场景运行优化。

① 面向工艺指标优化的装备自动化。针对锌冶炼过程配料、焙烧、浸出、净化、电解五大工序，通过生产大数据分析，基于产量、锌浸出率等生产指标对温度、压力、pH 等工艺指标进行分析优化，完成基础自动化到工艺指标自动化的升级改造，最终实现装备自动优化运行。

② 全流程高效绿色生产的多工序协调优化。面向锌冶炼工艺流程，考虑全流程能耗指标、物耗指标、生产计划及产量指标，分别构建沸腾焙烧过程智能控制、浸出过程多反应器优化控制、净化过程协调优化控制、能耗最优的电解过程智能控制等系统，进行协调优化，实现全流程绿色高效生产。

③ 基于 PDCA（计划-执行-检查-处理）循环的能源全生命周期管理。基于企业能源计划、企业能耗指标及部门能耗指标等数据，对能源平衡、能耗实绩、设备能耗等进行分析，实现能源集中监督调度、能源异常预警及能耗趋势预测，并进行精细管理节能、优化调度节能、设备改造节能，实现企业准实时能源平衡分析及全生命周期优化。

④ 物料追踪管理与金属平衡。通过对物料大数据分析，实现对物料准确定位跟踪；通过统计层平衡、调度层平衡及工序平衡，生成金属回收率报表，实现对金属流向跟踪及可视化展示；基于物料转运及金属平衡情况，在公司、分厂、班组 3 个层次进行物流统一调度指挥，敏捷响应生产变化。

⑤ 供应链管理优化。从最小净锌需求量确定、价值预测、净锌采购总量确定、供应商选择优化、供应商采购决策 5 个方面出发，基于生产运营大数据构建优化模型，助力解决原料采购成本过高、原料供应不稳定、原料库存安排不当及生产鲁棒性差等问题，降低企业运行成本及风险。

株冶集团通过智能工厂建设的迭代实践，不断提升数字化网络化智能化水平，预期取得如下效果。

① 物联智能。实时精准采集生产设备各项电表参数，并形成生产设备管理网络，实现设备运行状态实时监控、设备参数优化控制及多设备协同优化管理等。

② 信息系统集成。利用 ERP、MES 等系统软件，建立企业服务总线，实现企业内部业务和系统数据互联互通，打破"信息孤岛"，实现企业系统数据实时同步及不同业务应用之间的有效通信和高度集成。

③ 快捷移动应用。采用以 OA 等 APP 为代表的快捷移动应用，实现各部门跨地域、高时效协同工作，以及工业应用软件轻量化部署操作。

④ 透明过程管控。执行透明化、管控一体化，促进企业经营全过程实现协调性、一致性和透明性，提升企业决策水平及管理水平。

⑤ 智能数据分析。对生产大数据进行深度挖掘分析，建立面向锌冶炼生产全流程的应用软件，有效支撑智能制造中工艺协同、能源平衡、物流高效、环境减排等环节。

⑥ 流程建模优化。基于工艺机理和生产数据，对全流程各工艺单元及设备系统进行建模，并根据生产实际对关键参数单元进行自动优化控制，实现全生产流程绿色高效运行。

株冶集团将通过物联网、大数据、人工智能等技术，打造自动、自治、透明的智能工厂，达到生产全流程数据规范化、信息可视化、管控一体化、操作智能化和决策智能化的建设目标。通过生产决策中心直接对各工作岗位进行决策调度，实现扁平化管理，达到减员 70% 的目标；在全流程优化控制方面，吨锌产品直流电耗、锌粉消耗量分别小于 3000kW·h 和 32kg，人均锌产能达到国际先进水平，实现工业废水零排放，环保指标达到国内领先水平。

示范

4.4　建材领域示范工厂

4.4.1　建材行业概述

水泥工业是国民经济发展的重要基础产业，水泥产品广泛应用于土木建筑、水利、国防等工程，在改善人民生活、促进国家经济建设和国防安全方面起到了重要作用。2006 年以来我国水泥行业（图 4-21）发展迅速，新型干法熟料产能持续扩张，供给增速持续攀升，并于 2010 年达到高点（31%）。目前，我国的水泥产品主要有通用水泥、专用水泥以及特性水泥。水泥行业的产业链，包括材料供应商、设备供应商、水泥生产商以及应用领域。水泥行业的上游产业主要涉及石灰石、泥灰岩、黏土、石膏等材料，下游应用主要在基础设施建设、建筑工程、水利、装修等领域。作为国民经济的重要基础产业，水泥工业已经成为国民经济社会发展水平和综合实力的重要标志。随着我国经济的高速发展，水泥在国民经济中的作用越来越大。2023 年，我国水泥产量为 20.23 亿 t，自 1985 年以来已连续 38 年位居世界第一位。水泥是重要的基建原材料，是国民经济的支柱和基础，水泥行业也是我国供给侧结构性改革的重要行业。但我国水泥行业总体效能较低，自动化和智能化水平不高，能源和环保问题突出，效益不佳，水泥行业的发展目前正处于新旧动能更迭的关键阶段，自动化、智能化和信息化水平参差不齐，亟须采用融合工艺机理的智能化和信息化技术，推动生产、管理和营销模式从局部、粗放向全流程、精细化和绿色低碳方向变革，解决资源、能源与环境的约束问题，提高生产制造水平和效能，实现"降成本、补短板"和跨越式发展。

图 4-21　水泥行业

经过几十年的发展，我国水泥工业在全球水泥行业发展进程中经历了"跟跑—并跑—领跑"的过程，目前无论是生产工艺还是装备水平，总体上都已处于世界领先地位。但水泥工业属于传统制造业，当前的发展模式还比较粗放，而且我国水泥产能基数大、能耗高、资源利用率低、生产率低、环境负荷重等问题仍未得到有效解决。随着我国经济高质量发展和生态文明建设的加速推进，传统产业转型升级加快，水泥行业向信息化、智能化和绿色低碳方向发展是大势所趋。

水泥制造属于典型的流程行业，具有流程行业共有的特性，主要表现为"生产过程的流程性、运行维护的保障性和运营管理的关联性"：①水泥生产过程的流程性，表现为从石灰石开采、原材料进场到产品发运出厂，整个生产过程全部采取流程化、自动化封闭作业，基本实现生产过程的无人化。因此，提高生产过程中资源利用、质量控制和生产控制的智能化是快速提高生产率的有力手段。②运行维护系统保障了工厂设备的稳定运行和物流通道的畅通，同时能源监控、安全管理和环保清洁生产也都是水泥生产安全稳定运行的重要保障。③水泥工厂的日常管理包含了生产调度、物资、能源、设备、质量、安全、环保、统计等环节和要素的生产全过程管理，以及水泥产品的营销物流管理。各系统数据的真实有效和互联互通，是智能化应用后有效提高管理效率的重要条件。

虽然我国水泥工业规模、从业人数均远超出世界其他国家，但装备水平差异明显。国内参与水泥生产智能化研发的团队虽然众多，但大多数面向特定的过程单元。水泥企业的生产智能化水平亟待提高，其缺乏有效的测量手段对过程控制的关键参数进行检测，以及缺乏适应性强的过程控制系统。前者主要指原料均一化指标、原料化学成分、窑炉烧成温度、燃料成分、水泥粒径分布等关键参数没有做到在线直接测量或软测量；后者主要指缺乏对窑炉和磨机系统内复杂气固相耦合、传热与反应机制的认知，没有相应的能效模型，导致现有控制系统存在控制效果差、投运率低、维护困难和可移植性差等问题。此外，我国众多水泥生产线的原料处理、生产管理信息化、生产控制自动化等方面的技术发展水平参差不齐，总体落后。水泥行业亟须采用融合工艺机理的智能化和信息化技术，推动生产、管理和营销模式从局部、粗放向全流程、精细化和绿色低碳发展方向变革，解决资源、能源与环境的约束问题，提高生产制造水平和效能。

近年来，水泥行业内生产智能控制系统的研究大多采用多变量预测控制、模糊控制、鲁棒控制、最优控制和自适应控制等多种先进控制技术，涵盖水泥生产的全部生产环节，如矿山数字化管理系统、自动化验系统、在线质量控制系统、生料粉磨智能控制系统、水泥窑炉智能控制系统和水泥粉磨智能控制系统等。国外装备技术公司开发的比较典型的智能化控制系统主要有 ABB 公司的 EO（Expert Optimizer）系统、施耐德电气公司的 Connoisseur 系统、西门子公司的 CEMAT 系统以及拉法基公司的 Lucie 系统等。国内科技公司开发的系统仍缺少典型的成功案例，其效果有待进一步验证。水泥行业智能制造关注的重点方向如图 4-22 所示。

水泥行业智能制造关注的重点方向如图 4-22 所示。

1. 绿色发展

污染是智能工厂要解决的第一个问题。例如，目前水泥行业污染物治理的核心在于氮氧化物治理。就氮氧化物生成机理而言，窑内温度过高是重要原因，若能通过智能化手段稳定控制窑炉温度，将可以从源头上大幅度降低氮氧化物的生成，对于水泥厂实现超低排放甚至

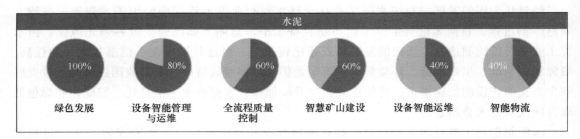

图 4-22　水泥行业智能制造关注的重点方向

近零排放具有重要意义。另外，在氨逃逸方面，智能技术的应用也可以大幅度减少水泥厂氨水的用量。

2. 设备智能管理与运维

通过面向设备的能耗管理，智能制造给水泥行业带来的帮助同样巨大。很多水泥企业希望除了整个生产线设备的优化升级以外，还能获得更稳定的生产工况，更集约化的智能管理模式，真正地实现水泥生产设备能耗降低最大化。以专家控制系统为例，其可以根据生产线烧成系统运行情况，依据大数据分析对设备参数做适时调整。

3. 全流程质量控制

质量管理也是水泥行业关注重点之一。水泥生产过程的流程性，表现为在整个生产过程中，从石灰石开采与原材料进场开始，到产品发运出厂，全部采取全流程化和自动化封闭作业，基本实现生产过程的无人化，因此提高生产过程中质量控制的智能化水平是快速提高效益的有力手段。智能质量控制系统能够建立集自动采样、样品传输、在线检验、自动化验和智能配料于一体的管理平台，实现对原材料、熟料和水泥各类物料的全程自动取样、化验和生产最佳配料，从而进一步提高产品质量和稳定性。

4. 智慧矿山建设

水泥行业在矿山三维建模、中长期采矿计划、爆破、取样化验、采矿日计划、精细化配矿、GPS 车辆调度、货车装载量监测、混矿品位在线分析、配矿自动调整、生产管理、驾驶人考核等矿山管理方面需求较大，亟待实现三维采矿的智能设计、配矿质量在线分析、矿车调度优化管理、矿山生产立体化管控，从而解决水泥企业在矿山生产方面存在的配矿、监督和管理问题，提高矿山生产率和保障安全。

未来水泥工业的发展方向，必然由投资和资源依赖的模式转向创新驱动的发展模式，即发展成为环境更友好、过程更低碳、行业更智慧、产业更循环的水泥工业。水泥工业智能制造的目标是攻克原料成分在线优化调配、窑炉煅烧过程动态特性智能识别、关键产品质量参数智能预测、生产过程协同优化控制、生产计划智能决策等关键技术难关，构建水泥生产过程的智能化控制系统、全流程信息化与设备全生命周期管理系统平台，实现水泥生产全流程的高度自动化、智能化、智慧化。

4.4.2　示范工厂：巨石集团

巨石集团有限公司（以下简称巨石集团），是中国建材股份有限公司（以下简称中国建材）玻璃纤维业务的核心企业，以玻璃纤维及制品的生产与销售为主营业务，是我国新材料行业进入资本市场较早、企业规模较大的上市公司之一。巨石集团在国内拥有浙江桐乡、江西九江、四川成都江苏淮安（在建）4 个生产基地，还拥有苏伊士（埃及）、南卡（美国）2 个生产基地与 12 家海外子公司，产品销往国内近 30 个省（市自治区），并远销全球近百个国家和地区，产品年产超过 200 万 t，出口量占总销量的 50%。

作为世界玻璃纤维的领军企业，巨石集团多年来一直在规模、技术、市场、效益等方面处于领先地位，先后获评智能制造示范企业、制造业单项冠军企业、国家重点高新技术企业、国家创新型试点企业、全国智能制造试点企业、中国大企业集团竞争力 500 强、浙江省"五个一批"重点骨干企业和绿色企业，获评国家科学技术进步二等奖、智能制造新模式应用专项，拥有国家级企业技术中心、企业博士后科研工作站，是全国首批"两化"深度融合示范企业。

巨石集团智能工厂如图 4-23 所示。

图 4-23　巨石集团智能工厂

巨石集团依托智能制造创新驱动，引领玻璃纤维行业转型升级和高质量发展，确立了以"管控一体化、生产制造智能化、IT 服务智慧化"为基础的信息化建设体系。巨石集团创新应用核心装备、工艺流程和空间布局的数字化建模，突破了高熔化率窑炉的智能化控制、物流调度系统智能化、拉丝设备智能化升级、玻璃纤维产品自动包装物流等关键技术，建成了玻璃纤维工业大数据中心，实现了传统产业向数字化、网络化、智能化发展，在效率、质量、成本方面取得显著收益。

巨石集团智能制造有以下亮点：①应用数字孪生技术，提升智能化生产水平。巨石智能制造项目结合玻璃纤维智能制造系统架构，对窑炉、拉丝机、络纱机等核心生产设备进行 3D 仿真建模，在虚拟环境中重现制造工艺全过程、展现产品全生命周期，实现生产运营的数字化和智能化。搭建状态感知、嵌入式计算、网络通信和网络控制等一揽子系统工程，引入全流程物流系统、自运行机器人、低延时 5G 网络等 157 项创新应用与技术，建成具有巨石集团特色的工业 4.0 智能工厂。②推动工业大数据运营，促进企业数字化转型。巨石集团建成了玻璃纤维工业大数据中心，实时采集生产线各类管控信息 1218 项，高效率统计、评估、分析和处理超 4 万点位数据，总结生产经验算法、应用人工智能预判发展趋势，为管理决策和专家诊断提供数据支撑。巨石集团借助数据接入服务（Data Ingestion Service，DIS），集成 ERP、MES 等系统，破解"自动化孤岛"现象，实现决策层、管理层、执行层、设备层、控制层等内部平台纵向全面贯通，与海关、银行、保险、税务、物流等外部平台无缝衔接，实现运营、制造、控制三位一体，协同制造。③突出节能减排制造理念，形成可持续发展模式。巨石集团开发了碹顶燃烧节能技术，融合信息技术，建造智能控制的高熔化率窑炉，不仅提高了生产率，改善了生产质量，而且使能耗水平大幅下降，每吨纱的能耗仅为0.34t 标煤。

巨石集团智能工厂实施路径如下。

1. 五年规划，战略先行

巨石以打造"网络化、数字化、智能化"的智能数字化工厂为目标，引入智能制造技术和绿色发展理念，投资百亿元，在浙江桐乡建造智能制造基地，规划建设 6 条智能制造生产线。该基地在智能化方面的投资高达 5.43 亿元，于 2017 年 10 月开工建设，2019 年 9 月全部建成投产。巨石集团智能制造生产线布局如图 4-24 所示。

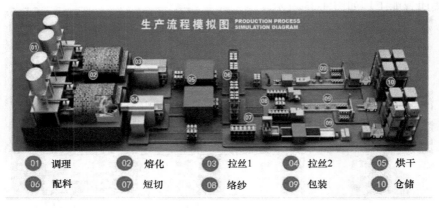

图 4-24　巨石集团智能制造生产线布局

2. 构建项目组织架构，保障项目有序推进

为保障项目有序、高效推进，巨石集团给予高度重视，成立项目领导小组，围绕项目总体目标和工作任务，研究制订总体执行计划，分解项目任务。从资金管理、管理协调、质量控制、技术研发、进度控制、跟踪总结 6 个方面建立有效的运行机制。在人员配置方面，巨石集团视技术创新能力为企业发展的核心竞争力，在充分调动和培养自有技术人员的同时也引进和聘用了一大批资深的技术人才，并牵头与北京机械工业自动化研究所、西门子公司等具备成熟技术的机构和厂商联合成立技术中心，实现产学研用的全面合作。

3. 依托顶层设计，构建智能制造技术架构

巨石集团玻璃纤维数字化工厂项目以二分厂 202 线为样板线，以"部署 MES 框架""多系统深度集成""大数据深入应用" 3 个智能制造阶段为顶层设计思路开展建设，从计划源头、过程协同、设备底层、资源优化、质量控制、决策支持、持续优化 7 个方面着手实现"七维"智能制造，这 7 个方面涵盖了工业生产、经营的重要环节，实现了全面的精细化、精准化、自动化、信息化、智能化管理与控制，通过底层设备的互联互通、基于大数据分析的决策支持、可视化展现等技术手段，实现了生产准备过程中的透明化协同管理、生产设备智能化的互联互通、智能化的生产资源管理、智能化的决策支持、3D 建模及仿真优化，从而全方位达到智能化管理与控制。巨石集团智能制造技术架构如图 4-25 所示。

本智能制造项目在建设过程中，涉及范围广、系统结构复杂、设备类型繁多，巨石集团作为项目建设方，充分利用自身对玻璃纤维行业的生产经验优势，与技术联合单位充分合

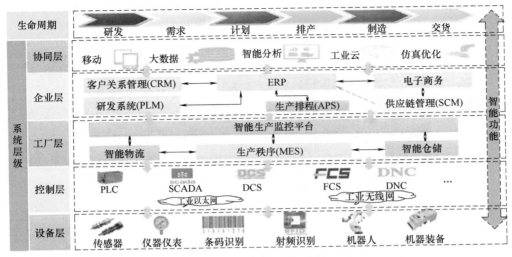

图 4-25　巨石集团智能制造技术架构

作，针对关键工艺开发与系统集成建设所涉及的各项核心难点问题，在基于大原则、条件不变的前提下，制定分项研究子课题，确定攻关关键技术，层层分解落实。

4. 研发玻璃纤维生产核心技术装备及系统

（1）设计覆盖生产全流程的智能物流输送线　巨石集团结合自身玻璃纤维生产经验，配合生产线结构及生产工艺，自主设计并建设的智能物流输送线如图 4-26 所示。它贯穿了整个玻璃纤维智能生产线的核心装备，通过全自动智能化调度突破了产能扩容、效率提升、强度降低等诸多生产系统瓶颈。智能物流输送线主要由拉丝物流输送系统、原丝自动分配系统、炉前后智能小车系统、立体库存系统、直接纱包装调度系统、小板链传送分拣系统、小车周转返空系统、智能化视觉识别系统、中央控制调度系统组成，打通各个工序，实现了产品从"原丝—烘制—络纱—检测—包装—入库"的全流程自动输送，并可根据产品工艺执行对应的生产操作，使整体运转效率提升了 28.6%。同时，巨石集团在关

图 4-26　智能物流输送线

键区域设置的人机界面及对应的辅助操作控制终端，实现了现场故障查询处理。通过工业互联网技术的配合，维护人员可通过远程终端，在车间内的任何区域实现对现场设备的故障监控和诊断。

（2）研发基于碹顶燃烧技术的智能控制高熔化率窑炉　作为玻璃纤维生产的核心装备，传统窑炉受工艺限制，存在熔化部面积小、熔化率低、能耗极高的问题，能源成本一直在玻璃纤维生产成本中占据很大比例。

巨石集团自研的基于碹顶燃烧技术的智能控制高熔化率窑炉如图 4-27 所示。它采用全新的窑炉和通路设计结构，利用增强玻璃液对流，提高燃烧效率和玻璃液质量；优化大碹角度和结构，使胸墙高度下降将近 50%，熔化部面积减少 28.08%，熔化率提高到 $3.0t/(m^2 \cdot d)$ 以

上；综合平衡窑炉各部位的寿命，加强保温，降低能耗，使窑炉寿命提高 25%。

图 4-27 巨石集团智能控制高熔化率窑炉

（3）建立基于实时消耗的智能投料生产模式 连续性生产是玻璃纤维行业的一大特色，巨石集团智能制造项目通过自动化料库与智能配料系统的集成，配合输送管道、智能仪表，实现对窑头料仓的状态监测；根据原料消耗情况，自动完成按工艺配料、投料等工序，实现对储罐状态数据的实时监控、消耗趋势预测；通过 MES 实时反馈原丝质量检查、拉丝机开机率等数据，智能调整各原料成分比例，保证生产 24h 连续稳定运行。巨石集团智能配料系统如图 4-28 所示。

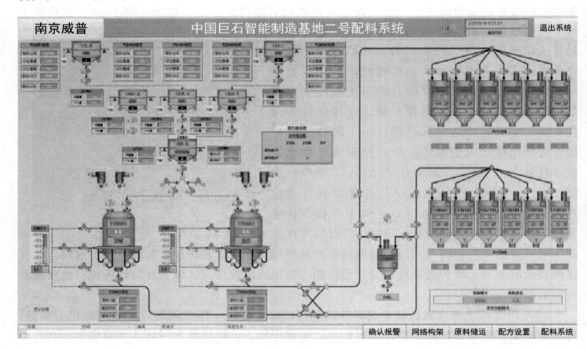

图 4-28 巨石集团智能配料系统

（4）打造个性化定制的工艺数字化平台 巨石集团玻璃纤维生产工艺的管理模式由集团统一管控，通过工艺数字化平台（图 4-29）下发，各生产基地自上而下地执行管理模式，建立了以拉丝、烘制、络纱、短切、检装为基础的工艺数据模板，并在此基础上进行工艺参数和 BOM（物料清单）数据填充，以不同的工艺关键字进行特点识别，打通生产制造执行与自动化系统的数据交互，最终确立了以产品、生产线、客户三要素为分组条件的、面向客户的定制化工艺路径模式。

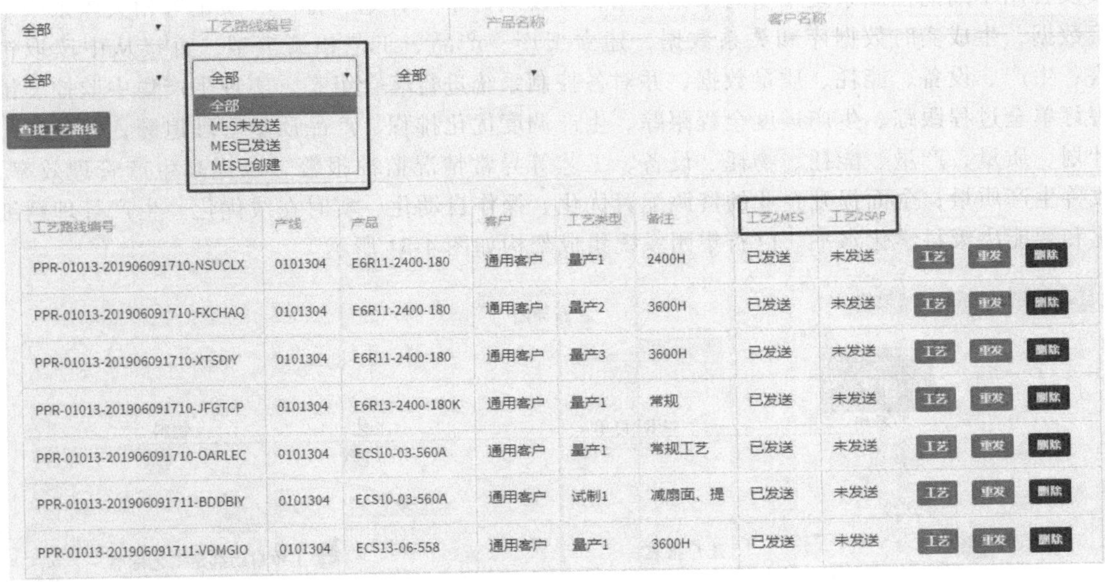

图 4-29　巨石集团的工艺数字化平台

巨石集团针对客户的个性化定制工艺路径模式，在确定产品和客户的条件下，以数字化工艺进行生产规划，在工厂、生产线、工序、生产装备、工艺参数的数字化模型的基础上，由 MES 统一对产品的工艺路线、工序安排、制造设备进行数据绑定；通过数字化模型对工艺方案进行分析，得到最优的工艺规划方案，使工厂的生产模式向标准化工艺建模方向发展。

巨石集团的拉丝工艺路线如图 4-30 所示。

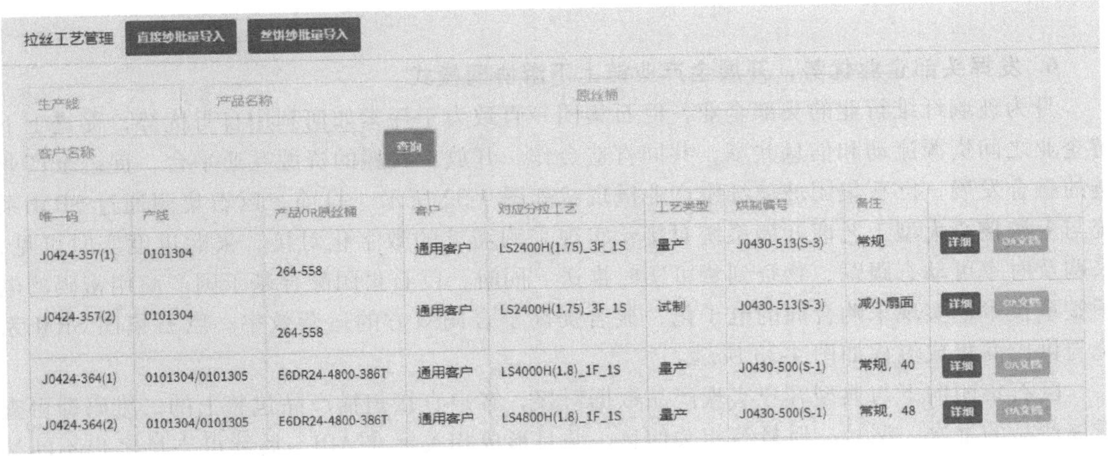

图 4-30　巨石集团的拉丝工艺路线

5. 开展基于主数据共享的信息系统集成

巨石集团以主数据管理（MDM）系统为基础，遵循建设原则中的 5 个统一标准，即"统一软件架构""统一数据平台""统一报表工具""统一编码规则""统一展示风格"，通过 ERP 系统、MES、WMS、质量系统、SRM 系统、CRM 系统的集成，从拉丝、短切等各工段及公用车间的控制系统中实时采集数据，以及从订单、计划、排产、质量等相关体系中采集数据，生成实时数据库和关系数据，建立工厂、产品、工艺相关模型，直接从中读取销售、生产、设备、能耗、质量数据，并对各控制系统进行综合组态，实现生产集中监控、销售订单全过程跟踪、生产进度全程跟踪、生产调度优化排程、产品质量管理追溯，并对生产计划、质量、产量、能耗、物耗、设备、工艺等异常情况监控报警，以提高生产管理效率，改善生产质量；全面提升企业的资源配置优化、操作自动化、实时在线优化、生产管理精细化和智能决策科学化水平。巨石集团系统集成架构如图 4-31 所示。

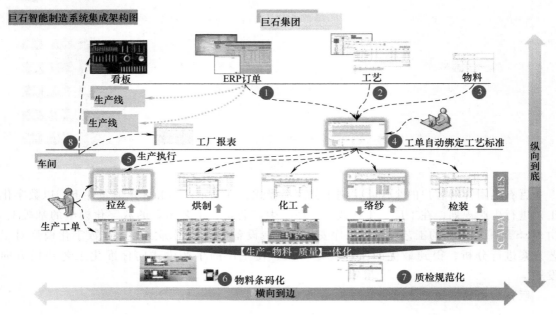

图 4-31　巨石集团系统集成架构图

6. 发挥头部企业优势，开展全产业链上下游协同模式

身为玻璃纤维行业的头部企业，巨石集团一直致力于探索如何利用自身优势，促进上下游企业之间资源流动和信息共享，共同打造合作、开放、共赢的资源互通平台，促进全产业链的融合发展。巨石集团玻璃纤维产业链现状如图 4-32 所示。目前，巨石集团通过 SRM 系统与上游核心大型工艺商开展系统对接，实现采购需求的数字化对接，采购进度实时可见，采购及时率可动态跟踪，物资到货可实时推送。同时，巨石集团配合基于国产商用密码的电子签章技术，实现采购合同的电子化，显著提高了合同双方的运营效率。巨石集团 SRM 系统与供应商集成流程如图 4-33 所示。

巨石集团向下与典型客户实现产品数据对接，客户直接扫描产品包装上的二维码即可查看该产品的批次、型号、质量等相关信息，并且形成相关标准 API，后续可支持客户不断接入。同时，巨石集团与物流公司、海关系统之间数据互通，实现了物流信息实时传输、报关

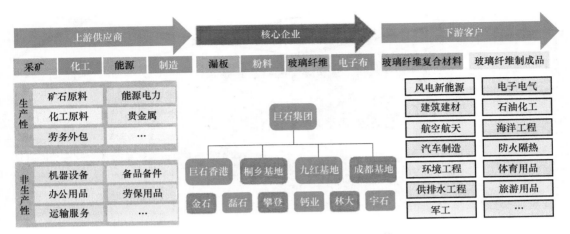

图 4-32 　巨石集团玻璃纤维产业链现状

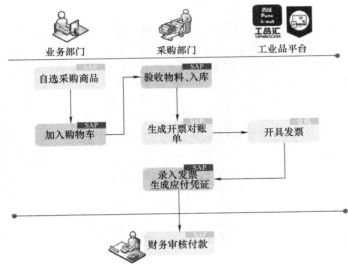

图 4-33 　巨石集团 SRM 系统与供应商集成流程

数据精准发送，极大地提高了业务快速响应能力。

7. 建立基于大数据的全流程工业大数据中心

巨石集团玻璃纤维工业大数据中心如图 4-34 所示。它是一个覆盖整个集团生产运营的监控平台，通过对生产各工序（窑炉、拉丝、化工、物流线、烘箱、立体库、络纱、短切、检装、制毡、织布）实时采集数据进行抽取、清洗、聚类、挖掘等处理，结合数字工厂驾驶舱（图 4-35）、生产关键数据看板等方式，形象地展示企业生产、运营关键指标，并可以对异常关键指标做预警和进一步分析。

巨石集团通过对 ERP、MES、QM（质量管理）等系统数据的整合和挖掘，直观监测企业运营情况，实现销售订单全过程跟踪、生产进度全程跟踪、产品质量全流程追溯，从而全面提升企业资源配置优化、生产管理精细化和智能决策科学化水平，为集团各级管理层的决策提供数据支撑。

图 4-34 巨石集团玻璃纤维工业大数据中心

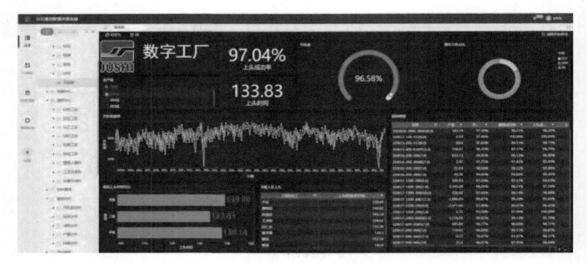

图 4-35 巨石集团数字工厂驾驶舱示意图

巨石集团智能工厂实施成效甚好，巨石集团智能制造项目的建设包含了一系列先进智能化新型装备的研制和应用，其信息化和大数据分析等新一代信息技术应用都是创新型应用，形成了以网络化、数字化等新技术为基础，面向订单的高效生产新模式，支撑了玻璃纤维企业运营和管理模式变革，对玻璃纤维"两化"深度融合发展起到引领和示范作用。

巨石集团智能制造项目在生产运营方面实现了五大综合指标：生产率提高 45.04%，生产成本降低 20.37%，产品研发周期缩短 48.15%，不良品率降低 21.88%，能源利用率提高 24.25%。巨石集团智能制造项目在技术方面完成了智能工厂总体设计、工艺流程数字化建模及工厂互联互通网络架构与信息模型，实现了生产工艺仿真与优化、生产流程实时数据采集与可视化，建立了玻璃纤维工业大数据中心，实现了现场数据与生产管理软件信息集成。

巨石集团是国内玻璃纤维行业领军企业，其智能制造项目的完工，对国内乃至国际玻璃纤维行业的产生了深远影响。其智能制造项目研发的智能化设备、产品模型、工艺模型、工业大数据中心、大数据分析、在线优化、虚拟仿真、智能协调等多种装备及系统，均为行业内其他企业树立了新的标杆，使玻璃纤维制造行业的智能能力和制造水平再上一个新台阶，成为行业内榜样。特别是集团旗下子公司，均已参照该智能制造项目的模式和经验，积极对自身工厂进行智能化改造。其中，智能物流输送线、自动摆托机器人、自动打印贴标机等在集团旗下子公司的应用获得广泛好评。

示范

4.5　电力领域示范工厂

4.5.1　电力行业概述

我国的环境问题与能源结构密切相关。目前我国的一次能源近 70% 是燃煤，其中近 50% 用于发电。在电力领域，节能减排，改造能源结构，推进数字化网络化智能化的建设，不但具有重大经济效益，而且对降低空气污染也极为关键。

近年来，我国电力自动化相关政策的颁布为行业的发展提供了发展环境和支持，进一步提高了电力自动化的行业地位，而且在电力数字化网络化制造方面也进步显著。在发电自动化方面，发电厂自动化设备逐渐向数字化网络化智能化方向发展：基于数字化技术的现场仪表与执行设备为发电厂的全面数字化打下坚实基础；网络化加强了各发电单元的无缝连接和负荷平衡；智能化主要体现在优化控制系统方面，设计、安装、调试、运行等单位依托智能化手段不断改进机组和相关系统、设备的运行方式和性能，促进节能减排。在电网自动化方面，电力系统向稳定化、简单化、集中化发展，电网自动化产品向小型化发展。日常运行过程中的稳定性是电力系统的关键，目前电网自动化操作基本上都是利用远程终端控制系统来进行控制的，利用工业控制计算机来实现。数字化网络化发展将使网络中操作终端数量逐渐减少，使电力控制系统向集中化发展。随着芯片技术、电子元器件技术的升级换代，未来电网自动化控制终端也将向小型化方向发展，从而降低成本、节约空间。

覆盖 10 万 km 架空输电线路、28 万基础输电杆塔以及地形、地貌、地物等数据，将真实电网在数字空间以数字孪生的方式，1∶1 三维立体还原和数字化全景呈现。2023 年年初，国内首个全息数字电网在江苏建成，通过采集输变电设施的物理数据，在网络云端构建了一张数字孪生电网，这也是全球首次对亿千瓦级负荷大电网进行全息数字化呈现。电网装上"千里眼"后，可全面提升智慧运营检验水平，将故障处理时间再缩短约 10%，极大提高电网安全可靠性。数字技术的引入，将给能源电力行业带来深远变革。国家能源局 2023 年 3 月印发的《关于加快推进能源数字化智能化发展的若干意见》中提出，针对电力、煤炭、油气等行业数字化智能化转型发展需求，通过数字化智能化技术融合应用，为能源高质量发展提供有效支撑。到 2030 年，能源系统各环节数字化智能化创新应用体系初步构筑、数据要素潜能充分激活，一批制约能源数字化、智能化发展的共性关键技术取得突破。

能源是经济社会发展的基础支撑。近年来，数字技术与传统能源技术深度交叉融合，正在孕育影响深远的新技术、新模式和新业态。新形势下，数字化智能化发展将是推动我国能源产业基础高级化、产业链现代化的重要引擎，也是新型能源体系建设统筹安全、经济和绿色发展要求的重要支撑。

数字化作为一种新型生产关系，为能源电力绿色低碳转型提供了非常重要的支撑作用，能够成为破解能源转型中改革问题、发展问题、科技创新问题、企业经营问题的"最大公约数"。具体到电力领域,全面提升信息采集、传输、处理、应用能力,利用数字孪生技术实现全面数据分析和快速智能决策,可达到对物理系统进行实时反馈和精准控制的目的,从而构建数字化新型电力系统。通过智慧升级,可实现"源网荷储"协调,促进多能互补和多元互动,服务电力绿色转型,确保能源供应安全。

随着新一轮科技革命和产业革命的加速兴起,数字化智能化技术与能源行业进一步结合,成为引领发电行业数字化转型、实现创新驱动发展的原动力。国网能源研究院发布的《2022国内外能源电力企业数字化转型分析报告》中指出,电力行业数字化转型在能源中的贡献占比超过7成,主要原因在于电力行业拥有高比例电子设备的先发优势,需要充分利用该优势推动电力大数据、数字技术、数字商业模式的创新发展。发电与电网行业企业数字化转型价值远大于上游煤炭、石油、天然气等采掘行业。

电力行业作为国民经济发展的重要支柱性产业,具备较好的数字化基础条件。随着新一轮能源革命和数字经济加速兴起,我国持续发力新型电力系统构建,加快能源产业结构调整,并针对电力行业数字化转型进行了探索与尝试。2023年4月26日,在浙江湖州浔南110kV金象变电站,10余名变电检修人员准时集结,为即将开始的综合检修做准备。与此同时,变电运维人员在主控室内进行远程倒闸操作,轻轻点击发送"一键顺控"指令后,相应线路的开关、闸刀即按照预设流程完成设备状态切换。"实现'一键顺控'之前,我们需要去现场倒闸操作。遇到步骤多的任务,可能要来回跑十几趟,费劲不说,还会大大增加停电时间。"国网湖州供电公司变电运维人员周洪明说。将传统倒闸操作烦琐且费时费力的步骤固化到计算机程序中进行自动控制,不仅能实现远程操作,而且能减少人身伤害和设备误操作的风险,运维操作效率也显著提升。

电网作为能源系统的核心环节,其数字化智能化水平直接影响整个能源系统的安全性、可靠性、经济性和绿色低碳水平。近年来,电网公司以数字电网为关键载体推进新型电力系统建设,通过对物理电网的厘米级高精度建模,让无人机高精度自动驾驶巡线,大幅提升了输电线路巡线效率;通过数字孪生建模,借助智能巡视和智能控制技术,让庞大、复杂的变电设施实现了可靠的"无人值守、远程操作"。在火电方面,各大电力集团公司均开展了火电数字化转型相关工作,人员定位安全管理、行为与故障视频识别、三维可视化等大量新技术应用取得了一定效果。在风电与光伏方面,各大能源企业利用互联网思维整合行业大数据,逐步提高设计制造、建设开发、运维管理等环节的数字化和智能化程度。在水电方面,已广泛应用监控、保护和监测等自动化系统。我国能源电力企业数字化转型在基础设施和已有业务转型升级方面取得显著成效,转型管理体系逐渐形成,生产经营升级效果持续体现,数字技术创新成果不断涌现,数据要素治理机制逐步构建,数字新业务新生态正在焕发新的生机。

电力系统是最复杂的人工系统,需要借助测量、通信、控制、数据处理等信息技术实现对电力设备的监测和管控,并凭借强大的研发能力推动信息技术进步。随着能源革命和数字革命的深入融合,数字智能技术向电力行业更多业务领域扩展。电动汽车停稳后,充电机器人伸出机械臂对准充电口,自动充电、结算,这种看似科幻的场景正变为现实……不久前,能链智电公司推出一款自主研发的充电机器人,它具备自动寻车、智能充电、自动结算等功能,能够满足日益增长的电动汽车移动充电需求。未来随着自动驾驶汽车的普及,无人驾驶充电机器人将成为必要的基础设施，电动车充电的智能化、无人化会带来全新的充电体验，开启巨大的智慧补能市场。未来电力数字化技术将发挥强大的信息互联能力，连接电力系统和生产生活的方方面面。通过实现产业链各环节及各业务链之间的数据贯通，为生产、销售、管理以及社会治理全面赋能。

电力领域数字化网络化智能化制造的发展方向主要包括以下两个方面：①协同智能控制。发电厂生产流程复杂，设备众多，有数千个参数需要监视、操作或控制，所以以海量数据挖掘、数据驱动建模、机器学习诊断为代表的大型机组协同智能控制尤为重要，通过智能控制保证电能生产的安全、可靠、经济和低排放运行。②基于大数据的设备状态监控。工业互联网等新兴技术有效采集和汇聚发电厂生产设备的各类传感器产生的数据，通过建立的设备及系统的机理模型，以及适用于流程化企业的神经元、人工智能算法，提炼出电厂设备的状态特征等，从而指导电厂设备的状态诊断和经济运行。电力行业智能工厂的总体框架如图 4-36。

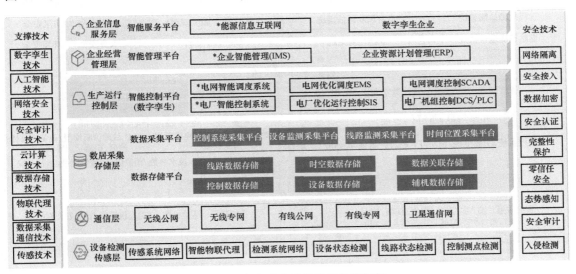

图 4-36 电力行业智能工厂总体框架

4.5.2 示范工厂：大渡河水电

大渡河流域是长江防洪体系的重要组成部分，年径流量与黄河相当，约 500 亿 m^3，流域 $1062km^2$ 的河段天然落差达 4175m，水能资源丰富，可开发容量约 3000 万 kW，是我国五大水电基地之一。国家能源集团大渡河流域水电开发有限公司，简称大渡河水电，如图 4-37 所示，是集水电开发建设与运营管理于一体的大型流域水电开发公司，是国家能源投资集团有限责任公司所属特一类企业。其负责大渡河干流

图 4-37 大渡河水电

17 个梯级电站的开发，涉及四川省三州两市 14 个县，总装机量约 1800 万 kW，资产总额近 1000 亿元。从开发方式、机组类型到坝工结构几乎涵盖了国内常见水电发电技术，为国内数字化网络化电厂建设提供了实践经验。

在数字化网络化智能化工厂建设方面，大渡河水电坚持"统筹规划、典型设计、试点先行、稳步推进、标准化建设、后续推广，着眼点具可复制性"原则，主要实施任务是"搭建智慧基础平台、开展智慧水电模型研究、构建智慧管理体系"，大渡河水电智慧电厂建设应用架构如图 4-38 所示。

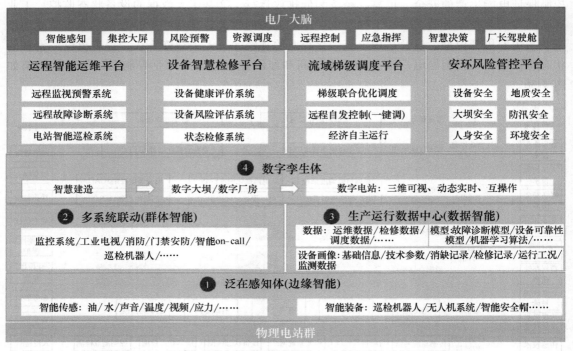

图 4-38　大渡河水电智慧电厂建设应用架构

目前，大渡河水电智慧电厂构建远程智能运维、设备智慧检修、流域梯级调度、安环风险管控四大平台，实现智慧电厂的智能感知、集控大屏、风险预警、资源调度、远程控制、应急指挥、智慧决策、厂长驾驶舱等功能。通过构建监控系统、消防、门禁安防等多系统联动，实现群体智能；通过搭建生产运行数据中心，实现数据智能。该架构将在典型电站试点完成后全面推广应用，进而逐步组建与智慧电厂管理体系相适应的智慧电厂组织新架构，探索智慧电厂的发展新模式。图 4-39 为人工智能技术在水电厂的应用实例。

大渡河水电为了实现基层智慧操作、智慧管控、统计分析、预警预控、可查可视的目标，2018 年年初，着手进行物资管控数据中心建设。大渡河水电分别从生产物资管理、基建物资管理方面对各项单位物资管理数据进行集成、提炼和分析挖掘，以反映大渡河水电物资管理总体情况，包括物资计划、采购、配送、出入库、库存控制、供应商评定、预警预控等有关信息。管控中心是对现有生产物资管理系统和基建物资管理系统的数据集成、提炼、分析和挖掘。管控中心主要由 8 个板块构成，分别为计划管理、采购管理、配送管理、年度物资出入库、库存分布、库存趋势、供应商评定、预警预控，如图 4-40 所示。

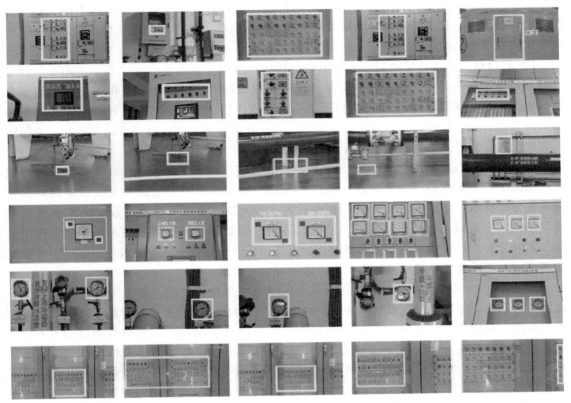

图 4-39 人工智能技术在水电厂的应用实例

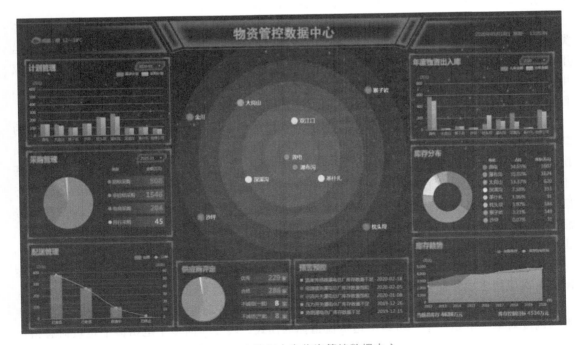

图 4-40 大渡河水电物资管控数据中心

大渡河水电数字化网络化智能化工厂的特色包括管理模式由刚性层级向柔性中心制转变、电厂智能运行管理、大坝与库岸安全管控、职工队伍由生产型向创新型转变，并已取得初步实践成果。

1）管理模式由刚性层级制向柔性中心制转变。围绕智慧企业"一中枢、多中心、四单元"顶层设计架构，深化管理体制变革，推进流程机制再造。优化整合机关与基层相关专业机构，在公司本部建立 21 个专业数据中心，在双江口、金川电站等在建工程中按照中心制架构推进智慧工程建设，形成更加专业化、扁平化的管理模式，打破传统层级间、部门间的管理壁垒，促进人力资源优化、管理机构精简。

2）电厂智能运行管理。针对水电流域运行管理多层级、多条块、行政化决策的运行现状，提出了"数据驱动、融合协同"的运行方法。利用知识冲突机制和人机任务自动结合的最优分配技术，创立了包含人机物在内的数字单元脑、数字专业脑、数字决策脑的"三脑"协同数字流域运行思路，构建了"智能协同"的数字脑运行体系，开发了基于协同感知、实时分析、趋势预判、安全预警、智能可视化等的一批数字化智能组件，实现了多层级物理流域与无层级数字流域的数据映射关联和智能融合运行。

3）大坝与库岸安全管控。提出了基线自校准与气象协同算法，研发了集变频采集、寻优触发、应急识别、模型匹配及设备防护自适应于一体的三维变形远程智能监测技术，破解了大范围、高精度和全自动变形监测数据智能获取的行业难题，三角高程精度提升约 2.7 倍，采集效率提高 10 倍以上。基于空、天、地一体化多源信息智能感知和互馈，首创了三段进阶式异常数据在线识别技术，漏判误判率降低至 2%以内，攻克了异常在线识别精准度低和时效性差等技术瓶颈；解析了不同坝型的监测响应特征和动态演变规律，建立了大坝安全形态与监测信息耦联机制，提出了以大数据群组决策和关联式数据赋权为核心的大坝安全风险动态评估与预警模型，实现了大坝安全运行风险的智能管控。

4）职工队伍由生产型向创新型转变。积极培育创新型、复合型电力人才队伍，激发各类创新主体活力，推动生产人员工作重点由传统倒班运行向风险管控、应急处置、大数据运用、创新产品研发等转变。坚持围绕水电主业，打造企业数字化转型、边缘计算、智能应用、工业互联网、节能环保、安全管理大数据六大产业赛道，成功孵化了智能巡检机器人、智能安全帽、智能钥匙等创新产品，打造了经济效益预期增长点。

大渡河水电首次在大型库岸边坡监测中引入包括加速度、倾角、振动频率和时程曲线的动力学指标，揭示了振动频率、振幅、粒子轨迹、阻尼比等动力学特征与库岸边坡岩土体损伤破裂之间的规律，建立了边坡动力特征、黏结程度、安全系数之间的定量关系；构建了基于动力学指标的边坡失稳早期预警理论体系及全过程监测预警模型，发明了基于智能微动态感知技术的岩土体主动监测"微芯桩"传感成套装备，融合了边坡失稳动力学理论和态势感知技术，创建了动力学和运动学相结合的失稳预警关键指标体系及早期预警方法，实现了主动采集、边缘计算、无线传输和实时响应。

大渡河水电已建成了覆盖电力生产全过程的大型流域梯级电站预报调控一体化平台，在国内首次应用多项智能调度决策支持技术，取得的整体成效如下。

① 研发了瀑布沟、深溪沟、枕头坝一级梯级电站经济调度控制（EDC）技术，由以往省网调度对单一电站、单一机组下达负荷指标的模式，转变为向多个电站群下达负荷总指标的模式，从而一年减少负荷调节工作量约 3 万次。

② 建立了设备在线状态检测平台。检修管理模式由计划性检修、事后检修逐步向状态检修、改进性检修转变。在 2016 年检修期间，以深溪沟电站 4F 机组作为状态检修试点，优化检修项目 73 项；2017 年，通过分析铜街子水电站检修前状态数据，简化相关检修项目，13 号机组检修工期由 20 天缩短为 5 天，节约检修费用 1725 万元。

③ 运用了基于 IEC61850 全建模的智能水电站技术，每年节约费用 400 万元。通过定量降水预报、洪水资源化利用、智能调度决策支持、经济调度控制等先进技术研究成果的应用，累计增加发电量 35 亿 kW·h，产生经济效益 7 亿元，减少电煤消耗 110 余万 t，减排二氧化碳 290 万 t。

④ 通过整合全系统网络信息资源，计算机资源利用效率从 25% 提高到 65% 以上，而相关硬件数量由 600 台减少为 200 台，运维人员由 50 余人减少为 10 余人，机房占地面积由 1500m² 减少为 500m²，节约设备投入、机房建设成本、电费成本以及运维费用超过 1 亿元。

示范

4.6　印染领域示范工厂

4.6.1　印染行业概述

印染行业是我国传统支柱产业，重要民生产业，也是劳动与技术密集型、高能耗、高污染产业。随着环保政策持续收紧、人口红利消失和生产成本上涨，印染行业淘汰落后产能效应显著，印染行业也走到了十字路口。依靠先进的生产技术和信息化技术，改变企业运营思路和管理模式是印染行业实现智能制造的基础。基于智能制造新模式带来的挑战，以及智能制造对行业发展的重要意义，智能印染、绿色印染已成为印染企业转型升级、生存和发展的必由之路。

印染行业在技术研发、科技攻关等方面得到了政策支持，整体竞争力有所提升，在产品种类、质量、效益等方面取得了较大的进步。但印染行业离智能印染、绿色印染仍有较大的差距。主要表现在以下两个方面：一是我国印染行业正处于由粗放型向集约型转型的过渡阶段，提高生产率、节能降耗的先进技术使用率较低，仅部分企业能实现部分生产环节的自动化或智能化，极少数企业能实现生产过程全流程的数据采集和管控。制造执行系统（MES）和企业资源计划（ERP）在企业未实现广泛应用。二是印染行业属于流程型生产，涉及的生产设备多，能源消耗大，印染废水排放量大。产品订单趋向多品种、小批量、高品质。这些因素都推动印染工厂进行技术升级，管理水平提升。总体来看，我国印染行业规模大，市场广，企业发展水平偏低，生产要素价格上涨，环保成本上升，同质化竞争激烈，行业面临市场结构调整和产业结构调整。

在传统印染行业生产模式下，生产系统、物流系统以及公共辅助系统等各个系统独立运行，对整个生产的管控完全依赖于生产管理者的人工决策。随着市场环境、企业规模的变化，影响生产的各类因素越来越复杂，管理者对海量生产数据无法做出及时、准确的决策。依靠人工决策难以把握生产全局，生产率、排产灵活性、产品质量稳定性都难以保证。未来的印染工厂必定是基于互联网技术，将印染工业与大数据信息深度融合的，建立智能化管理系统，对复杂的工艺进行参数优化，形成标准的生产流程，实现生产计划调度决策、印染过程动态感知、工艺优化、生产设备状态在线监测、预测维护等，来满足生产最优化和饱和的要求，达到柔性生产、生产率及产品品质提升的目的。在能源供给方面，建立起能源管控系统，从"企业—车间—关键生产设备"布局生产全流程能源监控系统，实现能源的集中监测和智能管控，企业实时掌握能源使用情况，达到安全用能、合理配置能源和节能的目标。在环保方面，实现环保设施的优化控制、远程运维及印染废水废气智能化处理，从而保证环保设施长期正常运行及排放达标。

另外，印染企业主要采用来料加工和自行采购原料加工两种模式，大部分企业以来料加工模式为主。印染企业的成本主要包括水、电、蒸汽、染料、人工等。作为高污染、高能耗行业企业，印染企业的水、电、蒸汽等成本占比在 40% 以上，染料成本占比在 20% 以上。随着环保要求的日益提高，水电、燃煤、染料等价格上涨直接影响印染企业运行的成本。2020 年，我国提出了"碳达峰""碳中和"目标，这无疑给印染行业带来更大的挑战。目前，印染行业利润率处于较低水平，劳动力也较为密集，基于新时代背景，有研究提出了印染工厂智能化管理模式探索，综合分析了印染行业的现状，把关注的重点聚焦在如何实现节能减排、提高传统能源的使用效率上，并且以订单为核心智能化编排生产工艺、仓库管理、人员机器调度，从上述多个方面入手应对新的管理需求和技术需求的变化。智能制造与传统制造最核心的区别是从人工驱动转向数据驱动，部分企业提出了"黑灯车间"乃至"无人工厂"的概念。生产组织需要集成所有原材料、人员、设备等生产要素信息，以模拟仿真的形式进行生产前的准备，对生产过程工艺质量、能耗、机器运行状态、人员调度进行动态控制与实时数据分析，生产结束后自动进行历史数据的存储并对数据进行分析决策，实现全面感知、物物互联、预测预警、在线优化、精准执行的生产模式，从而提高企业的生产率。目标是由人工驱动生产模式转向数据驱动生产模式。整个生产过程真正实现无人（或少人）操作、产品质量自动控制、能耗最佳管理、人员高效调度。这些目标最终需要落实到生产中，精确到每台机器、每位操作人员，以打造智能化车间为基础，实现整个印染企业智能制造的革新。

目前，一批智能化技术已经取得初步成果。普遍采用金字塔结构来描述制造业信息化系统构架，塔尖是 ERP 系统，中间是 MES，塔基是 SFC（Shop Floor Control，现场控制）系统。这种信息化系统构架开始在印染行业得到应用。当前纺织印染领域数字化网络化的发展有以下几个方向。

1）工艺参数在线采集与自动控制。通过各种新型传感器，对生产设备的工艺参数，如水、电、汽、温度、湿度、化学品浓度、幅宽、花型精度等一系列参数进行实时数据采集，并由自动控制装置按照工艺要求进行在线实时调整。

2）化学品的自动称量和自动输送。采用自动装备代替人工，实现印染车间物料及化学品的自动计量和输送，可减少用工、提高劳动生产率、节能降耗。

3）基于工业机器人的自动化操作。诸多企业已经研发出系列化筒子纱染色专用机器人、印花机器人等，替代重复性和繁重的人工操作，提高产品质量的一致性水平。

4）配备以数字化装备为代表的先进装备。以数码喷墨印花和八分色印花为代表，通过数字化装备使印花速度极大提高，墨水配套成本下降。

智能印染工厂规划设计原则：以数字化设备为基础、智能化物流为纽带、生产工艺及流程为核心、系统互联互通为关键，进行全面分析、整体规划，务求实效。在 ERP 和 MES 基础之上建立一套智能生产控制系统，对工厂内的制造资源、生产计划、工艺流程、物料物流、能源等进行实时管控，通过系统集成，与企业层信息平台、设备控制层和物流设备实现数据实时交换，形成制造决策、执行和控制等信息流的闭环，打造智能印染工厂。

印染工厂根据工艺流程划分为 5 个车间：原料胚布存储车间、前处理车间、染色车间、后整理车间、成品存储车间。通过实现每个车间智能化的生产及贯通，实现工艺全流程的智能化生产。印染总体流程如图 4-41 所示。

传统印染行业布匹及染料等物料，在各个工序设备之间的转运采用人工转运的方式。智能印染工厂以车间为载体，在生产、设备、仓储等各个环节实现端对端无缝对接。当前智能物流系统应用到智能印染工厂仅处于整合阶段，如何协调生产调度系统和物流调度系统，实现

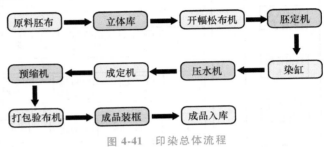

图 4-41　印染总体流程

智能印染和智能物流有效集成，使之成为有机整体是最大挑战。智能物流系统由立体仓库、堆垛机、输送设备、自动导引车（AGV）、搬运机器人、信息识别系统、电气控制系统、计算机软件系统以及其他辅助设备组成，通过先进的控制、总线、通信等技术手段，协调各类设备动作，实现自动出入库及物料转运作业。智能物流系统工作流程如图 4-42 所示，原料布匹卸货后经过 RFID 扫描、由输送线转运进入立体仓库（简称立库）。入库后根据生产计划出库，经过出库输送线和穿梭车 RGV（有轨导引车）将布匹转运到开幅松布机前输送线上。完成松布工序后，AGV 转运装满布匹的料框至胚定区，胚定后的布匹放置在胚定后输送线上，通过叉车 AGV 转运料框到染缸进行染色工序。完成染色工序后，叉车 AGV 叉取料框至压水成定工序处。依次完成预缩、打卷、打包、成品入库等工序。

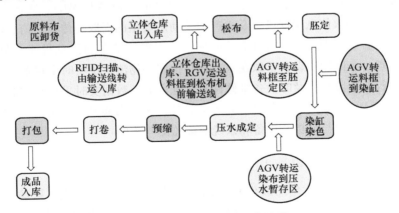

图 4-42　智能物流系统工作流程

在规划阶段对车间物流系统方案，依据生产数据进行仿真运行，验证整个物流规划设计的使用要求。智能物流产品、物联网、大数据等智能化技术在印染行业的应用，能够实现车间物流全过程自动存储、输送、产线上下料、包装等工作，满足高效率、精细、可追溯的物流要求，提升了企业物流管理系统智能化水平，增强了企业竞争力。

印染智能工厂设计架构如图 4-43 所示，智能工厂整体设计架构包括 6 个方面：智能装备、系统集成、互联互通、信息融合、制造执行、运营分析。

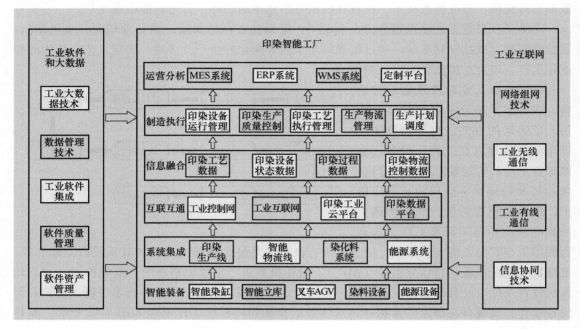

图 4-43　印染智能工厂设计架构

在工业互联网平台、工业软件和大数据的基础上，智能装备主要是指用于生产及物料输送的智能装备，如智能染缸、染化料自动称量、输送系统（如叉车 AGV）、智能立体仓库、染料设备和能源设备等。系统集成用于实现印染生产线、智能物流线、能源系统、染化料系统等的集成。互联互通包括生产主机间、生产主机与辅助设备间、设备与 MES、MES 与 ERP 之间的信息互联互通，感知获取信息实现设备及生产相关动态数据的提取与传输。信息融合打通底层生产设备、物流设备、辅助设备与管理系统的隔阂，实现印染车间信息贯通。制造执行实现：生产实时看板管理，车间印染设备参数在线监控与控制，物流系统实时全程跟踪与机台产量实时上报，设备运行效率监控，及时设备维修保养管理，能源数据实时采集与控制。运营分析通过 MES、ERP 及 WMS 集成，根据车间采集的信息建立相关数据库，实现供应链分析与优化、生产计划排程、质量管理与分析、设备和系统故障监测与诊断。

4.6.2　示范工厂：华纺股份

华纺股份有限公司（简称华纺股份）是以印染为主业，兼有纺织、家纺、服装、热电、金融等业务的现代化企业。现有资产总额约 36 亿元，主导产业年印染布产能 4 亿 m，服装 350 万件，家纺成品 2000 万件套，产品出口占比 80% 以上，产品主要出口美洲、非洲、东南亚等国家和地区。多年来，华纺股份重视科研创新体系的建设，已拥有国家级工业设计中心、国家认定企业技术中心、CNAS（中国合格评定国家认可委员会）实验室、山东省短流程印染新技术重点实验室、山东省节能减排工程研究中心、博士后科研工作站等科研平台，不仅服务于企业自身的发展、研发、创新，更通过示范和引领带动了整个行业的创新。目前，华纺股份先后获得授权专利 64 项，其中发明专利 51 项；编制或修订国家标准和行业标准 14 项；获得"高新技术企业""工信部智能制造试点示范""中国印染 30 强"等荣誉称号。

2021 年，华纺股份整体搬迁入工业园，通过新车间、新厂房的建设，以及技术设施的更新，实现智能绿色工厂规模化生产。结合目前智能制造及绿色工厂的要求，华纺股份在引进先进生产设备、提升能源利用率的同时，还推行了资源能源环境数字化、智能化管控系统。华纺股份也实现了全流程的管理信息化、生产过程的智能物流输送和无人化质量监控，降低了运营成本，缩短了产品研制周期，此外产能、生产率、能源利用率等也得到同步提升。华纺股份实现了自主研发新型产品的产业化，生产的高档特种功能性面料产品技术含量更高、附加值更多，大大提升了公司的知名度和名誉度。在"双碳"战略背景下，华纺股份 2021 年建设智能绿色工厂，先后完成 48 条绿色智能染色生产线、印花生产线升级改造，荣获"国家级绿色工厂""山东智能工厂"称号。华纺股份智能工厂如图 4-44 所示。

印染全流程的智能制造创新应用项目打造了集研发设计、精益制造、运营管控、人力资源、绩效管理等于一体的信息化管控平台，将设备、产线、工厂、供应商、产品和客户紧密地连接起来，打通企业管理链、产品链、制造链、物流链，大幅提升了产能利用率和快速反应能力，实现了对产品前处理、染色、后整理和物流交付等全过程的智能化改造。

图 4-44　华纺股份智能工厂

华纺股份在工艺精准执行与自优化、智能排产模型与优化排程、全流程质量监控、生产率和品质提升、生产成本管控等方面均实现了突破。它重点解决了印染行业生产质量不稳定（印染生产一次通过率低等）、效率低下（产能利用率低、生产周期长等）及工艺重现性差（实验室工艺与大货工艺要匹配调整，返单工艺要调整）等难点问题。

华纺股份主要研发应用了印染工艺的精准执行及自优化技术，实现工艺参数执行数据的自动采集、分析、反馈与调整；研发应用了染化料助剂精准配送技术，开发了染化料助剂自动配送装备及控制系统；研发应用了印染生产优化排程技术，对订单的拆分策略和排程调度约束条件进行研究，建立生产计划自动排程和调度反馈算法模型，大幅提升印染生产的智能化水平。

1. 建立工艺参数在线监测与控制系统，实现生产全过程的智能化管理

第一阶段：实现生产全过程监控。首先建立生产监控中心，布设信息化通信网络，完成机台信息化终端改造，完成生产过程数据的采集与处理，实现对生产工艺的全过程监控，实时采集机台运行、生产过程、布车与布轴运转工位、车间环境等的关键参数，并以图形化方式动态展示给生产管理者，方便生产管理者横向全局性地掌握车间生产运行情况。同时，支持参数的存储和调取，以趋势图的方式显示所选定参数的变化情况，以利于管理者对某一参数进行纵向深入分析。

第二阶段：建立各种资源管理模块，形成分布式业务管理集群，包括工艺管理、设备管理、质量管理、能耗管理、物料管理、人员管理等。例如，质量管理模块采集和记录生产过程中各质量检测环节的质量信息，完成产品质量信息的归档和整理统计。使用 RFID 技术，管理者可以针对质量信息追溯到加工机台、胚布批次、工艺流程、各机台加工该布匹时的运行参数等，便于产品缺陷原因的查找和产品质量的提高。人员管理模块对生产作业人力资源进行综合管理与分配。人员管理模块对人员基本信息进行综合登记与管理，并监控作业人员的状态和相关数据（工时、出勤等）。物料管理模块利用 RFID 和物联网技术对半成品、产成品在任意时刻的位置和状态进行跟踪记录，来获取每个产品所经历的加工工序、加工结果的数据和记录，以此为依据，实现企业每个产品的可追溯性。在设备管理方面，实现记录各类设备信息，管理设备从购入到运行使用、报废等整个生命周期的过程情况，快捷出具入账设备的当前账目情况以及历史账目统计。能源管理模块通过在机台上加装带远传功能的水、电、蒸汽计量仪表，准确地记录每个订单生产过程中在每道工序上消耗的能源情况。

第三阶段：基于过程实时数据及生产业务流，实现各资源管理模块之间的业务流转，实现以可视化生产管理为目标的计划管理、工序优化排程、资源优化分配与管理、生产单元优化分配、生产过程跟踪纠错与优化调整、产品性能分析与优化建议、产品流转过程追溯与状态全记录、绩效综合统计与评估等。

工艺参数在线监测与控制系统如图 4-45 所示。

2. 化学品智能精准配送系统，提高生产物料管理水平效能

针对印染资源消耗大、废水排放量高的问题，开发染化料助剂自动配送的基础平台，涵盖原料称量、搅拌、上料、储存、发料、加料等流程的机械设备和控制程序，研究染化料助剂的性能参数和工艺可控参数之间的物理数学模型、工业自动化解决方案、总线式管路系统及布局优化算法等，有效实现自动配送；研究染化料助剂在线定量监测方法，实现浆料和助剂性能检测数据的在线采集和实时反馈，提高自动配送的精度；构建自动配送平台和在线监测模块的统一管理网络，研究局域网的体系架构、拓扑结构，以及模块管理、数据挖掘、自适应学习等功能的实现方法，研究如何实现染化料助剂配送系统的内外部通信，使该系统兼具良好的独立性和拓展性，能够与全流程监控系统、自动排程系统形成整体，实现一体化、智能化的生产管理模式。

化学品智能精准配送装置如图 4-46 所示。

图 4-45　工艺参数在线监测与控制系统　　　　　图 4-46　化学品智能精准配送装置

3. 建立智能排产系统，提升智能化管理水平

对排产流程进行说明之前需要说明两个属性：订单和生产任务单。生产任务单何时在哪个机台设备上进行生产都是根据排产结果有序指定的。订单是客户提出的生产需要，其中包括多个产品的种类，每一个产品需求对应具体的生产任务单。对生产任务单进行排产调度的流程如下：ERP 每周将一周的生产订单发送给 MES，MES 在接收到生产订单后自动生成生产任务单。高级计划与排程（APS）系统从 MES 中根据相应规则选取适当的生产任务单，获取到工艺数据库中相应的工艺，包括工序、每道工序的加工时间和停留时间等指标，再获取当前每个机台的加工状态，包括可用加工时段、关键及瓶颈工序等，在得到一切排产所需参数后对生产任务单进行计划排产。

智能排产系统如图 4-47 所示。

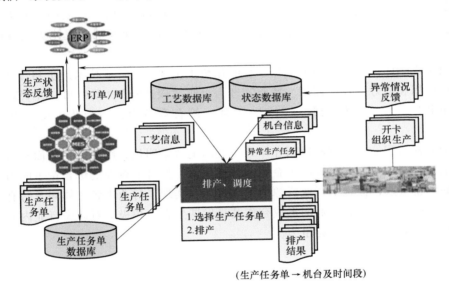

图 4-47　智能排产系统

华纺股份通过印染工艺参数在线监测与控制系统的研发，实现了参数在线监测的自动化，对历史数据的自动分析，实时信息监控和实时动态反馈，以及生产过程中印染工艺参数调整的自动化；通过化学品智能精准配送系统的研发，实现了染化料助剂配送的自动化，提升了原料称量、搅拌、上料、储存、发料、加料各生产环节的自动化程度；通过研究订单的拆分策略，排程调度约束条件，建立了可插拔的参数化排程调度目标函数，突破了高效排程调度算法难题，并在此基础上研发了印染生产计划自动排程和调度反馈算法模型，建立了智能排产系统，实现了印染生产计划排程的自动化。

项目建设完成后，设备关键参数采集率达到 100%，故障诊断正确率大于等于 95%，产品一次准确率大于等于 95%，单位产品平均能耗（折合标煤）降低 20%、水耗降低 30%。项目效益明显，年产生直接经济效益 19792 万元（其中效率效益 3616 万元，降低能耗 5184 万元，降低人工成本 7696 万元，质量效益 3296 万元），提质、降本、增效作用显著。

2021 年 11 月，华纺股份完成的"印染智能化生产管理创新"成果，不仅实现了企业向网络化和智能化新动能的转换，还荣获了第十届全国纺织行业管理创新成果一等奖，这标志

着华纺股份正式成为智能制造示范工厂。单位产品效益提高 10% 以上，生产率提升 20%，产品不良品率降低 20%，产品升级周期降低 30%，运营成本降低 20%，单位产值能耗降低 11%……"数字华纺"转型成效显著。数字华纺是华纺股份 40 多年管理和技术积淀与 20 年来信息化积累深度融合创新的结晶。华纺股份智能绿色工厂具有高端国产印染装备及智能物流系统示范应用基地，全流程印染设备信息互联互通及云平台管理系统，实现了印染企业生产管理全面信息化、生产中间过程智能物流输送和无人化质量监控，已成为行业内智能化印染工厂新标杆。

华纺股份转型和提升的重点，毫无疑问在于走绿色制造和智能制造的路子，立足传统产业又突破传统产业。2022 年，华纺股份以行业"十四五"发展指导意见为引领，聚焦产品品质提升、绿色制造和智能制造"三大重点工程"，紧紧咬定行业增长目标、结构调整目标、科技创新目标、绿色发展目标"四大发展目标"，着力推进增强自主创新能力、优化产品结构和市场结构、深入推进绿色低碳转型、系统推动智能化发展、优化国内外产业布局"五大重点任务"。

华纺股份连续印染生产管理网络化和智能化初步实现，对行业技术进步和转型升级起到积极的促进作用和良好的示范作用。精益管理为行业"碳达峰""碳中和"在管理方式方面探索出一条新路，促进了印染管理创新，增强了综合竞争力，为行业可持续发展奠定了基础。

印染全流程的智能制造创新应用在印染行业示范效果明显，解决了企业面对市场新环境所产生的生产管理问题，同时提高了企业的整体效益，提升了企业的综合竞争能力。印染智能化生产的创新实践，促进了行业资源的集成共享，实现了行业中各实体间及时有效的沟通和信息共享、协调和协作，企业间形成合作共赢发展生态，积极应对印染行业内外挑战，有助于增强我国印染行业的国际竞争力。

4.7 本章小结

示范

本章详细介绍了流程型制造智能工厂的应用案例。在石化行业，九江石化从信息化基础相对薄弱的传统企业迈入全国智能制造试点示范企业、标杆企业，成为我国石化流程型制造行业的样板。在钢铁领域，宝武集团通过互联网、云计算、大数据等新技术与全供应链的深度融合，实现制造装备、全供应链管控及分析决策过程的智能化。宝武集团的子公司——马钢股份搭建运营管控中心实现集中管理，建设智慧工厂，通过数字化环保管理平台进一步升级环保设备，在数字化转型过程中实现良性发展。在有色金属领域，株冶集团信息化应用水平和整体竞争实力的大幅提升，驱动了传统产业的可持续健康发展。在建材领域，巨石集团确立了以"管控一体化、生产制造智能化、IT 服务智慧化"为基础的信息化建设体系，实现了传统产业向数字化网络化智能化发展，在效率、质量、成本方面取得显著收益。在电力领域，大渡河水电搭建智慧基础平台，开展智慧水电模型研究，构建智慧管理体系。在印染领域，华纺股份智能绿色工厂精益管理为行业"碳达峰""碳中和"在管理方式方面探索出一条新路，促进了印染管理创新，增强了综合竞争力，已成为行业智能化印染工厂新标杆。

4.8 章节习题

1. 我国石化行业目前面临哪些难题？该如何应对？

2. 九江石化为流程型制造企业智能制造建设提供了哪些宝贵经验？

3. 我国钢铁行业智能制造的重点方向有哪些？

4. 宝武集团智能工厂的系统架构是怎样的？

5. 马钢股份智能制造转型之路，有哪些可借鉴的经验？

6. 有色金属行业的智能制造应当如何开展？

7. 简述株冶集团数字化网络化智能化的主要特色和亮点。

8. 水泥行业具有哪些流程型制造行业的特性？

9. 巨石集团智能工厂的具体实施路径是什么？

10. 简述电力领域数字化网络化智能化制造的发展方向。

11. 大渡河水电在智能工厂建设过程中采取了哪些措施？

12. 纺织印染智能制造的发展有哪些方向？

13. 分析华纺股份的智能制造路径。

科学家科学史

"两弹一星"功勋科学家：孙家栋

第 5 章

流程型制造智能工厂的发展趋势

PPT 课件   **课程视频**

5.1 智能工厂的重点方向

智能工厂七大重点方向如图 5-1 所示，其并行推进、共同发展，一直是流程型制造所追求的目标。

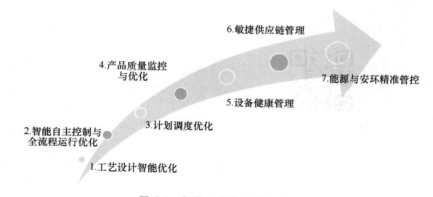

图 5-1 智能工厂七大重点方向

5.1.1 工艺设计智能化

流程型智能制造在虚拟仿真和数字孪生的基础上，对制造过程工艺设计进行评估和优化。通过工艺建模、流程仿真、数字化交付，实现以最低成本获取最优质量和最高产能的目标，优化工艺流程及其参数。建立工艺设计模型，通过质检和售后反馈大数据智能分析，分析工艺缺陷单元和原因，提供工艺流程和工艺参数优化的策略。

工艺优化流程如图 5-2 所示。

工艺设计智能优化是指全方位研究物质流智能化、能量流智能化、信息流智能化，包括 3 个方面：

1）研究尺度为分子、原子尺寸的机理研究，采用三维仿真设计分析计算技术，模拟仿真研究物质化学反应工艺过程、温度场和流场等，通过准确的物理化学反应过程虚拟仿真，

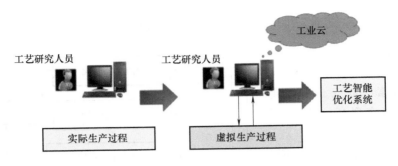

图 5-2 工艺优化流程

进行生产工艺流程和工艺参数的优化。

2）研究尺度为工序或装置尺寸的技术可行性，采用机械三维仿真设计技术，模拟仿真研究设备的优化。

3）研究尺度为制造流程或车间尺寸的工程科学，研究工程项目的整体性、系统性、协同性优化，采用数字化三维仿真工厂设计技术，模拟仿真研究制造全流程的优化，实现设计、施工、运维的一体化。

以轧制过程的工艺设计与优化为例。

1）轧制新产品研发与设计：通过虚拟仿真和数字孪生实现新产品轧制流程仿真与工艺流程优化。

2）轧制全流程工艺参数优化：利用相似规格产品质量数据和过程数据之间关系，对其进行深度学习，实现轧制力、轧制速度等工艺参数的优化。

轧制工艺如图 5-3 所示。

图 5-3 轧制工艺

5.1.2 智能自主控制与全流程运行优化

智能自主控制与全流程运行优化的目标是最大限度地提高生产率和生产稳定性，实现全流程控制性能优化和产品质量提升，具体为实现底层单元的高性能自主控制和多单元全流程的协同优化控制。

智能自主控制是在智能感知的基础上，将机理模型基础上的回路控制发展为大数据模型基础上的高性能控制。核心是利用工业人工智能和大数据等技术实现智能感知、预测、高性能自主控制和集成优化，具体包括人工检验向大数据驱动的预测系统发展、人工观测向智能感知装置发展、控制系统向高性能智能自主控制系统发展。

智能自主控制系统如图 5-4 所示。

全流程运行优化是针对运行条件变化、原料成分波动、人工操作不当、工艺设备的磨损和老化等因素所导致设定控制参数与当前工况条件不匹配的情况，根据运行工况自动调整各工序的回路设定值，实现多单元协同的整体最优，从而提高产品质量与生产率，减少原材料和能源消耗。

5.1.3 计划调度优化

流程型智能制造主要是以"以产定销"为主，综合考虑市场、政策、原料等因素，以安全、稳定、优质为条件，以实现高负荷、高效益生产为目的。

流程型制造的计划调度智能化是综合考虑市场需求并智能预测原材料与能源供给、生产加工能力与生产环境的状态，根据生产过程全局优化来确定企业的生产目标，制订生产计划，并通过快速响应设备状态来协调各局部过程，达到整体最优的目标。

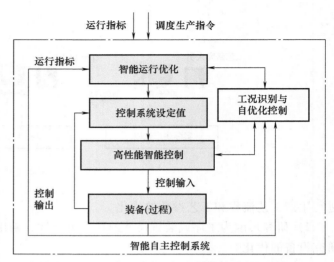

图 5-4 智能自主控制系统

计划调度智能化的核心是能够根据实时生产状态的检测、预测与反馈，通过动态评估，及时修正生产计划，形成该层面完整的闭环控制。采用机器学习等技术进行关联分析，并通过智能模拟基础上的计划调度来优化架构，重点是结合优化目标和来自生产操作层面的大数据关联分析进行调度协调优化。

5.1.4 产品质量监控与优化

流程型制造生产原料和生产过程中的精确计量及品质检验是产品质量的基础保障。由于流程型制造行业的质量检验往往涉及大量化学、物理反应，最终产品和中间产品质量难以实时检测，因此产品质量监控与优化的重点是利用工业互联网、智能建模等技术和方法，建立大数据驱动的产品质量分析、预报和追溯一体化的智能系统。轧钢工艺质量监控与优化流程如图 5-5 所示。

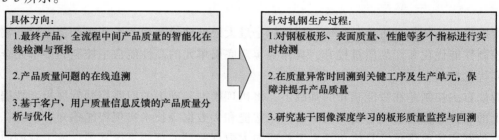

图 5-5 轧钢工艺质量监控与优化流程

5.1.5 设备健康管理

流程型制造连续生产的特点对设备健康管理提出了更高的要求。设备健康管理智能化的目标是保障设备安全、预测性维护和视情维护，减少非计划停机。重点任务包括建立异常即时应对体系、远程移动可视化监控、备件智能管理。为实现设备管控智能化功能，有必要建立大数据驱动的设备智能化监控、预测与维护一体化体系结构，包括：设备大数据智能感知，设备状态远程移动可视化监控，设备运行工况智能分析、预测、回溯与决策，人机合作的智能巡检。

以轧钢生产过程为例，设备健康管理可包括：

1）基于大数据的轧辊剩余寿命预测。利用轧辊履历信息、历史换辊信息和轧机负荷大数据，预测轧辊使用寿命，实现视情维护，提高设备运转效率与安全性。

2）基于多源信息的运行工况识别。对轧机振动、声音等多源信息进行智能分析，识别轧机异常，在出现故障前报警，减少非计划停机。

5.1.6　敏捷供应链管理

敏捷供应链是运用科技手段，通过对资金流、物流、信息流的感知和调控，将供应商、生产过程、下游工序、用户整合到统一的、快速响应的物流网络中。敏捷响应客户需求，综合利用供应商提供的原材料品质和价格，以及多个生产过程的执行状态信息，进行产品采购、销售和生产指标的优化决策。建立以数字化为核心的供应链管理，对原材料和产品进行全流程监控和物流优化。

敏捷供应链具有如下特征。

1）**快速响应市场需求**：敏捷供应链能够迅速调整和优化供应链运作，以适应市场变化和满足消费者需求。

2）**高度灵活性**：敏捷供应链能够灵活地应对各种不确定性因素，包括供应商、制造商、物流服务商等合作伙伴的变动，以及市场需求的变化。

3）**协同合作**：敏捷供应链要求各合作伙伴之间建立紧密的协作关系，实现信息共享、资源优化和协同作业，共同应对市场挑战。

4）**持续创新**：敏捷供应链鼓励企业不断进行产品和服务创新，以适应消费者需求的变化，同时提高企业竞争力。

5）**优化决策支持**：敏捷供应链通过数据分析和智能决策支持系统，帮助企业更好地理解市场需求和做出快速决策。

6）**绿色可持续发展**：敏捷供应链在运作过程中注重环保和可持续发展，通过优化物流运作和提高资源利用效率，降低对环境的影响。

7）**客户价值导向**：敏捷供应链以客户价值为导向，致力于提供优质的产品和服务，满足消费者需求并提升消费者满意度。

集成化敏捷供应链示意图如图 5-6 所示。

5.1.7　能源与安环精准管控

针对流程型制造能源消耗大等特点以及能源管理存在滞后等问题，对生产线、工艺段、设备、单品的能源耗用进行精准监控、预测和协同调控，即能源精准管控；针对很多流程型制造行业每天都在生产、加工、存储和输送大量危险化学品，处理与排放二氧化硫等废料，需要根据降低风险要求建立安全保护智能系统，对人员和生产安全进行有效管控，即安环精准管控。

1）能源精准管控的重点方向：复杂动态环境下的能源流、物质流的动态感知，能耗精

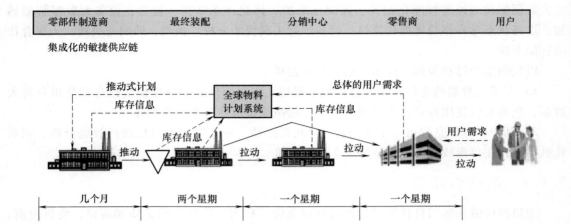

图 5-6   集成化敏捷供应链示意图

准监控、预测和回溯，单吨能耗动态模式识别，煤气、电力、天然气等多种能耗介质的协同优化，能耗指标决策。

2）安环精准管控的重点方向：利用智能手机和增强现实技术实现安全智能报警与危险点跟踪，包括：①利用智能手机应用危险点图提供灾害及危险点信息，通过卫星导航提供正确的灾害地点和情况，事前掌握危险信息。②采用增强现实技术进行工厂设施的危险点跟踪，实现危险接近及煤气外泄提醒功能，以及现场危险发生时立刻登记危险点并共享，实时进行安全监控。

5.2 智能工厂的挑战

5.2.1 智能工厂工艺挑战

1. 数据与算法驱动的精准工业质量检测

质量检测是采用科学的检测手段和方法，测定产品特性是否符合规定的过程。质量检测的效率和精度在一定程度上影响生产率和产品质量。传统工厂依托人工开展质量检测活动：检测效率相对较低，影响生产线生产节拍；存在一定的质量误判率，导致不合格品流入后道工序或者市场，造成质量损失；质量检测数据无法采集、管理和追溯，难以支撑质量数据应用。聚焦高效精确质量检测和质量持续改进需求，将机器视觉、数字传感、人工智能、边缘计算等与检测装备相结合，打造智能检测装备，通过接触或非接触方式在线采集产品质量数据，应用"工业机理+数据分析"构建的质量分析模型实时识别、判断和定位质量缺陷，进而自主决策质量合规性。智能在线检测大幅度提高质量检测效率，提高缺陷识别率，降低质量损失风险，同时推动质量管理全流程的数字化，进而支撑全流程质量追溯和质量分析优化。

智能在线检测当前已在钢铁、电子、汽车、食品等行业的物料质量检测、加工和装配质量检测、产品外观检测、包装缺陷质量检测等方面得到广泛应用，例如华菱钢铁 5G+人工智能的棒材钢材表面缺陷自动检测，能降低因质量问题造成的损失粗略估计年均为 500 万元。智能在线检测主要包括以下 3 类典型应用模式。

1）外观表面质量检测。应用工业相机采集被测对象外观或表面图像数据，通过与工业机理模型、大数据分析和深度学习算法等构建的缺陷分析模型相结合，自适应识别和定位表面质量缺陷，筛选不合格产品。如钢材表面缺陷检测、液晶面板表面缺陷检测、食品饮料包装破损检测等。

2）几何尺寸公差检测。应用平面视觉测量或者三维视觉测量等方式采集被测对象几何参数，通过"工业机理+数据分析"构建的测量算法，进行几何特征提取、尺寸公差测量和质量合规性判定。如洗衣机总装箱体尺寸视觉检测、航天高精度零件车削加工轮廓尺寸检测等。

3）装配质量防错检测。应用工业相机采集被测对象装配状态图像数据，通过深度学习等算法进行关键特征提取、零件识别和定位；基于识别的装配零件数量和装配位置的正确性，判断质量合规性。如发动机活塞销卡环装配检测、PCB（印制电路板）SMT（表面安装技术）贴装错误检测等。

2. 数字空间中高效规划和迭代工艺

工艺设计是将产品设计转化为一系列加工工序和资源配置要求的过程，是设计和制造之间的关键桥梁。工艺设计质量和效率影响着研发周期、生产成本和产品质量。传统工厂以二维工艺设计为主，存在以下问题：二维环境下无法有效开展仿真验证，工艺质量完全依赖于人员经验，大量实物验证增加了成本；工艺知识难以固化、显性化和复用，设计过程中"重复造轮子"现象明显；无法有效衔接三维产品设计和生产制造，工艺桥梁作用弱化明显，延长了设计向制造的转化周期。面向高效、高质量规划制造过程和精准指导生产作业的需求，将基于模型的定义、先进制造、知识图谱等技术与计算机辅助工艺设计、计算机辅助制造等系统结合，全面应用三维模型结构化表达工序流程、制造信息和资源要素，开展加工、装配、生产等虚拟验证与优化迭代。工艺数字化设计全面提升了工艺设计效率、质量和可操作性，加速了工艺知识积累和重用，大幅度减少了实物验证次数，降低了研制成本，同时全面打通了设计和制造的信息孤岛，显著提升了产品研制效率。

工艺数字化设计已在航空航天、汽车与零部件、电子信息等行业的机械加工、表面喷涂、组件焊接、整机装调等工艺中得到广泛应用，如鱼跃医疗实施基于模型的机械加工、装配等工艺设计，设计时间缩短 30%。工艺数字化设计主要包括以下 3 类典型应用模式。

1）三维工艺设计与仿真验证。在产品三维模型上添加制造信息，关联设备、工装、人员等制造资源，构建结构化工艺，借助加工、装配等工艺仿真工具，在虚拟环境中快速迭代优化工艺设计，如白车身三维焊装工艺设计、铸造工艺数值模拟仿真等。

2）基于知识的快速工艺设计。建立加工方案库、工艺参数库、工装库等结构化工艺知识库，通过知识检索或算法推荐等精准匹配和复用知识内容，驱动工艺快速设计。例如，基于知识的航空发动机装配工艺设计、基于工装设计模板的锻造模具参数化快速设计等。

3）设计工艺制造一体化协同。打通设计、工艺和制造环节的业务流和数据流，基于统一设计数据源，开展面向制造的设计，并行工艺规划与设计，工艺作业指导实时下发车间并可视化展示，以及制造问题实时反馈驱动设计优化。例如，航天产品研制的并行工程、配电装备设计制造一体化等。

5.2.2　智能工厂运维管理挑战

智能工厂的运维管理包括：物料自动存取和管控的智能仓储管理，全环节质量数据汇聚与精准追溯，设备可视化运行监控与故障诊断，全要素透明可控的精益生产管理。

1. 物料自动存取和管控的智能仓储管理

仓储管理是对物料入库、存储、盘点和出库的管控过程，是工厂物资采购、存储、流通和使用的关键环节。仓储的管理效率和质量关系着工厂的生产率和产品成本。传统工厂仓储管理以人工作业为主，存在以下问题：物料出入库和库存盘点作业效率低下，出入库的滞后时常导致生产物料无法准时齐套；信息管理粗放，库存和出入库信息记录不清、账实不符、物料呆滞问题明显，拉高库存成本；无法与计划、调度、配送、生产等环节协同，难以适应敏捷柔性生产模式下拉动式物料精准配套需求。面向高效、精准和低成本库存管理以及生产协同优化的需求，将人工智能、射频识别、智能传感等技术与立体仓库、AGV 等仓储设备以及 WMS、WCS（仓库控制系统）等仓储管控系统相结合，实现物料自动出入库和信息记录、库存可视化管理以及库位和存储空间自适应优化。

智能仓储实现了物料存取作业和库房管理的少人化，提升了库存管理效率和质量，降低了库存成本，同时库存环节的数字化、智能化打通了物料和加工环节，支撑了基于生产需求的准时物料配送。智能仓储目前广泛应用于消费电子、汽车制造、食品药品、钢铁石化等行业的原料、辅料、在制品、成品等物料存储和库房管理，如广州白云电器设备公司应用智能仓储与自动物流，提升物流效率 12.58%。智能仓储主要包括以下 3 类典型应用模式。

1）自动化物料存取。依托 WMS 进行出入库、库存等信息管理，应用 WCS 自动控制立体仓库、堆垛机、穿梭机、积放链等库存装备，结合人工智能规划和优化库位，进行物料的自动识别、存储、分拣和出库。如石化工厂的聚烯烃自动化仓储、钢铁工厂的钢卷自动化库区等。

2）协同联动物料存取。基于 WMS 与生产计划、车间执行、采购销售等系统集成，以生产投料、采购入库、在制品流转、订单发货等计划信息驱动物料自动出入库作业。如与 MES 集成的在制品协同出入库，与 SRM 系统集成的采购物料协同入库等。

3）实时拉动式物料存取。将智能仓储系统与各工序生产管控直接对接，匹配工序生产节拍，依据工序实际物料消耗和物料需求预测，开展实时拉动式物料出入库和库存管控。如汽车车身涂装工序拉动的白车身出库、漆后车身入库高效协同等。

2. 全环节质量数据汇聚与精准追溯

质量追溯是指采集产品全生命周期生产、质量等信息，并实现关联管理和定位查询的过程。实现质量精准追溯有助于明确质量责任、精准溯源问题和策划质量改善。传统工厂往往缺乏全流程质量追溯能力：未实现原材料采购检验、生产全工序过程检验以及成品出厂检验等全流程质量检验数据的采集，缺乏有效的质量数据源；未能实现全流程质量数据的集成，各阶段质量数据孤岛问题严重，无法有效关联；全流程质量数据与实物产品间未实现绑定，无法通过产品标识查询质量数据。聚焦产品全生命周期质量管控、追溯和需求改善，通过数字化手段采集全流程质量数据，依托质量数据平台汇聚、集成和打通各环节质量数据，基于条码、标识和区块链等技术，实现全流程质量数据与实物产品间的关联匹配和跨业务、跨企业的质量信息追溯。质量精准追溯有助于质量问题的快速溯源、精准分析和准确处理，能够大幅度降低质量损失，同时也能够为产品设计、工艺设计、生产作业、维修维护等优化提供数据支持，加速产品迭代优化。

目前质量精准追溯在钢铁、石化、食品饮品、生物医药、汽车与零部件、装备制造等行业的原料质量、生产质量以及全生命周期质量等管控上得到应用，如歌尔股份应用质量管理系统对全流程生产、供应链质量问题进行追踪分析，产品良率提升 10%。质量精准追溯主要包括以下 3 类典型应用模式。

1）从原料到成品全流程质量追溯。采集原材料检测、生产过程质量记录以及成品质量记录信息，将产品从原料到成品的质量信息相关联和打通，基于产品标识实现正向和反向质量快速追溯。如奶制品从奶源、生产到销售全流程质量追溯，钢材从铁矿、冶炼到下游使用全流程质量追溯等。

2）从零部件到整机全系统质量追溯。将零部件质量数据和零部件实物通过唯一编码绑定，并逐一绑定至整机实物唯一编码，进而实现从零部件逐级定位至整机或从整机逐渐分解至零部件的双向质量追溯。如电器产品主要物料质量追溯、机器人产品关键零部件质量追溯等。

3）从研发到运维全生命周期质量追溯。全面汇聚设计、工艺、采购、生产、交付和运维全生命周期产品质量数据包，构建产品全生命周期质量履历，支持全生命周期质量改善活动。如轨道交通装备全生命周期质量履历管理、工程机械全生命周期质量履历管理等。

3. 设备可视化运行监控与故障诊断

运行监控与故障诊断是指通过一定技术手段监控设备运行状态、分析性能指标，对故障进行诊断和报警的过程。良好的运行监控与故障诊断有助于优化设备性能，提升可用性，降低故障损失。传统工厂的设备运行监控与故障诊断主要依靠人工日常巡检和定期停机维护，存在以下问题：人工巡检难以及时发现故障隐患和细微寿命衰减，它们长期积累最终导致设备故障甚至停机；设备维修过程依赖于人员经验，故障诊断效率低，停机工时浪费大；无法实时掌控设备状态，对快速劣化和突发性故障响应效率低，造成安全风险。面向设备精细管控和高效运维需求，通过数字传感实时采集设备运行数据和工艺参数，依托设备管理系统，融合工业机理和数据模型，实现设备运行状态可视化监控，运行效率和性能综合分析，以及故障诊断和失效预警。在线运行监控与故障诊断实现了数据驱动的设备调度、运维保障的优化，提高了设备综合效率，降低了非故障停机风险，同时基于数据分析开展故障诊断和维修策划，提高故障修复效率，减少停机工时损失。

目前在线运行监控与故障诊断在钢铁冶炼设备、石化炼油装置、数控机床与产线、焊接涂装设备、物流运输设备、工业机器人等装备运维上得到应用，如贵州航天电器公司通过设备在线状态监控与故障诊断，将设备综合效率提升 20%。运行监控与故障诊断主要包括以下 3 类典型应用模式。

1）设备可视化监控与性能分析。通过实时采集设备运行工况和工艺参数等数据，利用大数据分析和数据可视化技术，动态展示设备运行状态和关键绩效指标。如电路板的 SMT 产线运行监控与综合效率分析、钢铁生产连铸连轧产线状态监控等。

2）设备健康监测与异常报警。基于工业机理结合数据模型，构建设备健康预测模型，实时分析设备运行数据，当参数超阈值时进行故障异常的自动报警。如基于机器视觉的传送带失效监测、石化装置泵群健康监测与异常预警等。

3）故障诊断、策略决策和维修联动。基于聚类回归、深度学习、决策树、知识图谱等算法，构建设备故障分析模型和维修知识库，提取故障特征，分析故障原因，决策修复策略，并联动生成维修工单。如数控机床故障诊断与维修方案快速匹配。

4. 全要素透明可控的精益生产管理

生产管理是车间中配置资源、组织生产、协调任务和管控进度的过程。车间生产管理水平在较大程度上影响着生产率、生产成本和订单交期。传统工厂的生产管理以人工为主，存在以下问题：人、机、料等关键生产要素难以被实时感知和精准管控，资源负载不均，利用率不高；生产管理决策依赖于经验，决策滞后且不准确，管理手段落后，造成大量生产浪费；难以对各类要素、流程和活动的绩效进行准确评价，无法支撑生产改善。围绕全要素和全过程精细化管控、消除生产浪费的需求，依托车间管控系统，基于全要素实时感知，将大数据分析、人工智能、虚拟现实等技术与六西格玛、6S[⊖]和 TPM（全面生产维护）等先进精益管理方法相结合，实现基于数据驱动的全流程精益生产管理。精益生产管理实现全要素和全流程可视、可控，优化资源配置和管理决策，提高管控精度和质量；基于数据洞察全要素、全流程的绩效水平，有的放矢地开展生产优化，进一步提高生产率和资源利用率。

精益生产管理目前在原材料、电子信息、装备制造和消费品等行业的现场改善、流程优化、作业改善、质量改善等方面得到应用。精益生产管理主要包括以下 3 类典型应用模式。

1）全要素透明化看板管理与精准决策。通过全要素、全过程的感知采集，依托可视化看板，实时展示计划进度、效率质量、成本安全等综合信息，支撑异常快速处置和高效管理决策。如钢铁生产集中控制指挥中心、物流调度可视化看板等。

2）数字化关键绩效评价与改善。结合精益管理理念构建全要素、全过程的关键绩效指标体系，基于生产数据分析开展精准绩效度量、评估与监测，支撑流程、效率、成本等方面的改善。如汽车发动机装配车间人员绩效评估、炼化产线效率质量绩效评估等。

3）标准化作业改善。综合运用人机作业分析、人因工程、虚拟现实、机器视觉等技术，制定各工序的标准作业指导，交互式辅助、引导操作员开展标准化作业，并实时监控和纠正非标准作业行为。如彩电装配单元 ESOP（电子作业指导书）作业视频辅助、基于增强现实的交互式汽车装配作业指导等。

5.2.3 智能工厂数字化网络化智能化

近十年来，我国制造业数字化网络化智能化发展加速推进、总体态势持续向好。为了加快制造业数字化网络化智能化发展，我国制造业着力提升网络供给能力，大力发展工业互联网，推动大数据、人工智能、云计算、区块链等新一代信息技术与制造业深度融合。我国制造业深入实施制造业数字化转型行动和智能制造工程，打造两化融合贯标升级版，开展工业互联网、智能制造等试点示范，遴选工业互联网平台创新领航应用案例、工业 APP 优秀解决方案，引导社会各界积极参与制造业数字化网络化智能化发展。实施工业互联网创新发展战略，深耕网络、平台、安全等体系建设，推动企业上云上平台，加速工业互联网赋能千行百业。

工业互联网是数字浪潮下新一代信息通信技术和工业经济深度融合的关键基础设施、新

⊖ 6S 即整理、整顿、清扫、清洁、素养、安全。

型应用模式、全新工业生态。工业互联网通过人、机、物的全面互联，构建起覆盖全要素、全产业链、全价值链的全新制造与服务体系，形成数字化网络化智能化的新兴生态和应用模式，既是发展先进制造业的关键支撑，也是产业发展与优化升级的内驱动力，还是互联网从消费领域向生产领域、从数字经济向实体经济拓展的核心载体。

从功能体系看，工业互联网包含四大功能体系。其中，网络是基础，应用场景可分为企业内网与企业外网，实现方式包括工业总线、工业以太网、时间敏感网络、确定性网络和5G 等技术。平台是中枢，基于云计算基础架构，提供数据汇聚、建模分析、知识复用、应用推广等 4 个方面的服务。数据是要素，贯穿工业企业端、边、云各层级和人、机、物、系统各环节，促进模型迭代、微服务优化在"研、产、供、销、服"各环节的深度应用与标准化推广。安全是保障，渗透于网络、平台、数据三大方面；通过建设工业互联网安全防护体系有效识别和抵御各类风险，化解多种安全风险，是实现工业智能化、工业互联网规模化推广的必要条件。总体来看，网络为信息传输提供载体；数据作为信息的重要表现形式，以网络为桥梁，实现物理世界与数字世界的双向动态映射；平台对客观信息与主观生产目标进行汇总分析，实现高级产控功能；安全则为上述功能体系的平稳运行提供支撑。

从产业体系看，工业互联网产业结构如图 5-7 所示，工业互联网所覆盖的产业包括直接产业和渗透产业。工业互联网直接产业涵盖构建功能体系的"网络、平台、数据、安全"四大领域，包括智能装备、工业传感、工业网络、工业互联网平台、标识解析、大数据分析、工业互联网安全、工业自动化与边缘计算、工业软件、工业互联网其他相关服务等细分领域。工业互联网渗透产业是指工业互联网直接产业的相关产品与服务在其他产业领域融合渗透而实现生产率提升的产业。

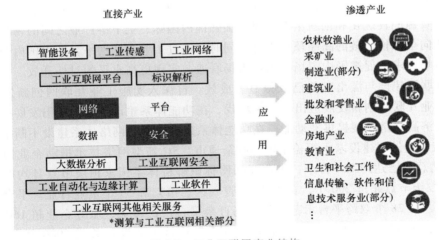

图 5-7　工业互联网产业结构

当前，全球新一轮科技革命和产业革命蓬勃兴起，工业互联网技术持续突破，为各国经济发展注入新动力，成为各国抢占新一轮科技革命战略制高点的主要阵地。党中央、国务院高度重视工业互联网发展，2018 年至 2023 年政府工作报告中都提到工业互联网。我国工业互联网创新发展正扎实推进，已成为稳经济、促增长的核心路径之一。在数字经济全面提速、全球经济亟待复苏的大背景下，工业互联网作为新型数字基础设施与应用生态，对我国做强做优做大数字经济、构建国际国内双循环相互促进的新发展格局的支撑作用更加凸显。

与此同时，我国工业互联网产业发展正扎实推进，溢出赋能成效显著，逐渐步入创新发展新阶段。

工业互联网全面开启数字经济新时代。数字产业化和产业数字化是数字经济的重要内涵。数字产业化推动产品和服务逐步向高质量发展，打造新兴数字产业；产业数字化则对我国产业现代化水平提升起到关键作用。工业互联网为数字产业化和产业数字化提供重要支持。一方面，工业互联网是数字产业化的新增长极。工业互联网不仅能够带动5G、人工智能、边缘计算、区块链等核心数字技术的创新融合发展，提升关键技术的创新力和核心数字产业竞争力，为数字经济发展提供各种技术、产品、服务和解决方案，催生更为丰富的新业态和新产业。另一方面，工业互联网是产业数字化的新型基础设施。工业互联网依托其网络、平台、安全、数据四大功能体系，打造泛智能基础设施，筑牢产业转型升级的数字底座；同时，工业互联网的融合应用推动了一批新模式、新业态孕育兴起，形成了平台化设计、智能化制造、网络化协同、个性化定制、服务化延伸、数字化管理六大应用典型模式，正在赋能千行百业，成为传统产业数字化转型、提高产业链供应链现代化水平的重要支撑。

工业互联网支撑构建双循环新格局。数字经济作为新型经济形态，旨在以数字技术为核心，赋能实体经济，驱动国内循环大市场释放潜力，推进国内国际双循环相互促进。工业互联网作为数字经济充分发挥创新作用的重要抓手，是构建双循环相互促进的新发展格局的内生动力。一方面，工业互联网助力畅通国内大循环。工业互联网通过支撑人、机、物的全面互联，实现全要素、全产业链、全价值链的有效连接，畅通数据要素流动。通过工业互联网平台打通供需间信息渠道，精准助力供需对接，消化现有产能存量，挖掘潜在增量，实现资源利用高效化、规模经济泛在化，加速实现经济循环流转，促进全国统一大市场的构建。另一方面，工业互联网推动国内国际双循环。工业互联网平台通过汇聚海量产业资源，在全球范围内开展资源配置优化和创新生态构建，加强国内国际、上下游产业之间的密切联系，助力我国产业向全球价值链的高端环节迈进。同时，通过工业互联网平台助力国内企业积极拓展海内外市场需求，促进国内市场和国际市场联通，实现更高水平的对外开放。

工业互联网建设与溢出赋能已取得显著成效。自深入实施工业互联网创新发展战略以来，我国工业互联网创新发展迈出了坚实步伐，在功能体系建设、融合应用发展等方面成效显著，为经济高质量发展提供新动能。在功能体系建设方面，网络体系建设不断推进，截至2022年，高质量外网建设基本覆盖全国300余地市，5G新型网络技术推动企业内网改造提速，5G基站总数已达约220万个；工业互联网标识解析体系国家顶级节点日均解析量突破1.7亿次，二级节点超过200个，覆盖29个省（区、市）和34个重点行业。平台体系建设实现新跨越，从28个双跨平台示范引领，到百余平台广泛覆盖，服务企业超160万家。具备一定行业、区域影响力的平台数量超过150个，连接工业设备数达7900万台/套，工业APP已超9万余款。工业数据汇聚能力持续增强，国家工业互联网大数据中心体系建设基本完成，已统筹推进9个区域和行业分中心落地，逐步实现数据资源整合利用和开放共享。安全体系逐渐强化，工业互联网安全技术加快突破，涵盖国家、省、企业三级协同的监测服务体系基本建成，监测范围已覆盖14个重要领域、140个重点平台，11万余家联网企业。工业互联网企业网络安全分类分级管理试点工作深入推进。在融合应用方面，工业互联网创新应用已从行业龙头拓展到产业链上下游，正在推动形成大中小企业融通创新发展格局。应用范围已从个别行业向钢铁、机械、电力、交通、能源等45个国民经济重点行业加速渗透，有力支撑一二三产业融通发展；工业互联网从研产供销服各环节单点应用，向全环节全流程综合集成应用和多领域系统创新延伸，探索形成了平台化设计、智能化制造、网络化协同、个性化定制、服务化延伸、数字化管理等六大典型应用模式，有效支撑制造业高端化、智能化、绿色化发展。

工业互联网产业规模如图 5-8 所示。

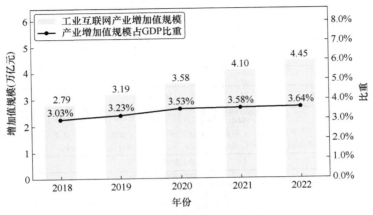

图 5-8　工业互联网产业规模

赋能千行百业数字化转型以实现经济高质量发展是工业互联网发展的终极目标。当前，我国已从工业互联网的探索起步阶段步入产业深耕、赋能发展的新阶段，随着产业政策的持续完善，我国工业互联网在基础设施、融合应用等方面的发展迈上新台阶，并持续赋能各行各业数字化转型向纵深推进。未来，工业互联网将实现在产业园区、区域经济、县域经济扎根落地，为经济提质增效深度发力。

5.2.4　加快工业软件自主研发

软件是新一代信息技术产业的灵魂。工业软件是工业技术软件化的结果，是智能制造、工业互联网的核心内容，是工业化和信息化深度融合的重要支撑，是推进我国工业化进程的重要手段。在"十四五"期间，工业和信息化部组织实施产业基础再造工程，将工业软件中的重要组成部分——工业基础软件与传统"四基"（即关键基础材料、基础零部件、先进基础工艺以及产业技术基础）合并为新"五基"。

在全球工业进入新旧动能加速转换的关键阶段，工业软件已经渗透和广泛应用于几乎所有工业领域的核心环节，工业软件是现代产业体系之"魂"，是工业强国之重器。如果失去工业软件市场，就将失去产业发展主导权；掌握工业软件市场，则会极大地增加工业体系的韧性和抗打击性，为工业强国打下坚实基础。

我国要增强产业链供应链自主可控能力，产业链供应链安全稳定是构建新发展格局的基础，要统筹推进补齐短板和锻造长板，针对产业薄弱环节，实施好关键核心技术攻关工程，尽快解决一批"卡脖子"问题，在产业优势领域精耕细作，搞出更多独门绝技。《中华人民共和国国民经济和社会发展第十四个五年规划和 2035 年远景目标纲要》提出，坚持经济性和安全性相结合，补齐短板、锻造长板，分行业做好供应链战略设计和精准施策，形成具有更强创新力、更高附加值、更安全可靠的产业链供应链。工业软件在最近几年常被外方用作断供、"卡脖子"的具体手段，直接关系到我国大批企业和重点产品的生存与发展，关系到产业链供应链安全稳定，关系到我国工业实现创新驱动转变的成败。

制造业大型工业软件全局图如图5-9所示。

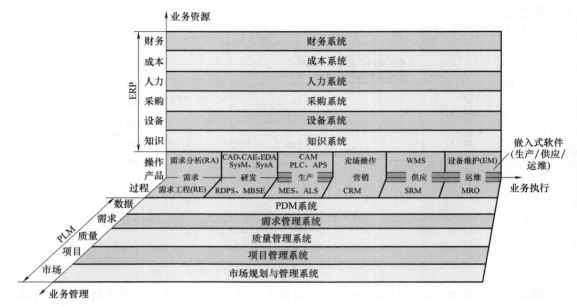

图 5-9　制造业大型工业软件全局图

1. 工业软件的定义

对工业软件的较为全面的描述是：工业软件是工业技术、知识、流程的程序化封装与复用；它能够在数字空间和物理空间定义工业产品和生产设备的形状、结构，控制其运动状态，预测其变化规律，优化制造和管理流程，变革生产方式，提升全要素生产率，是现代工业的"灵魂"。判断工业软件可以把握两点：一是实际内容，即软件中的技术、知识以工业内容为主；二是最终作用，即软件直接为工业过程和产品增值。基于此，一些可以在某种场合用于部分工业目的或业务过程的通用软件，如 Office，WPS，微信，钉钉，视频，图片和渲染软件，常用操作系统等，不属于工业软件。

2. 工业软件的基本特征

（1）工业软件是工业技术和知识的容器　工业软件是工业技术、知识和信息技术的结合体，其中工业技术、知识包含工业领域知识、行业知识、专业知识、工业机理模型、数据分析模型、标准和规范、最佳工艺参数等，是工业软件的基本内涵；图形引擎、约束求解器、图形交互技术、工业知识库、算法库、模型库、过程开发语言、编译器、测试环境等，虽然单独评估大多不具有工业属性，但是却都是构建工业软件必不可少的数字底座和组成部分，都在各自的角色上发挥作为工业软件的作用。上述的任何一种技术内容，都关系到工业软件本身的自主与可控。没有丰富的工业技术、知识和经验积累，只掌握计算机专业知识的工程师，难以设计出先进的工业软件。工业软件是工业技术、知识的最佳"容器"，其源于工业领域的真实需求，是对工业领域研发、工艺、装配、管理等工业技术、知识的积累、沉淀与高度凝练。工业软件可以极大增强工业技术、知识的可复用性，有效提升和放大工业经济的规模效益。

（2）工业软件是对模型的高效最优复用　模型是软件的生命力所在，没有模型就没有软件。模型来源于工业实践过程，来源于具体的工业场景，是对客观现实事物的某些特征与内在联系所做的一种模拟或抽象。模型由与其所分析问题有关的因素构成，体现了各有关因素之间的关系。工业软件的核心优势是对模型的最优复用。工业软件常用模型为机理模型和数据分析模型。一般来说，机理模型是根据对象、生产过程的内部机制或者物质流的传递机理建立起来的精确数学模型。机理模型表达明确的因果关系，是工业软件中最常用的模型。数据分析模型是在大数据分析中通过降维、聚类、回归、关联等方式建立起来的逼近拟合模型。数据分析模型表达明确的相关关系，在大数据智能兴起之后，也经常以人工智能算法的形式被用于工业软件之中。

（3）工业软件与工业发展息息相关　源于工业需求，用于工业场景，优于工业打磨，工业软件从来都带有天然的工业基因，与工业密不可分。工业软件源于工业需求。业界比较公认的第一款工业软件是 1957 年出现的名为 Pronto 的数控程序编制软件，由 "CAD/CAM之父" Patrick J. Hanratty 博士在通用电气公司工作时开发。二十世纪六七十年代诞生了很多知名工业软件，基本上都是工业巨头企业根据自己产品研制上的迫切需求而开发或重点支持的。如美国洛克希德公司（现在的洛克希德·马丁公司）开发的 CADAM，美国通用电气公司开发的 CALMA，美国波音公司支持的 CV，法国达索公司开发的 CATIA，美国航空航天局（NASA）支持的 I-DEAS 等。多种类型的工业软件都是从工业领域实际需求和应用中诞生，并由工业巨头企业主导整个市场的。这个基本格局至今没有太大变化。

工业软件用于工业场景。目前，我国已建成门类齐全、独立完整的现代工业体系，拥有41 个工业大类、207 个中类、666 个小类，成为全世界唯一拥有联合国产业分类中所列全部工业大类和软件信息大类的国家。工业软件作为一个数字化的产品创新工具，自身不断吸收最新工业技术和 ICT（信息通信技术），不断快速按照工业场景的要求反复迭代，不断在工业的各个细分领域得到快速部署和应用。现在我国的规模以上工业企业，几乎全部已采用了工业软件，即使是在中小企业的工作场景中，大部分也使用了 1~2 种工业软件。今天工业品与工业软件的基本关系是：没有交互式工业软件，就没有复杂工业品的设计与开发；没有嵌入式工业软件，就没有复杂工业品的生产与运行。在 666 个小类工业品中，几乎没有哪一类在研发、生产、测试等关键环节与场景中，没有用到工业软件。

工业软件优于工业打磨。区别于面向个人用户的基础软件与其他应用软件，工业软件的终端用户是工业企业。工业软件既是开发出来的，也是在实践中应用出来的。工业软件开发商和工业企业深度互动，工业企业不断使用工业软件，反馈各种软件问题，工业软件开发商则快速迭代、优化改进工业软件，这是工业软件生存与发展的基本条件之一。对于任何一款工业软件而言，如果没有工业企业的深入应用，它就很难成熟，例如很难发现顶层设计缺陷，很难发现机理模型的算法缺陷，很难获得适合某种专业性的潜在研发改进需求，很难获得工业界新出现的核心（know-how）知识，很难获得工业巨头企业的投资青睐等。因此，工业软件不断推出新且好的功能，同时工业界在实践应用中对工业软件进行 "反哺" 和实用砥砺打磨，形成一种双方长期积极互动的双赢情景。

（4）工业软件是现代化工业水平的体现　工业软件中包含 "工业" 和 "软件" 两个要素。对于工业软件，不应该仅从工业或者软件的单向角度去理解，而应该从两个要素双向相互影响的角度去理解。一方面，现代化工业水平决定了工业软件的先进程度。工业软件是植根于工业基础发展起来的，脱离了工业的工业软件只能是无本之木，工业生产工艺、设备等各方面的发展程度决定了工业软件的发展程度。另一方面，工业软件的先进程度决定了工业的效率水平。现代化工业离不开工业软件全过程自动化、数字化的研发、管理和控制，工业软件是提升工业生产力和生产率的手段，是制造业精细化和产业基础高级化发展的技术手段和保证，是推动智能制造、工业互联网高质量发展的核心要素和重要支撑。

（5）工业软件是先进软件技术的融合　工业软件不仅是先进工业技术的集中展现，更是各种先进软件技术的交汇融合。无论是软件工程、软件架构、开发技巧、开发环境，还是图形引擎、约束求解器、图形交互技术、知识库、算法库、模型库、过程开发语言、编译器、测试环境乃至硬件等，都会加速工业软件发展。半个多世纪以来，每次软件工程领域取得技术进展，工业软件都会迅速地将其吸收、融汇到自身之中。以工业软件的人机交互图形用户界面（GUI）为例，早期人机交互的界面采用"借用屏幕（如阿波罗工作站）"模式，用户一旦进入软件交互界面就无法执行其他操作，但是多窗口技术出现后，软件交互界面迅速发展成为多窗口交互的；Web 技术发展成熟后，工业软件则随即从 C/S（客户端/服务器）部署发展到 B/S（浏览器/服务器）部署；现在云计算技术成熟后，又从 B/S 迅速发展到基于云的订阅式工业软件，如云 CAD（计算机辅助设计）等。算力对工业软件的支撑效果也是非常显著的，尤其是芯片计算速度提高后，以及多主机高性能并行计算技术成熟后，过去 CAE（计算机辅助工程）软件需要漫长等待的复杂仿真计算问题，伴随着算力的极速提升而得到了解决。

（6）工业软件研发时间长，成本高，其成功难以复制　工业软件研发不同于一般意义的软件研发，研发难度大、体系设计复杂、技术门槛高、硬件条件开销大、复合型研发人才紧缺、对可靠性要求较高，因此存在研发周期长、研发迭代速度慢等问题。据估计，一般大型工业软件的研发周期为 3~5 年，要被市场认可则需要 10 年左右。此外，工业软件的研发投入非常高，全球最大的 CAE 厂商 Ansys 每年的研发投入在 20 亿元左右，超高额的研发投入构成了较高的行业壁垒，短时间内工业软件巨头很难被超越。不得不承认，工业软件的成功经验难以复制，并不是有了足够的研发经费就可以复制某个工业软件巨头的成功过程。工业软件供应商要打破工业软件现有固化格局，在激烈的市场竞争中能够活下来、冲出去，不仅需要过五关斩六将的高超武艺，需要口袋里有足够的资金，还需要把握十年不遇、转瞬即逝的市场机会和一点点运气。

（7）工业软件对可靠性和安全性要求极高　工业软件作为现代工业技术和 ICT 相互融合的成果，对于推动工业产品创新发展、确保产业安全、提升国家整体技术和综合实力，起着至关重要的作用。工业软件的每一行代码，在一套软件几百万、几千万行代码的程序海洋中，也许微不足道，但是软件的特点决定了一行代码的错误就可能导致整款软件的运行结果错误，进而造成软件失效、系统宕机，甚至是某种运行装备的停工停产。因此，工业软件作为生产力工具服务于工业产品的研制和运行，在功能、性能效率、可靠性、安全性和兼容性等方面有着极高的要求。合格的工业软件产品应具备功能正确、性能效率高、可靠性强、数据互联互通等特点。因此，为研发合格的工业软件产品，需要针对工业软件研制全生命周期构建测试验证体系，确保工业软件产品的质量水平。

工业软件作为软件产品，其研发过程中需进行"单元测试""部件测试""配置项测试"和"系统测试"，对工业软件的功能、性能效率、可靠性、安全性、兼容性、维护性等质量特性进行测试，验证各阶段成果是否符合阶段研制需求，减少软件故障、安全漏洞等软件缺陷。工业软件源自并聚集于工业需求开发，"工业属性"是必须保证的最重要属性，必须对工业软件进行"工程化应用验证"，即在实际工业应用场景中对工业软件的功能、性能效率、可靠性等进行系统性测试，从而验证工业软件是否符合用户需求，确保工业软件产品可用、好用，特别是在一些极端条件下要确保软件稳定运行或者安全退出运行。

3. 工业软件的重要性

（1）**工业软件赋能工业发展**　工业软件对工业的发展具有极其重要的技术赋能、杠杆放大与行业带动作用。长期以来，工业软件对工业产值的杠杆放大与行业带动作用一直是模糊不清、难以统计的。下面仅以类比数据和业界估算数据来说明工业软件对工业发展的巨大杠杆放大与行业带动作用。

类比 1：产品设计阶段的投入成本仅占整个产品开发投入成本的 5%，但是产品设计决定了 75% 的产品成本。以研发类工业软件（例如 CAX）来说，它们可以帮助工业企业在产品设计阶段从源头上控制产品成本，这可以引申为研发类工业软件对最终产品成本有着 15 倍的杠杆效应。

类比 2：在软件开发全过程中，如果在需求收集阶段修复一个所发现的缺陷需花费 1 元，那么，在设计阶段修复该缺陷则需花费 2 元。以此类推，如果在产品投入使用后才发现该缺陷，修复所需的费用则将暴涨至 69 元。该类比说明，有了软件开发工具的辅助，在产品设计阶段花费 2 元，即可从源头上消灭软件缺陷，这可以引申为研发类工业软件对最终产品质量有着近 35 倍的杠杆效应。

综上所述，在产品研发的早期阶段采用工业软件，可以对最终产品的成本产生 15 倍的杠杆效应，对质量产生 35 倍的杠杆效应。考虑到在产品全生命周期、订单全生命周期和工厂全生命周期中，工业软件都有几倍到几十倍的杠杆效应，因此我们可以较为保守地认为，工业软件对工业产品至少有 10 倍的杠杆放大和行业带动作用。

（2）**工业软件赋智工业产品**　工业软件对于工业产品价值提升有着重要影响，不仅是因为产品研发、生产等方面的工业软件可以有效地提高工业产品的质量和降低成本，而且是因为软件已经作为"软零件""软装备"嵌入了众多的工业产品之中。前已述及，软件是工业技术、知识的容器，而知识来源于人脑，是人的智力思考过程与内容的结晶，因此软件作为一个"大脑"而为其所在的人造系统赋智——从机器、产线、汽车、船舶、飞机等大型工业产品，到手机、血压计、测温枪、智能水杯等小型工业产品，其中都内置了大量工业软件。当前，一辆普通轿车的电子控制单元（Electronic Control Unit，ECU）数量多达 70~80，代码约几千万行，工业软件的价值在高端轿车中占整车价值的 50% 以上，代码超过 1 亿行，其复杂度已超过 Linux 系统内核。例如特斯拉新能源电动车中软件价值占整车价值的 60%。目前轿车中软件代码增速远远高于其他人造系统，未来几年车载软件代码行数有可能突破 10 亿行。轿车车载软件代码发展趋势如图 5-10 所示。

目前的工业产品发展规律是，在常规物理产品中嵌入工业软件之后，不仅可以有效地提升该产品的智能程度，还可以有效提高其产品附加值。通常，代码数量越多，该产品的智能程度和附加值就越高。

（3）**工业软件创新工业产品**　发展工业软件是复杂产品研发创新的必由之路。现今，产品的结构复杂程度、技术复杂程度高，产品更新换代速度快，如果离开各类工业软件的辅

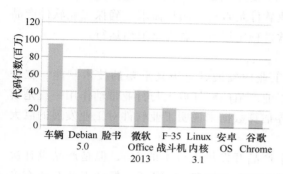

现在:
- 每辆车有1亿行软件代码
- 每行代码成本大约为10美元
- 车辆语音电子导航系统(NAVI)有2000万行软件代码

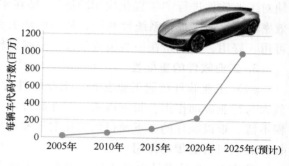

未来:
- 每辆车有2亿~3亿行软件代码
- 第5级自动驾驶汽车将有10亿行软件代码

图 5-10　轿车车载软件代码发展趋势

助支撑，仅依靠人力是不可能完成研发任务的。诸如飞机、高铁、卫星、火箭、汽车、手机、核电站等复杂工业产品，研发方式已经从"图样+样件"的传统方式转型为完全基于研发设计类工业软件的全数字化"定义产品"的方式。以飞机研制为例，由于采用了"数字样机"技术，设计周期由常规的 2.5 年缩短到 1 年，减少设计返工 40%，制造过程中工程更改单由常规的 5000~6000 张减少到 1081 张，工装准备周期与设计同步，确保了飞机的研制进度。近年来，"数字样机"技术已经发展为数字孪生技术。基于工业软件所形成的数字孪生技术，企业在开发新产品时，可以事先做好数字孪生体，以较低成本。在数字孪生体上预先做待开发产品的各种数字体验，直到在数字空间中把生产、装配、使用、维护等各阶段的产品状态都调整和验证到最佳状态，再将数字产品投产为物理产品，一次性把产品做好做优。基于数字孪生的数字体验是对工业技术的极其重要的贡献与补充，也是产品创新的崭新技术手段。

（4）工业软件促进企业转型　　发展工业软件是推进企业转型的重要手段。工业软件具有鲜明的行业特色，广泛应用于机械制造、电子制造、工业设计与控制等众多细分行业中，支撑着工业技术和硬件、软件、网络、计算机等多种技术的融合，是加速"两化"融合、推进企业转型升级的手段。在研发设计环节中，工业软件不断推动企业向研发主体多元化、研发流程并行化、研发手段数字化、工业技术软件化的方向转变；在生产制造过程中，生产制造软件的深度应用，使生产呈现敏捷化、柔性化、绿色化、智能化的特点，加强了企业信息化的集成度，提高了产品质量和生产制造的快速响应能力；在企业经营管理上，工业软件不断推动管理思想软件化、企业决策科学化、部门工作协同化，提高了企业经营管理能力。

（5）工业软件推动信息技术应用创新发展　　工业软件凝聚了最先进的工业研发、设计、管理的理念、知识、方法和工具。国外厂商为维护国际竞争地位，主要对外出售固化了上一代甚至上几代技术和数据的工业软件，甚至采取禁售或者"禁运"关键软件模块等手段进行技术保护。例如，MATLAB 软件作为全球工业自动化控制系统设计仿真、信号通信和图像处理的标准软件，目前已经成为国际性科学与工程通用开发软件。2020 年 6 月，美国通过实体清单禁止我国部分企业和高校使用 MATLAB 软件，严重影响了我国某些企业的技术开发和某些高校的人才培养。工业软件应用于工业生产经营过程，计算、记录并存储工业活动所产生的数据，工业软件的可控程度直接影响工业数据安全。随着云计算等新一代信息技术的发展，一些国外软件巨头提供订阅式工业软件，用户在应用平台产生的数据存储在云端服务器上，这使得这些国外软件巨头随时可掌握用户关键工程领域核心数据、知识产权信息、产品生产制造等商业信息。随着国际形势的变化，我国企业在使用国外软件时将会面临较大的数据泄露风险，存在极大的数据安全隐患。因此，发展自主工业软件是我国实现信息技术应用创新的重要举措。

4. 我国工业软件产业规模及国产化推进

近年来，我国工业软件取得了长足进步，部分核心软件技术取得了突破性进展，我国拥有了部分自主可控的工业软件产品，培育了中望龙腾、山大华天、数码大方、安世亚太、同元软控、华大九天、用友、浪潮、金蝶、和利时、中控等一批国内工业软件供应商，个别类别软件和少量单点技术达到国际先进水平。但是我国工业软件仍处于较多关键核心技术缺失，由引进应用向自主研发转换、技术迭代能力建立的关键阶段。

（1）我国工业软件市场规模　随着社会信息化发展进入快车道，下游需求推动数字化软件需求增长；同时工业数字化转型步伐加快，工业软件性能提升、使用门槛降低，促进工业软件市场规模持续增长。我国工业软件市场规模如图 5-11 所示。

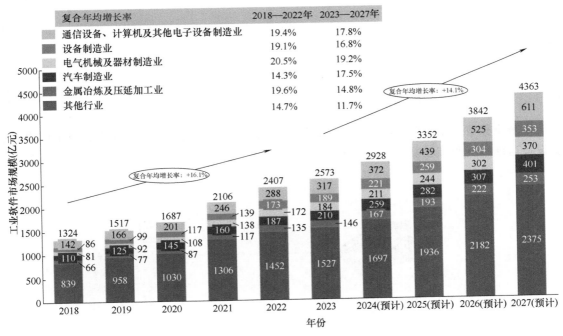

图 5-11　我国工业软件市场规模

得益于数字经济的快速发展，工业软件行业运行态势良好。2022 年，我国工业软件市场规模达到 2407 亿元，2018—2022 年复合年均增长率（CAGR）为 16.1%。预计未来随着信息化发展进入快车道，拉动工业软件需求不断增长。工业数字化转型需求步伐加快，重点领域关键工序数控化率提高，数字化研发设计工具普及，2027 年我国工业软件市场规模将达到 4363 亿元，2023—2027 年复合年均增长率为 14.1%。

（2）工业软件国产化推进情况　各行业国产化差距明显。①流程型行业生产制造类工业软件国产化应用已相对成熟。石化、钢铁等流程型生产企业业务耦合性强，在生产管理方面经验丰富，自主研发优势明显，具有培育行业国产工业软件公司的天然优势。例如，浙大中控的控制系统在化工行业的国内市场占有率达到 40.7%。②家具服贸行业国产化进程加快。家具服贸行业对精度要求不高，同时，数码大方、中望龙腾等工业软件企业在家具服贸行业具有长时间积累，能够满足行业应用需求，具备一定竞争力，这也促进了家具服贸行业企业敢试敢用国产软件。③船舶行业国产化基础相对较好。船舶产品型号多、批量小、体型大，但对精度要求不高，产品个性化强，且国产船舶工业软件基础相对较好，在推动国产化应用方面具有很大潜力。④电子行业开始推进国产化。电子行业对国外工业软件依赖度相对较高，面对工业软件供应链存在的禁用风险，电子行业企业国产化意识逐步提高，开始主动寻找国内厂商合作，提早化解断供风险。⑤汽车、航空、航天等复杂装备行业国产化程度不容乐观。复杂装备行业装配复杂、建模精度要求高、产品安全责任大。当前，汽车、航空、航天行业中使用的传统复杂设计类软件、仿真模拟类软件和流体计算类软件等关键软件几乎全部采购国外产品。但航天由于长期被国外封锁，工业知识自主化程度高，在系统设计与仿真软件牵引发展方面取得显著成果；在管理软件方面大多基于国外 ERP 等基础平台做二次开发，自主可控程度较低，面临较大的"卡脖子"风险。

5.3 智能工厂的前景

5.3.1 流程型智能制造新模式

未来流程型智能制造将催生出四大新模式，即新商业模式、新运营模式、新生产模式、新设备运维和资产管理模式，如图 5-12 所示。

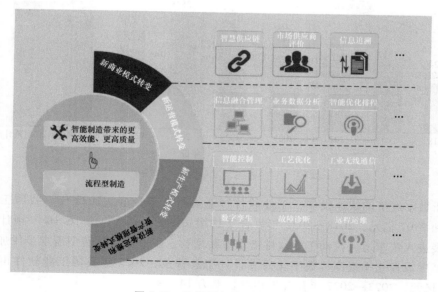

图 5-12   流程型智能制造新模式

1. 新商业模式

流程型制造行业商业模式的创新主要是通过智慧供应链、市场供应商评价、信息追溯等新兴业态来创造新的增值方式。企业的产业链信息集成及企业间协同研发网络体系，是企业从内部信息集成向外部供应商、经销商、用户信息集成的延伸，形成以某一产业链为基本单位的智能化网络系统，实现产业链信息"可评价"。流程型制造企业可通过生产、运输、维护等多环节的信息统计，更客观、直接地对供应商进行市场化评价。同时，产业链的信息集成将形成产业层面的大数据平台。流程型制造业还可以与服务业、金融保险业等不同领域的大数据平台对接，共享数据资源，实现跨界经营与合作，创造全新商业模式。原始的流程型制造行业设备运维是以制造用户为主、设备维修商为辅助的模式。新的远程运维模式是在原有价值主体的基础上，加入了协同远程运维服务供应商，或者用户和设备提供商一同建立运维团队或公司，提供新的增值服务，从而创造出新的价值链和增值方式。

2. 新运营模式

流程型制造行业的相关企业在运营过程中不可避免地涉及大量资源、环境与安全等重要管理要素，同时也受工艺原型设计影响，单位产量的提升尤为困难，而产能的最大化发挥与企业经营过程中的各项指标系统息息相关。流程型制造行业通过信息融合管理、业务数据分析、智能优化排程等智能制造手段，实现对过程指标的监控和管理，并进行实时的数据分析，形成优化的对策和方向，企业可以从中找到生产要素的最佳投入比例，实现研产供销、经营管理、生产控制、业务与财务全流程的无缝衔接和业务协同，促进业务流程、决策流程、运营流程的整合、重组和优化，推动企业从金字塔静态管理组织向扁平化动态管理组织转变，形成新的运营管理体系。

3. 新生产模式

智能制造推进过程中会涉及工艺优化、智能控制等一系列活动。各大生产企业广泛地建设生产指挥中心，对生产信息、设备运行、能源消耗、原料和产品品质变化等内容进行全面分析，并基于智能化数据挖掘和预测模型支持决策，实现工艺最优参数设定、最佳调度计划与最优配方。在工艺最优的同时，通过能源计划和指标分解，建立贯穿各个运行点的节能调度目标并跟踪监控；针对生产加工方案的变化，实时调整能源管网产耗，保证供给，优化能源运行；通过能源评价，与行业先进水平对标，分析最佳实践，指导改进；通过装置在线优化，自适应更新关键工艺参数的设定值，实现装置实时优化运行；加强操作过程的规范管理、即时预警、自动化控制，保障人身安全；根据产品、原料价格等变化及时做出相应的生产调整，保证装置的总体经济效益最大。上述所有基于工艺、控制、调度、质检、能源等方面的智能优化构成了新的生产模式。

4. 新设备运维和资产管理模式

流程型制造行业设备需要 24h 不停机运行。设备的安全、可靠、平稳和高效运行是保障流程型制造行业正常高效运行的基础，智能制造赋予设备运维和资产管理新的内涵。基于智能制造体系的设备管理平台，帮助企业构建完整的设备管理体系；基于数字孪生、增强现实（AR）、故障诊断、远程运维等技术，实现设备资产管理数字化和设备运维平台化。例如，通过数字孪生技术和 AR 技术：设备维修时现场工程师可以佩戴 AR 眼镜，通过主摄像头，将数据实时传送给远程专家；远程专家给出的指导信息以 AR 的方式显示给现场工程师，指导现场工程师完成操作。这种方式节约了专家到现场的成本，降低了高技术工作对现场人员的依赖；同时，通过后台模型诊断及专家人工判断，极大发挥了专家的经验，能够一对多的服务多个流程型制造，相同类型设备故障收集及分析更加深化了故障库及故障处理效率，设备运维和资产管理将更加高效和准确。

5.3.2   把握绿色低碳发展契机

为实现我国"碳达峰""碳中和"的目标，流程型制造业必须把握绿色低碳的发展契机。当前我国流程型制造业单位产值能耗较高，原始创新能力不足，数字化转型任重道远。流程型制造企业大多集中在产业链中下游，以生产高能耗、低价值产品为主，产能过剩严重，企业盈利能力较差，行业议价能力较弱。一些企业生产重"量"不重"质"，以高污染、高能耗为代价换取短暂经济利益，环保意识相对淡薄，低碳转型驱动力不足。

针对上述问题，应建立碳排放监管体系、绿色低碳智造创新专项等支持政策，持续推进产业链、供应链、价值链、创新链的协同创新，引导流程型制造业高质量发展。一方面，针对原材料品级参差不齐、后续加工碳排放高的问题，建议分行业梳理供应链，制定实施战略性资源产业、原材料工业发展等战略规划，加大收购并购优质战略资源力度，持续深化供给侧结构性改革，保障供应链安全、低碳、稳定。另一方面，应注重科技引领，升级产业结构。针对流程型制造业单位产值能耗大的问题，建议逐步淘汰高能耗、低产值的落后产能，以数字化转型为抓手，降低单位产值能耗，大力发展"煤转气"和"煤转电"技术，加快形成清洁能源新体系，进一步壮大智能制造、生物医药等战略新兴产业发展，构建流程型"智"造产业新体系。

同时，还要梳理关键共性需求，布局绿色低碳流程智造科技创新集群，实现产学研用协同创新，突破产品、装备、工艺、回收、碳捕集与封存等多维度核心技术难题；针对产品全生命周期碳排放足迹难以追踪的问题，结合大数据、工业互联网等新一代信息技术，设计高效的智能碳排放监测管控系统，构建科学完善的绿色低碳决策考核平台，实现一网统管、精准管控。

针对一些企业低碳转型驱动力不足的问题，逐步形成以碳排放为依据的产量约束机制，加快建立碳排放权智能交易市场，倒逼企业能源结构调整和低碳转型，从而实现全产业链的绿色、低碳、可持续发展。标准化是推动工业绿色低碳发展的重要手段，标准既能正向引导企业向更绿色化的生产方式转型升级、研发创新，也能逆向倒逼企业淘汰落后、比赶帮超，其规范引领作用对工业企业绿色转型、提质增效具有重要意义。

"十三五"期间，工业节能与绿色领域扎实开展标准化工作并取得积极进展。标准体系内容不断完善，围绕工业节能、节水、低碳、资源综合利用、清洁生产及绿色制造等重点领域，立项行业标准制修订计划788项，报批发布行业标准476项。实施工业节能与绿色标准行动计划，支持了452项绿色制造急需标准，大力支撑了绿色制造体系建设。标准化技术组织建设不断加强，工业节能、工业节水标准化总体组，以及钢铁、轻工、纺织等一批重点行业节能与绿色标准化工作组相继成立，相关科研机构、社会团体、有关企业等标准化热情高涨。标准宣传和实施力度不断加大，各地方、行业协会、联盟等相继组织开展了丰富生动的标准解读和培训活动，对25000余家工业企业实施国家重大工业节能监察，为15000余家工业企业开展节能诊断服务，167家能效及水效"领跑者"企业在重点行业脱颖而出，贯标、对标、达标效果显著。在标准规范引领下，工业企业沿着绿色发展之路稳步前进，节能与综合利用水平明显提升，绿色技术装备供给能力大幅增强，重点区域绿色发展水平显著进步，绿色制造工程建设取得阶段性成效。标准化工作与绿色制造工程建设紧密交织，通过支撑创建一批绿色制造典型示范、协同实施一批绿色制造重点专项等方式，促进绿色低碳新技术、新产业、新业态加快成长。

（1）石油行业　"十四五"期间，绿色制造已成为制造业领域实现"双碳"目标的主战场。石油行业是工业领域实现"双碳"目标的重要抓手之一。2021 年 11 月，国家发展改革委等部门联合发布《高耗能行业重点领域能效标杆水平和基准水平（2021 年版）》，对炼油、煤制焦炭、煤制甲醇、煤制烯烃、煤制乙二醇、烧碱、纯碱、电石、乙烯（石脑烃类）、对二甲苯、黄磷、合成氨等重点领域进行了明确规定。此后，国家发展改革委又于 2022 年 2 月印发《高耗能行业重点领域节能降碳改造升级实施指南（2022 年版）》，明确提出炼油行业节能降碳改造升级实施指南。2023 年 5 月，由中国石油集团工程材料研究院牵头的《油气田设备材料绿色制造和低碳排放指南》国际标准提案，经投票表决正式立项，成为中国石油在绿色制造领域主导制定的第一个国际标准。

（2）钢铁行业　"十三五"期间，按照《工业和通信业节能与综合利用领域"十三五"技术标准体系建设方案》和《绿色制造标准体系建设指南》要求，加强行业绿色制造标准化建设。在绿色工厂领域，研究制定了《钢铁行业绿色制造工厂评价导则》（YB/T 4771—2019）以及《焦化行业绿色制造工厂评价导则》（YB/T 4916—2021）等一批具体评价标准，加快推动企业节能减排、环境保护，促进企业绿色发展。在绿色设计产品标准领域，基于产业需求，制定了《绿色设计产品评价技术规范　取向电工钢》（YB/T 4767—2019）、《绿色设计产品评价技术规范　管线钢》（YB/T 4768—2019）、《绿色设计产品评价技术规范　新能源汽车用　无取向电工钢》（YB/T 4769—2019）、《绿色设计产品评价技术规范　厨房厨具用不锈钢》（YB/T 4770—2019）等一批关键产品的绿色设计标准，引领行业企业开展绿色设计。以《绿色设计产品评价技术规范　取向电工钢》标准为例，标准提出了涂层机组铬酸雾等考核指标，进一步严格铁损评价要求，减少能量消耗，有效引导电工钢产业绿色低碳升级。

（3）有色金属行业　有色金属行业是制造业的重要基础产业之一，是实现制造强国的重要支撑。当前，我国有色金属行业正处于由数量和规模扩张向质量和效益提升转变的关键期，亟待与新一代信息技术在更广范围、更深程度、更高水平上实现融合发展。到 2025 年，我国将基本形成有色金属行业智能制造标准体系，累计研制 40 项以上有色金属行业智能制造领域标准，基本覆盖智能工厂全部细分领域，实现智能装备、数字化平台等关键技术标准在行业示范应用，满足有色金属企业数字化生产、数据交互和智能化建设的基本需求，促进有色金属行业数字化转型和智能化升级。

在绿色工厂领域，优先制定有色金属冶炼业绿色工厂评价导则，以及铜加工、铝加工，镁加工、有色金属采选业等评价导则，进一步根据细分行业需要，制定评价细则。在绿色设计产品领域，大力推动评价技术规范标准的研制，实现大宗有色金属产品基本覆盖。同时，围绕绿色设计产品评价要求，配套研究回收再利用、水耗和废弃物综合利用等资源属性标准，工业废弃物减量化和无害化处理规范、清洁生产等环境属性标准，生产能耗标准和产品使用过程中的能耗标准等能耗属性标准，以及产品性能、耐用性、合适性、安全性和可回收性等产品属性标准。

（4）建材行业   全行业布局绿色工厂评价标准设计，按照"条件成熟一个做一个"原则，提出了几十项建材行业绿色工厂评价标准，涵盖了水泥、混凝土与水泥制品、墙体屋面及道路用建筑材料、石材、建筑玻璃和工业玻璃与特种玻璃、玻璃纤维及制品、纤维增强复合材料、建筑卫生陶瓷、工业陶瓷、非金属矿及制品、轻质与装饰装修建筑材料、绝热材料、建材机械、人工晶体、其他建筑材料等领域。建材行业绿色工厂评价标准体系基本完善，实现了建材行业各主要领域的全覆盖。构建绿色产品和绿色设计产品系列标准，适应绿色建材发展需求。2016 年开始，按照国家绿色产品评价标准化总体组的总体要求，全国第一批绿色建材产品评价国家标准研制工作开展，面对大宗终端建材消费品的第一批《绿色产品评价   建筑玻璃》（GB/T 35604—2017）等 9 项国家标准研制与发布，填补了建材行业绿色标准空白。2018 年开始，重点围绕绿色设计产品领域《绿色设计产品评价技术规范   水泥》（JC/T 2642—2021）等 24 项标准开展研制（其中，行业标准 14 项、团体标准 10 项），逐步完善建材绿色产品标准体系，满足绿色建材发展需求，促进我国建筑材料产业绿色转型升级。建材行业供应链核心企业发挥协调引领作用，带动上下游产业整体绿色发展水平的提升。组织《建材企业绿色供应链管理与评价导则》行业标准研制工作，助推行业上下游产业间开展绿色供应链管理，提升行业整体绿色发展水平。

（5）纺织行业   夯实纺织绿色发展基础，加强印染、粘胶纤维等行业规范管理，开展规范公告工作。加快纺织绿色工厂、绿色产品、绿色供应链、绿色园区建设，开展工业产品绿色设计示范企业、水效"领跑者"企业和园区、能效"领跑者"企业建设。创建一批纺织工业废水循环利用试点企业，组织开展工业节能诊断服务工作。组织纺织重点领域"碳达峰"相关研究，鼓励开展纺织重点产品碳足迹核算。完善纺织清洁生产评价体系，推动印染、化纤等行业清洁生产审核。推进 CSC9000T 纺织服装企业社会责任管理体系建设和社会责任信息披露工作。

推广节能减污技术装备。研究编制纺织行业绿色发展技术指南，推荐一批先进适用技术装备。用好国家工业和信息化领域节能降碳技术装备目录及国家鼓励的工业节水、环保技术装备目录，推广一批适用于纺织行业的节水、节能、降碳技术装备。推进节能降碳技术改造，推广热能、水、化学品循环利用技术，加快绿色染料、助剂、油剂、催化剂推广应用。鼓励企业加强纺织化学品风险管控，推进新污染物治理，建立环境、化学品信息披露机制。

推进废旧纺织品循环利用，制定和推广纺织产品循环利用标志标准，提升纺织品绿色设计水平，降低旧纺织品回收和分拣难度。推动循环再利用化学纤维（涤纶）行业规范条件全面落实，开展规范公告工作。推动再生纤维质量监管标准规范文件修订。支持有关机构和企业研究制定废旧纺织品循环利用目标及路线图，开展废旧纺织品循环利用资源价值核算研究。扩大废旧纺织品再生产品在家具建材、汽车内外饰、农业、环境治理等领域的应用。

（6）电子行业   以推动行业绿色发展为目标，充分加强行业标准体系和绿色制造标准体系的结合建设，电子信息领域技术标准体系、电器电子产品污染控制标准体系、信息技术与可持续发展标准体系中均将"绿色制造"作为重点对应接口。在绿色工厂领域，研究制定《电子信息制造业绿色工厂评价导则》（SJ/T 11744—2019），围绕基础设施、管理体系、能源资源投入、产品、环境排放、绩效等方面，采取定性与定量相结合、过程与绩效相结合的方式，进一步细化电子信息制造业绿色工厂评价的行业性要求。选择一批量大面广、基础较好的电子信息产品制造企业，开展具体产品制造业绿色工厂评价要求标准研究，制定发布《微型计算机制造业绿色工厂评价要求》（T/CESA 1088—2020）等一批典型电子产品制造业绿色工厂评价要求，在电子行业基本建成绿色工厂评价"通则—导则—评价要求"的三级体系，为规范引领具体评价工作的开展提供有力的标准化支撑。在绿色设计产品领域，研究制定《电子电气生态设计产品评价通则》（GB/T 34664—2017），聚焦资源属性、能源属性、环境属性和产品属性，结合生命周期评价明确电子产品绿色设计评价的行业性框架。选择微型计算机、电视机、打印机及多功能一体机、智能终端平板计算机等典型电子产品，研究制定《绿色设计产品评价技术规范　微型计算机》（SJ/T 11770—2020）等 4 项电子行业标准。研究制定"绿色设计产品评价技术规范"等一批具体电子产品的团体标准，13 项标准纳入工业和信息化部绿色设计产品标准清单，6 项团体标准纳入工业和信息化部百项团体标准应用示范项目，进一步加大绿色设计产品评价标准覆盖面，支撑电子行业绿色制造体系建设。在绿色供应链领域，研究制定《电子信息制造业绿色供应链管理规范》（T/CESA 1098—2020），启动对应国家标准转化工作，组织开展《动力锂离子电池行业绿色供应链管理规范》（SJ/T 11885—2022）团体标准研制工作并发布。在绿色工业园区领域，结合电子信息制造业园区产业发展的需求和特征，开展《电子信息制造业绿色园区评价要求》（SJ/T 11879—2022）标准研制并发布，聚焦电子信息制造业行业特点，以定性与定量相结合的方式，细化电子信息制造业绿色工业园区评价的行业性要求，为规范电子行业具体评价工作提供有力支撑。

随着我国进入高质量发展新阶段，工业绿色发展面临新形势。一是高质量发展对工业绿色发展提出新任务。粗放发展方式仍需从根本上转变，资源能源瓶颈日益凸显，石油、天然气等战略型资源对外依存度高，亟须探索以生态优先、绿色发展为导向的高质量绿色发展新路子。二是应对气候变化对工业低碳转型提出新要求。工业能否率先实现碳达峰将是我国实现"碳达峰""碳中和"目标的关键，工业领域亟须通过结构调整、技术改造、强化管理等手段，降低能耗、减少碳排放，为先进制造业发展提供增长空间。三是全球绿色经济复苏趋势给我国工业经济发展带来新挑战。全球绿色经济复苏将形成新的合作和竞争格局，如何抓住这个时间窗口，进一步强化绿色竞争力，积极推进"一带一路"绿色发展，支撑我国经济绿色增长成为重要议题。由此可见，变革创新、降耗减排、竞争合作是我国工业绿色发展重要议题，绿色制造标准化工作必须直面新形势、快马加鞭，持续为工业绿色发展引路护航。

《中华人民共和国国民经济和社会发展第十四个五年规划和 2035 年远景目标纲要》（以下简称"十四五"规划）对标准化、绿色发展、清洁低碳均提出了明确要求。我们要加快发展现代产业体系，推动经济体系优化升级，推动传统产业高端化、智能化、绿色化，发展服务型制造，完善国家质量基础设施，加强标准、计量、专利等体系和能力建设，深入开展质量提升行动。要推动绿色发展，促进人与自然和谐共生，加快推动绿色低碳发展，持续改善环境质量，提升生态系统质量和稳定性，全面提高资源利用效率。

面对"十四五"规划提出的新的更高的要求，从新发展理念和新发展格局出发，绿色制造标准化工作面临新的工作需求，要着力建设更完善的顶层设计，形成更广泛的标准覆盖面，推进更深入的标准应用实施机制。

构建良好的绿色制造标准化生态是绿色制造标准化的重要实施路径。绿色制造标准化生态的内涵是：不同的利益相关方在产业链条上，基于绿色低碳发展的目标各司其职又互相影响，形成有规律的共同体，在产业、技术发展的外部环境下，相互制约、价值共享、互利共存。绿色制造标准化工作以标准为核心，以应用和创新为牵引，以政产学研用协同为手段，以绿色低碳可持续发展为目标，通过构建良好的标准化生态，形成绿色制造标准化实施路径。

绿色制造标准化技术路线如图 5-13 所示。

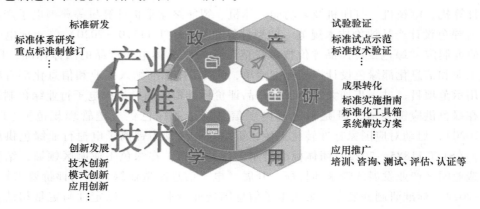

图 5-13　绿色制造标准化技术路线

从绿色制造标准化生态出发，绿色制造标准化实施路径的关键要素可以概括为以下 4 点：①健全一条绿色制造标准化产业链，以标准研发、试验验证、成果转化、应用推广和创新发展为主线，辐射至各产业链成员，实现标准化价值共享和最大化。②打造一个汇聚政产学研用的综合主体，政府统筹协调和规范管理、企业主要参与和积极实践、高校研究技术和培养人才、研究院所和行业组织归口主导和促进成果转化、绿色制造供应商应用实施和促进市场转化。③构建一个产业、技术、标准相互融合的体系，建立以标准为核心的和谐共生关系，相互渗透、互为支撑、互为动力，标准与技术创新同步，技术驱动产业进步。④形成一个广泛的绿色制造标准应用面，在研制发布标准的同时也为标准的落地应用做好各项部署，建立并完善以市场为主导的标准应用推广机制，实现标准与应用协同融合发展。

经过一段时间的发展，绿色制造标准化工作取得了积极进展，全行业绿色制造标准体系已经初步建立，对推动工业绿色发展起到了有力的支撑作用。新发展理念下，"十四五"工业绿色发展标准化面临新的形势，深入推进工业节能、大力提升资源利用效率、积极发展绿色环保产业、全面构建绿色制造体系仍然任重道远。《国务院关于加快建立健全绿色低碳循环发展经济体系的指导意见》（国发〔2021〕4号）指出，要"完善绿色标准、绿色认证体系和统计监测制度。开展绿色标准体系顶层设计和系统规划，形成全面系统的绿色标准体系。加快标准化支撑机构建设"。

在国家经济发展趋势和要求之下，依据绿色制造标准化实施路径，主要工作实施建议包括：一是深化标准体系研究创新，完善顶层设计和管理机制。持续推进标准化改革工作，紧密结合绿色制造领域新技术、新产品、新业态和新基建的发展需求，研究和建设统一协调的绿色制造标准体系，构建满足高质量绿色发展需求的标准化顶层设计。依据标准体系结构组织开展精细的标准管理，自上而下梳理标准漏项、补足标准缺项。二是继续加强重点领域标准研究制定，围绕绿色制造关键领域，结合标准的体系缺项，继续推进重点急需标准的制修订和复审工作。针对绿色工厂领域，在轻工、建材、有色金属、化工等重点行业继续制定一批绿色工厂中类标准，实现绿色工厂标准在国民经济分类制造业中类的全覆盖；在绿色设计产品领域，围绕重点行业进一步梳理标准需求清单，按照团体标准"走优先"的机制扩大标准覆盖面，对于实施效果好、产品评价和推广响应度高的，进一步向行业标准、国家标准转化；在绿色供应链、绿色工业园区领域，根据行业特点，推动有色金属、机械、纺织、轻工、汽车、电子等重要行业开展标准制定，实现急需的适用标准的基本补齐。三是优化标准供给结构，强化标准对技术创新和高质量发展的支撑作用。优化绿色制造标准供给结构，加大标准的配套性和协调性，适应需求结构变化，疏解目前节能与绿色领域标准层级模糊、标准化对象颗粒度大小不均的问题，推动形成"国家标准守底线、行业标准重引领、团体标准走优先"的良好格局。对于产业急需、标准化对象颗粒度较小的，鼓励社会团体、领军企业在具体细分领域研究制定团体标准，视技术水平、实施效果、产业发展情况等进一步组织采标或转化工作，促进新技术、新产业、新业态加快成长，为制造业高质量发展奠定坚实的标准基础。四是规划、政策、标准联动，进一步推进标准落地实施和"走出去"。推动"十四五"有关规划、相关产业政策制定与标准化工作结合，鼓励规划、政策制定时对国家标准、行业标准采纳适用。推进标准的宣贯培训和落地实施工作，广泛组织开展标准推广、宣贯和培训，引导企业在研发、生产、管理等环节对标达标，以标准带动技术改造，通过技术改造促进绿色发展。探索绿色标准采信机制，支持企业根据标准开展自我声明、第三方等合格评定与监督工作，有关主管部门、产业链上下游可结合实际采信相关结果，促进形成绿色导向的良性市场生态。鼓励国内外标准化技术组织建立多方面、深层次的合作机制，联合开展国际标准研制，不断扩大国际标准的"朋友圈"、推动优秀的绿色制造标准"走出去"。

绿色低碳是当前和今后一段时期工业发展的重要趋势，已成为制造大国关注的新焦点、各国产业布局的新方向、全球领军企业竞争的新赛道，更是在新发展理念下，我国工业由高速发展阶段向高质量发展阶段转变的新契机。产业的绿色发展离不开标准的引领，"十四五"规划描绘了我国今后五到十年发展的美好蓝图，工业绿色低碳发展应当是这美好蓝图中绚丽的一笔。

5.3.3　展望流程型制造智能工厂

作为我国制造业的重要组成部分，以钢铁工业、石化工业为代表的流程型制造业，既是我国经济社会发展的支柱产业，又是实体经济的基石，相应产值约占全国规模以上工业总产值的 47%。我国流程型制造业虽然总体规模和综合实力显著提升，但与世界先进水平相比，在竞争优势、技术能力、质量品牌、环境友好等方面还存在一定差距，结构性供需失衡问题也较为突出。

当前，移动互联网、大数据、云计算、物联网、6G、区块链等新一代信息技术不断取得突破，特别是新一代人工智能技术与先进制造技术深度融合所形成的新一代智能制造技术，已成为新一轮工业革命的核心驱动力。我国经济已由高速增长阶段转向高质量发展阶段，正处在转变发展方式、优化经济结构、转换增长动力的攻关期，迫切需要新一代人工智能等重大创新添薪续力。

党的"二十大"报告指出，"加快建设制造强国、质量强国、航天强国、交通强国、网络强国、数字中国。"推动流程型制造业智能化发展是顺应制造强国战略的必然选择，也是适应新时代流程型制造业发展数字化、网络化、智能化趋势，推进我国供给侧结构性改革、支撑经济高质量发展的重要途径。党的二十大报告提出，"推动制造业高端化、智能化、绿色化发展""推动战略性新兴产业融合集群发展，构建新一代信息技术、人工智能、生物技术、新能源、新材料、高端装备、绿色环保等一批新的增长引擎""加快发展数字经济，促进数字经济和实体经济深度融合，打造具有国际竞争力的数字产业集群"。这是党中央基于国内外发展环境变化和新时代新征程中国共产党的使命任务提出的重大战略举措，对于今后一个时期加快构建新发展格局、推动高质量发展、全面建设社会主义现代化国家，具有重要意义。

流程型制造业智能化发展要以"理论突破、标准引领，总体规划、顶层设计，创新驱动、转型升级，试点示范、稳步推进"为原则，以深化供给侧结构性改革为主线，以智能化工厂为主攻方向，推动信息技术与先进制造技术深度融合发展，推进流程型制造业的技术研发智能化、工程设计智能化、生产过程智能化、经营管理智能化、供应链与服务智能化；突破制约流程型制造业"两化"深度融合的关键智能技术瓶颈和重大智能装备短板，构建新型现代化流程型制造智能工厂和运营模式，推动我国流程型制造业实施质量变革、效率变革、动力变革，实现由大到强的发展方式重大转变。

未来全国重点流程型制造企业将普及数字化、网络化制造并开展深度应用，部分领域试点示范流程型制造智能工厂应用，在取得显著成效的基础上进一步扩大应用范围，使我国进入世界流程型制造业智能制造的先进行列。

到2035年，数字化、网络化、智能化智能工厂将完成试点示范并开始推广应用，使我国流程型制造业实现转型升级，部分企业将进入世界领先行列，为2050年我国建成世界一流制造强国奠定坚实基础。

5.4 本章小结

本章详述了流程型制造智能工厂的发展重点方向，未来智能工厂将会朝着工艺设计智能化、智能自主控制与全流程运行优化、计划调度优化、产品质量监控与优化、设备健康管理、敏捷供应链管理、能源与安环精准管控这七大重点方向发展。流程型制造智能工厂也面临工艺、运维管理、数字化网络化智能化、工业软件自主研发等方面的挑战。流程型制造智能工厂拥有光明的前景，未来可能会产生新商业模式、新运营模式、新生产模式、新设备运维和资产管理模式。为响应"十四五"规划要求，流程型制造智能工厂的建设必须把握绿色低碳发展契机，持续推进产业链、供应链、价值链、创新链的协同创新，实现高质量发展。未来全国重点流程型制造企业将普及数字化、网络化制造并开展深度应用，部分领域试点示范流程型制造智能工厂应用，在取得显著成效的基础上进一步扩大应用范围，使我国进入世界流程型制造业智能制造的先进行列。

5.5　章节习题

1. 流程型制造智能工厂将朝向哪些重点方向发展？
2. 流程型制造智能工厂的工艺挑战和运维管理挑战体现在哪些方面？
3. 工业互联网在智能工厂的数字化网络化智能化发展中有哪些重要作用？
4. 如何理解工业软件的基本特征与其在智能制造发展中的重要性？
5. 为什么智能制造要把握绿色低碳这个发展契机？
6. 未来的流程型制造业要如何实现智能化？

科学家科学史
"两弹一星"功勋科学家：杨嘉墀

参 考 文 献

［1］ 海强. 立足制造本质打造智能工厂 ［J］. 中国工业和信息化，2022（4）：79.

［2］ 王海龙. 九江石化：流程型智能制造样本 ［J］. 中国工业评论，2016（6）：72-77.

［3］ 周济，李培根. 智能制造导论 ［M］. 北京：高等教育出版社，2021.

［4］ 陈明，张光新，向宏. 智能制造导论 ［M］. 北京：机械工业出版社，2021.

［5］ 李培根，高亮. 智能制造概论 ［M］. 北京：清华大学出版社，2021.

［6］ HILL，宋雯琪. 智能工厂机器人技术和自动化技术在生活用纸行业的应用 ［J］. 中华纸业，2021，42（11）：31-32.

［7］ 佐祥均，代虹. "工业 4.0" 助推中国钢铁行业迈进数字化智能化新时代 ［C］//第十四届中国钢铁年会论文集. 重庆：中国金属学会，2023.

［8］ SMITH A D，RUPP W T. Application service providers（ASP）：moving downstream to enhance competitive advantage ［J］. Information Management and Computer Security，2002，10（2-3）：64-72.

［9］ 周信. 宝钢股份数字化转型路径探讨 ［J］. 冶金经济与管理，2019（6）：10-14.

［10］ 张小红. 有色金属行业迈入智能化时代 ［J］. 中国有色金属，2020（21）：38-39.

［11］ 刘应龙，黎继志. 为高质量发展插上腾飞翅膀：湖南有色株冶公司科技创新工作纪实 ［J］. 中国有色金属，2021（5）：52-53.

［12］ FLAMMIA G. Application service providers：challenges and opportunities ［J］. Information Management & Computer Security，2001，16（1）：22-23.

［13］ 王轶辰. 数字化推动电力行业变革 ［N］. 经济日报，2023-05-15（6）.

［14］ 李天晨，石叶子. 关于 ERP 物资模块业务建设与大渡河公司智慧企业相融合的探讨 ［J］. 能源科技，2020，18（9）：45-48.

［15］ 涂扬举. 国家能源集团大渡河公司智慧企业探索与实践 ［J］. 数据，2021（9）：40-44.

［16］ 周佳成，初和平，张凤仙. 印染企业的智能化建设探索 ［J］. 染整技术，2022，44（7）：43-47.

［17］ VEGA P，REVOLLAR S，RRANCISCO M，et al. Integration of set point optimization techniques into nonlinear MPC for improving the operation of WWTPs ［J］. Computers and Chemical Engineering，2014，68：78-95.

［18］ 谌俊杰. 基于智能制造的印染工厂规划设计 ［J］. 制造业自动化，2022，44（12）：99-101.

［19］ 袁晴棠，殷瑞钰，曹湘洪，等. 面向 2035 的流程制造业智能化目标、特征和路径战略研究 ［J］. 中国工程科学，2020，22（3）：148-156.

［20］ 孙俊杰. 九江石化智能制造实践 ［J］. 中国工业和信息化，2022（4）：72-78.

［21］ YUSUF Y Y，SARHADI M，GUNASEKARAN A. Agile manufacturing：the drivers，concepts andattributes ［J］. International Journal of Production Economics，1999，62（1-2）：33-43.

［22］ 骆德欢. 智慧制造在宝钢股份宝山基地的实践 ［J］. 冶金自动化，2019，43（1）：31-36；72.

［23］ VERRONA S，Li J，TIPLICA T，Fault detection and isolation of faults in a multivariate process with Bayesian network ［J］. Journal of Process Control，2010，20（8）：902-911.

［24］ 林开武. 铜冶炼企业智能工厂建设思路 ［J］. 工业控制计算机，2023，36（11）：142-144；147.

［25］ 庞国锋，徐静，张磊. 流程型制造模式 ［M］. 北京：电子工业出版社，2019.

［26］ 中国工业技术软件化产业联盟. 中国工业软件产业白皮书 ［R］. 北京：中国工业技术软件化产业联盟，2021.

［27］ TAO F，HU Y，ZHOU Z. Study on manufacturing grid & its resource service optimal-selection system ［J］.

International Journal of Advanced Manufacturing Technology, 2008, 37 (9-10): 1022-1041.

[28] 刘榕. 流程工业生产数据的预处理方法 [D]. 杭州：浙江大学，2019.

[29] 沈小威，张保刚. 虚拟仿真在智能工厂全生命周期中的应用研究 [J]. 信息技术与标准化，2019 (7)：16-19, 24.

[30] 赵卿. 对工业机器人生产线虚拟仿真教学的探究 [J]. 职业，2019 (16)：86-88.

[31] 彭海波. 面向数字孪生的钢铁冶金企业智能工厂建设研究与实践 [D]. 昆明：昆明理工大学，2023.

[32] LIU Q, QIN S J, CHAI T. Decentralized fault diagnosis of continuous annealing processes based on multi-level PCA [J]. IEEE Transactions on Automation Science and Engineering, 2013, 10 (3): 687-698.

[33] 刘强. 智能制造理论体系架构研究 [J]. 中国机械工程，2020, 31 (1)：24-36.

[34] 蔡晓芸. 中石油数字化转型的路径及效果研究 [D]. 南昌：江西财经大学，2023.

[35] 李刚，郑美红. 智能制造工控网络安全防护体系发展概述 [J]. 信息技术与网络安全，2019, 38 (6)：6-10.

[36] 王佳莹. 企业能力视角下马钢股份数字化转型对绩效的影响研究 [D]. 济南：山东大学，2023.

[37] CHAI T, DING J, WU F. Hybrid intelligent control for optimal operation of shaft furnace roasting process [J]. Control Engineering Practice, 2010, 19 (3): 264-275.

[38] 杨凌珺. 以 "数智" 描绘马钢智能工厂新蓝图 [J]. 冶金管理，2022 (4)：15-21.

[39] 梁龙，梁莉萍. 华纺：赋能数字+绿色　打造行业转型新标杆 [J]. 中国纺织，2022 (Z3)：88-90.

[40] XIE S, XIE Y, YING H, et al. A hybrid control strategy for real-time control of the iron removal process of the zine hydrometallurgy plants [J]. IEEE Transactions on Industrial Informatics, 2018, 14 (12): 5278-5288.

[41] 梁龙. 华纺：数智赋能　全流程智能化再获新突破 [J]. 中国纺织，2023 (Z3)：98-99.

[42] MA Y, ZHAO S, HUANG B. Feature extraction of constrained dynamic latent variables [J]. IEEE Transactions on Industrial Informatics, 2019, 15 (10): 5637-5645.

[43] 中国电力科学研究院. "十四五" 数字电力发展规划报告 [R]. 北京：中国电力科学研究院，2021.

[44] 龚黎慧倩. 电网企业数字化转型路径研究 [D]. 重庆：重庆大学，2022.

[45] 饶刚刚. 能源电力行业数字化转型对企业价值创造的影响研究 [D]. 南昌：江西财经大学，2023.

[46] ALCALA C F, QIN S J. Reconstruction-based contribution for process monitoring [J]. Automatica, 2009, 45 (7): 1593-1600.

[47] 装备工业一司. 智能工厂案例集 [R]. 北京：装备工业一司，2021.

[48] 刘双飞. 嘉和工业智慧工厂生产管理系统应用分析 [J]. 安徽建筑，2024, 31 (1)：89-90.

[49] HINTON G E, SALAKHUTDINOV R R. Reducing the dimensionality of data with neural networks [J]. Science, 2006, 313 (5786): 504-507.

[50] PRECUP R E, HELLENDOORN H. A survey on industrial applications of fuzzy control [J]. Comuters in Industry, 2011, 62 (3): 213-226.

[51] 郭爱玲. 装备制造型企业 SF 工厂的项目管理流程优化 [D]. 上海：上海交通大学，2016.

[52] ZHU G, HENSON M A, OGUNNAIKE B A. A hybrid model predictive control strategy for nonlinear plant-wide control [J]. Journal of Process Control, 2000, 10 (5): 449-458.

[53] 韩荣，蒋炎坤，陈烨欣. 某型柴油机换热器设计及仿真分析 [J]. 内燃机与动力装置，2021, 38 (2)：42-46：52.

[54] 康慧伦，田兆斐，胡培政，等. MRANS 方案的反应堆压力容器 CFD 仿真 [J]. 哈尔滨工业大学学报，2021, 53 (12)：127-134.

［55］ GILL Y, GREAVES M, HENDLR J, et al. Amplify scientific discovery with artificial intelligence［J］. Science, 2014, 346（6206）: 171-172.

［56］ 吴铭臻. 工业大数据驱动定制生产优化的方法及其应用［D］. 广州: 华南理工大学, 2022.

［57］ MACGREGOR J F, JAECKLE C, KIPARISSIDES C, et al. Process monitoring and diagnosis by multiblock PLS methods［J］. AIChE Journal, 1994, 40（5）: 826-838.

［58］ 张悦. 流量控制阀的开度对圆管流压力变化特性影响［D］. 邯郸: 河北工程大学, 2019.

［59］ 罗建忠. 工厂电气控制设备研究［J］. 大众标准化, 2020（12）: 165-166.

［60］ 林明. 中粮肇东公司污水处理工艺流程的优化研究［D］. 长春: 吉林大学, 2015.

［61］ PREISS K. Agile manufacturing［J］. Computer-Aided Design, 1994, 26（2）: 83-84.

［62］ 王健全, 马彰超, 孙雷, 等. 工业网络体系架构的演进、关键技术及未来展望［J］. 工程科学学报, 2023, 45（8）: 1376-1389.

［63］ QIN S J. Process data analytics in the era of big data［J］. AIChE Journal, 2014, 60（9）: 3092-3100.

［64］ 王朝军. 无线通讯技术在工业领域的应用［J］. 科技风, 2019（15）: 86.

［65］ 王国栋, 刘振宇, 张殿华, 等. 材料科学技术转型发展与钢铁创新基础设施的建设［J］. 钢铁研究学报, 2021, 33（10）: 1003-1017.

［66］ 王晨光. 石油石化行业的数字孪生应用综述［J］. 石油化工自动化, 2022, 58（4）: 1-5.

［67］ 安志彬. 数字孪生在长输油气管道无损检测中的应用［J］. 无线互联科技, 2023, 20（13）: 94-96, 107.